"十四五"时期国家重点出版物出版专项规划项目

中国第一高楼
上海中心大厦工程建造技术

龚 剑｜等编著

中国建筑工业出版社

图书在版编目（CIP）数据

中国第一高楼上海中心大厦工程建造技术 / 龚剑等
编著. -- 北京：中国建筑工业出版社，2024.12.
ISBN 978-7-112-30491-2

Ⅰ. TU974

中国国家版本馆CIP数据核字第2024AF4376号

本书从理论、实践、创新、突破等方面系统梳理了上海中心大厦工程建造的核心技术成果，重点阐述了工程建造过程所涉及的软土超厚砂层桩基工程技术、软土深大基坑支护工程技术、高性能混凝土结构工程技术、内刚外柔一体化钢结构技术、塔冠电涡流阻尼器安装技术、装饰工程绿色化技术、大型垂直运输机械施工技术、全过程工程总承包集成管理等关键建造技术，同时探索了绿色"垂直城市"超高层建筑绿色化、工业化、数字化三化融合的新型建造模式。全书内容全面、翔实，具有较高的原创性和指导性，可供建筑施工行业从业人员参考使用。

书中未标注尺寸的，长度单位为"mm"，标高单位为"m"。

责任编辑：曹丹丹　王砾瑶　范业庶
版式设计：锋尚设计
责任校对：赵　菲

中国第一高楼上海中心大厦工程建造技术
龚　剑　等编著

*

中国建筑工业出版社出版、发行（北京海淀三里河路9号）
各地新华书店、建筑书店经销
北京锋尚制版有限公司制版
临西县阅读时光印刷有限公司印刷

*

开本：787毫米×1092毫米　1/16　印张：23¾　字数：500千字
2024年12月第一版　　2024年12月第一次印刷
定价：**246.00**元
ISBN 978-7-112-30491-2
　　（43893）

本书编写委员会

主　编：龚　剑

副主编：（排名不分先后）

　　　　陈晓明　朱毅敏　房霆宸

编　委：（排名不分先后）

　　　　贾宝荣　吴洁妹　连　珍　朱祥明　张　勤　杜伟国

　　　　陈建大　唐森骑　潘　峰　吴联定　徐　磊　耿　涛

　　　　占羿箭　李鑫奎　钟　峥　孙廉威　赵一鸣　冯　宇

　　　　杨佳林　左俊卿　李晓青　崔　满　左自波　贾　珍

　　　　薛　蔚　陈渊鸿　孙　婷　张淳劼　苏雨萌　徐　俊

　　　　朱　然　沈志勇　况中华　贺洪煜　曹闻杰

前言

　　超高层作为一种有效实现建筑功能提升和价值增值的建筑形式，可以很好地解决城市土地资源稀缺矛盾，满足城市人口高质量工作生活需求。改革开放40多年来，随着我国城市现代化建设步伐的加快，超高层工程建造实践成绩卓著，建造了众多的地标性超高层建筑，我国已成为超高层建造的大国，部分建造技术也已处于国际领先水平，但还称不上建造强国。就我国的超高层建造技术发展现状而言，其理论研究相对滞后于工程实践。不断完善超高层工程建造技术理论体系，以绿色建造和数字建造理念来改变传统建造方式，走绿色化、数字化、工业化三位一体融合发展之路将成为我国超高层建筑发展的趋势，也是实现我国超高层建筑综合施工能力提升和打造建造强国的关键所在。

　　2007年，时任上海市委书记的习近平同志，十分重视上海中心大厦建设，多次实地调研，亲自审定上海中心大厦设计方案，推动相关建设工作，要求把上海中心大厦建设成为绿色、智慧、人文的国际一流精品工程。在上海中心大厦工程建造过程中，作者领衔的建设团队牢记习近平总书记要求，把握承建中国第一高楼的契机，大胆创新、敢为人先，突破了世界级超高层工程建造技术难题，取得了大量居国际领先水平的可复制、可推广的科技成果：

　　（1）在绿色化建造方面，建立了超高层绿色建造技术体系，打造了全球首栋中国绿色三星和美国LEED-CS铂金双认证的最高等级绿色超高层典范工程，工程地下空间利用面积达14倍建筑占地面积，建筑综合节能54%、节水43%、年减少碳排放2.5万t，绿色建筑成效显著。

　　（2）在工业化建造方面，联合开发应用了世界最大混凝土输送泵，创造了多种强度等级混凝土一次输送高度世界纪录；世界首创千米级电涡流调谐质量阻尼器，在系统质量减少20%条件下结构10年重现风致峰值加速度降低43%以上，显著改善了大楼的风振舒适度；世界首创智能化控制整体钢平台模架装备，主编完成首部整体模架行业标准《整体爬升钢平台模架技术标准》JGJ 459，实现了整体模架装备规模化推广应用，塑造了中国模架新品；发明了五类柔性连接滑移支座装置、模块化集成智能控制幕墙支撑结构安装升降作业装备等超高层建造成套装置设备，工程建造技术、装备及大型施工机械实现国产化。

　　（3）在数字化建造方面，率先构建了数字模型分析计算、专项技术平台、协同管控平台、运维管理云平台等组成的具有自主知识产权的超高层数字建造技术体系，实现了一体化设计、一体化制造、一体化施工和一体化运维管理，将上海中心大厦打造成了垂直的智慧城市，开启了超高层数字化建造新模式。

建筑是凝固的音乐，具有里程碑意义的上海中心大厦已成为世界瞩目的典范工程，上海中心大厦在世界范围内营造了超高层建筑绿色化、工业化、数字化发展理念，为世界工程建设贡献了中国经验。上海中心大厦充分体现了中国改革开放40多年城市建设的突出成就，先进的可持续发展理念受到了大量国内外媒体广泛报道。上海中心大厦在世界范围奏响了"绿色、智慧、人文垂直城市"建筑最强音。

本书围绕上海中心大厦工程建造关键技术展开，讲述了工程建造团队实现习近平总书记要求把上海中心大厦建设成为绿色、智慧、人文的国际一流精品工程目标的历程。本书从理论、实践、创新、突破等方面系统梳理了上海中心大厦工程建造的核心技术成果，重点阐述了工程建造过程所涉及的软土超厚砂层桩基工程技术、软土深大基坑支护工程技术、高性能混凝土结构工程技术、内刚外柔一体化钢结构技术、塔冠电涡流阻尼器安装技术、装饰工程绿色化技术、大型垂直运输机械施工技术、全过程工程总承包集成管理等关键建造技术，同时探索了绿色"垂直城市"超高层建筑绿色化、工业化、数字化"三化"融合的新型建造模式，对世界超高层建筑的发展产生深远影响，引领世界超高层建筑技术的发展。

囿于作者知识所限，书中如有不当之处，敬请各位读者批准指正。

著者

2024年8月

目录│Contents

第 1 章

绪论

1.1 超高层建筑的发展

高层建筑能够充分利用城市空间、节约土地资源、降低市政工程投资，同时汇集结构设计、施工技术、工程材料、机械设备等建筑领域的先进科技，是展现城市经济发展和文化繁荣的重要地标景观。随着我国城市化进程的加速推进，城市人口相对集中、市区建设用地供应紧张的矛盾日益突出，高层乃至超高层建筑已经成为城市发展的必然趋势。

受社会发展及科技进步的影响，高层建筑概念具有其历史局限性，长期以来未有统一的划分依据，在不同国家和不同时期的定义也有所差异：美国初期将建筑高度22～25m以上或楼层数7层以上的一般房屋以及楼层数10层以上的住宅定义为高层建筑；苏联将楼层数11～16层的住宅定义为中高层住宅，16层以上的定义为高层建筑；英国将建筑高度80英尺（约24.3m）以上房屋划分为高层建筑；日本则将楼层数8层或建筑高度超过31m的房屋定义为高层建筑，将楼层数超30层的旅游、办公建筑和超20层的住宅建筑定义为超高层建筑。

当前通常以1972年在美国宾夕法尼亚州召开的国际高层建筑会议（联合国教科文组织所属世界高层建筑委员会）讨论并提出的高层建筑和超高层建筑的分类与定义作为共识。该会议将高层建筑物划分为四类：第一类高层为楼层数9～16层建筑，建筑高度最高达50m；第二类高层为楼层数17～25层建筑，建筑高度最高达75m；第三类高层为楼层数26～40层建筑，建筑高度最高达100m；第四类高层为楼层数40层以上建筑，建筑高度100m以上，称为超高层建筑。世界高层建筑与都市人居学会（CTBUH）将建筑高度超过300m的定义为超高层建筑，将超过600m的定义为巨型超高层建筑。我国现行行业标准《高层建筑混凝土结构技术规程》JGJ 3则明确规定：楼层数10层及以上或建筑高度超过28m的住宅建筑，以及房屋高度大于24m的其他高层民用建筑混凝土结构称为高层建筑，建筑高度超过100m的则称为超高层建筑。

1.1.1 国外超高层建筑的发展

垂直升降电梯系统以及钢筋混凝土材料的发展是助推高层建筑发展的关键技术要素。1853年美国奥蒂斯发明了安全载客升降电梯；1856年钢材批量生产技术开发成功；1867年钢筋混凝土问世，随后城市高层建筑开始不断涌现，发展至今已有130多年的历史；1885年建成的美国芝加哥家庭保险大楼（10层高）是世界公认的首座具有现代意义的高层建筑，也是世界首栋钢结构高层建筑；1894年美国纽约建成世界首栋超过百米（建筑高度106m）的高层建筑——曼哈顿人寿保险大楼；1903年美国辛辛那提建成的英戈尔大楼是世界首栋钢筋混凝土高层建筑；1907年于美国纽约建成世界首栋超过金字塔高度的现代高层建筑——建筑高度187m的高辛尔大厦；1913年美国纽约建成当时世界最高的渥尔沃斯大厦，建筑高度达241m；1931年美国纽约建成高381m的帝国大厦，再度刷新世界建筑高度记录并保持长达40余年；1967年俄罗斯建成540m高的莫斯科电视塔成为当时世界第一高塔；1973年美国纽约世贸中心大厦建成，双子楼分别高达417m和415m，后毁于"9·11"恐怖袭击；1974年美国芝加哥建成442m高的西尔斯大厦，保持世界建筑高度记录达24年之久；1976年加拿大多伦多建成了554m高的国家电视塔，成为当时新的世界最高构筑物；1998年马来西亚吉隆坡建成当时的世界第一高楼——建筑高度452m的国家石油双塔大厦；2010年阿联酋建成828m高的哈利法塔，至今仍保持世界超高层建筑高度记录；2012年日本建成634m高的东京天空树成为超越广州塔的迄今第一高塔，同年沙特阿拉伯麦加建成601m高的皇家钟塔饭店；2014年美国纽约建成新世贸中心1号楼，桅杆顶高度达541m；2017年韩国首尔建成高554.5m的乐天世界大厦。

综上发展历程可知，20世纪80年代前，世界范围具有影响力的超高层建筑基本坐落于美国境内，该阶段世界最高构筑物为554m的加拿大国家电视塔；20世纪90年代后期以来，超高层建筑在世界范围内逐渐开始普及，同时随着亚洲社会经济的快速发展，超高层建筑兴建高潮从欧美逐渐转向亚洲地区，阿联酋建成的828m高哈利法塔至今仍保持超高层建筑世界第一高度。

1.1.2　我国超高层建筑的发展

我国的高层建筑起源于20世纪初的上海，由于土地资源的稀缺，其发展高层建筑的需求极为迫切。尽管我国超高层建筑相对发达国家起步较晚，但发展过程非常迅速。1923年上海建成我国第一栋具有现代意义的高层建筑——建筑高度40.2m的字林西报大楼（高10层）；同时期具有代表性的高层建筑还有1929年建成的上海和平饭店（又名沙逊大厦，高77m）以及1934年建成的上海大厦（又名百老汇大厦，高76.7m）等；1934年建成的上海国际饭店（高83.8m，地面以上22层）为当时的亚洲第一高楼，并在中华人民共和国成立后成为上海的零点位坐标，并保持全国最高建筑纪录长达34年，其顺利建成标志着我国高层建筑建造技术在较短时间内追上亚洲先进水平。中华人民共和国成立后，我国的高层建筑在恢复和争论中缓慢发展，新建的高层建筑主要集中在国民经济快速增长的长、珠三角地区：1968年建成86.5m高的广州宾馆再度刷新国内高层建筑纪录；1973年建成的上海电视塔更是直达210.5m，成为当时国内最高构筑物；1976年建成的广州白云宾馆（高120m）成为我国首座超过100m的超高层建筑。

20世纪70年代后期我国实行了改革开放政策，城市建设酝酿重大变革，高层建筑发展也随之迎来高速发展时期，上海先后建成了一批具有影响力的高层、超高层建筑，广受世界关注：1983年建成上海宾馆（88m高，30层），1985年建成联谊大厦（106m高，31层），1987年建成电信大厦（131m高，24层），1988年建成静安希尔顿大酒店（144m高，

43层），1988年建成新锦江大酒店（154m高，46层），1989年建成上海花园饭店（122.5m高，34层）和1990年建成上海海伦宾馆（117m高，34层）等，不断刷新上海市高层建筑高度纪录。其中，上海建工在1989年建成了高168m的上海商城（48层），为20世纪80年代国内规模最大、高度最高的超高层建筑。20世纪90年代我国超高层建筑进一步发展，上海建工于1994年建成高468m的东方明珠电视塔和1998年建成高420.5m的金茂大厦成为当时中国第一、世界第三高塔和高楼，率先在我国实现超高层建（构）筑物400m级高度突破，使我国超高层建筑施工技术跨入世界先进行列。

2000年以来，我国超高层建筑建设进入发展高峰期。2003年于台湾建成高508m的台北国际金融中心，成为当时世界第一高楼；同年香港建成高416.8m的香港国际金融中心二期大厦；2008年建成的492m高的上海环球金融中心，成为新的中国第一、世界第三高楼；2010年香港建成高484m的环球贸易广场，现为香港第一高楼；2009年，由上海建工集团建成的610m高世界第一高塔广州塔和2015年建成的632m高中国第一高楼上海中心大厦，率先在我国实现了超高层建（构）筑物600m级高度突破，使我国超高层建筑施工技术水平再上新台阶，超高层建筑建造技术总体达到了国际先进水平，许多建造技术达到了国际领先水平。

1.1.3 国内外发展历程总结

纵观国内外高层建筑发展历程可见，在早期发展过程中我国仍存在明显差距，世界级高层建筑主要分布于欧美等发达国家。我国现代意义上的首座高层建筑字林西报大厦（1923年，10层）与美国家庭保险大楼（1885年，10层）相差近38年；我国首座超过百米的超高层建筑广州白云宾馆（1976年，120m）与美国曼哈顿人寿保险大楼（1894年，106m）相差近82年；我国首座400m级超高层建筑金茂大厦（1998年，420.5m）与美国纽约世贸中心大厦（1973年，417m）相差近25年。

随着我国社会经济的繁荣发展，近年来在高层建筑领域取得长足进步。当前世界600m级超高层建筑全球共3座，我国1座；500m级全球共10座，我国内地共有4座；400m级全球34座，我国内地共有14座；300m级全球185座，我国内地共有85座；200m级全球共1688座，我国内地共有708座。表1-1统计了世界排名前20的超高层建筑，一半坐落于我国。东方明珠电视塔、金茂大厦、上海环球金融中心、广州塔、上海中心大厦五项工程是我国超高层建（构）筑物领域不同时期的里程碑工程，尤其是中国第一、世界第三高楼上海中心大厦突破传统建造模式、实现重大技术突破，不仅体现了上海国际都市改革开放40年中国城市建设的伟大成就，也是世界超高层建筑的典范工程，彰显了中国品牌的国际影响力。

世界超高层建筑前20排名（截至2024年7月）　　表1-1

世界排名	超高层建筑	坐落城市	标准高度（m）	楼层数目	竣工年份
1	哈利法塔	阿联酋迪拜	828	163	2010
2	默迪卡118	马来西亚吉隆坡	679	118	2023
3	上海中心大厦	中国上海	632	128	2015
4	麦加皇家钟塔饭店	沙特阿拉伯麦加	601	120	2012
5	平安金融中心	中国深圳	599.1	115	2016
6	乐天世界大厦	韩国首尔	554.5	123	2016
7	世贸中心1号楼	美国纽约	541	104	2014
8	广州周大福金融中心	中国广州	530	111	2016
9	天津周大福金融中心	中国天津	530	97	2019
10	中国尊大厦	中国北京	528	108	2018
11	台北101大厦	中国台北	509	101	2004
12	上海环球金融中心	中国上海	492	101	2008
13	环球贸易广场	中国香港	484	118	2010
14	武汉绿地中心	中国武汉	476	97	2021
15	中央公园大厦	美国纽约	472	131	2019
16	拉赫塔中心	俄罗斯圣彼得堡	462	86	2019
17	Vincom Landmark 81	越南胡志明市	461.3	81	2018
18	长沙国际金融中心	中国长沙	452.1	93	2018
19	石油双塔大厦塔1	马来西亚吉隆坡	452	106	2018
20	石油双塔大厦塔2	马来西亚吉隆坡	452	88	1998

注：该排名不包括电视信号发射塔等高耸建筑。

1.2 我国超高结构特点

作为我国经济快速发展、科技日益进步及城市化进程的直观体现，近年来高层建筑的发展在我国主要经济带地区呈现雨后春笋之势，超高层建筑更是因其超高的土地利用率和城市形象提升作用而广受市场欢迎。较常规建筑结构而言，超高结构具有规模庞大、体系复杂、结构高耸等鲜明特性，对于工程质量提出更高的建设标准：（1）超高结构的巨型基础体量，相同地基处理形式下工程量及造价均显著高于常规结构；（2）超高结构的基础埋深较大，深基坑将导致相应的开挖方量及基坑支护复杂程度增加、基坑降水形式复杂；（3）超高结构的建筑高度对于核心筒结构施工的垂直运输机械设备、模板体系及混凝土运送方式均提出较高要求；（4）超高结构对于外围钢结构安装技术、建筑外立面及临边洞口等部位的安全防护要求显著高于常规建筑。针对上述超高结构特点，后文将分别针对桩基工程、基坑工程、核心筒和外围钢结构等方面展开论述。

1.2.1 软土地区桩基工程特点

桩基础是超高层建筑主要采用的基础形式，作为荷载传递的重要环节，桩基工程的高品质施工是保障建筑高效安全施工和使用的关键，在建造和设计过程中具有举足轻重的地位。我国新建超高层建筑多分布于经济发达的沿海地区，地质条件相对较弱，如上海地区主要为地基松软、承载力低的饱和软黏土地质条件就给高层建筑的桩基施工带来一定的挑战。为应对超高结构软土地质对桩基施工的不利影响，当前我国超高层建筑通常采用钢管桩、预制混凝土桩及钢筋混凝土灌注桩等桩基础形式。

钢管桩通常采用钢板螺旋焊接而成，其强度较高、抗弯性能良好，具有品质可靠、承载能力大、施工方便等显著优势，在金茂大厦、上海环球金融中心等规模巨大的重要超高层建筑桩基工程中得到充分应用，其中金茂大厦采用914mm钢管桩，桩长83m深入持力层，单桩设计承载力达1500t；上海环球金融中心采用700mm钢管桩，最大桩长79m，单桩设计承载力为750t。此外基于我国的高层结构钢管桩工程实践及理论研究形成的大承载力钢管桩成套技术，有效解决了钢管桩施工振动大、打桩区地表面出现较大下沉等工程难题，降低了对周围环境的影响。然而其同样存在用钢量大、造价较高、受施工环境影响大、施工噪声污染明显等问题，在一定程度限制了钢管桩在超高结构桩基工程中的发展与应用前景。

预制混凝土桩具有良好的承载能力和耐久性能，且成本低廉、质量易控、施工便捷，应用较为广泛。预制混凝土桩主要包括预制方桩和预应力混凝土管桩（PHC桩），其中东方明珠电视塔桩基工程就采用了预制混凝土方桩，其桩长48m，桩基断面为500mm×500mm，桩基设计承载力450t。预应力混凝土管桩挤土效应明显，通常应用于上海外滩、浦东商务中心等施工环境宽松、承载能力要求相对较低的高层建筑桩基工程，均极大提升了作业效率和工程质量，取得了良好的经济效益。

钢筋混凝土灌注桩因其地层适应性强、施工设备要求低、承载能力高、成本低廉且环境影响小的优势，在超高层建筑桩基工程中获得广泛应用。本书介绍的上海中心大厦正是采用的此类桩基础，这也是我国首次在位于软土地区的400m以上超高结构桩基施工中采用超大直径、超长桩深的后注浆式钻孔灌注桩，其桩长达到86m进入持力层。桩基施工采用端注浆工艺，并基于注浆量4t和注浆压力2MPa双控；桩基的超深钻孔采用膨润土泥浆护壁，成孔浅层正循环工艺，砂层反循环工艺。本项目桩基施工形成的后注浆钻孔灌注桩技术体系有效改善桩身承载环境，大幅提升桩基础的实际承载能力，显著减少沉降量，极大增强桩基施工的可靠性。

1.2.2 软土地区基坑工程特点

基坑工程是集地质、岩土、结构等多项工程技术于一体的系统工程，主要包括基坑支护体系的设计、施工及土方工程等，具有安全风险大、综合性强、区域性特征明显、时空效应和环境效应等众多特点。处于软土地区的超高结构基坑工程的技术要求将显著高于普通工程项目，其关键技术主要包括超深地下连续墙技术、基坑分区组合式高效支护技术及基坑微变形控制技术等。

地下连续墙因其结构刚度大、整体性好、对周边环境影响小、适用于逆作法施工等突出优势，被广泛应用于超过12m的深大基坑工程，是目前超深基坑工程的主流支护体系，其在超高层基坑施工过程中通常又被用作永久性地下建筑外墙。近年来随着地下工程施工工艺及装备的快速发展提升，地下连续墙的成槽工艺已从传统抓土成槽逐步发展为抓铣结合和套铣成槽工艺，上海中心大厦工程中就对墙厚1.2m、槽深50m的地下连续墙采用了此工艺，其中在建筑工程砂质地层采用套铣接头工艺尚属首次。上海中心大厦基坑工程的套铣成槽采用无接头箱工艺，较好地解决了超深地墙混凝土施工过程中混凝土扰流以及超长接头箱起拔阻力大、易产生接头箱断裂等重大技术问题。

随着我国超高层建筑规模的不断扩大，超大超深基坑工程已成为业界常态，如基坑工程开挖面积2万m²、塔楼开挖深度19.6m的金茂大厦以及基坑开挖面积为2.5万m²、开挖深度为18.2m的上海恒隆广场等，本书介绍的上海中心大厦基坑面积更是达到3.5万m²，其主楼基坑开挖深度为31.1m，裙房区基坑开挖深度为26.7m，因此传统的单一顺作、单一逆作支护方式已难以满足工期、成本、环境保护的最优目标。基坑分区组合式高效支护技术作为应对规模不断扩大的基坑工程而提出的高效施工技术得到了极大发展，其综合应用基坑分隔顺顺结合、分隔顺逆结合、分区顺逆结合、梁板顺逆结合等基坑支护新技术。上海中心大厦基坑工程中主要采用了"主顺裙逆"的总体施工方案，即中部顺作区域采用内径121m大直径圆形自立式围护结构先行施工，缩短主楼关键线路工期，边部逆作对环境起到有效的保护；中部顺作区域通过岛盆结合对称均衡挖土、限时形成环箍的施工控制方法，保证自立式圆形支护结构的真圆度和可靠性；边部逆作区域通过合理分区的施工顺序，采用"十字"板对称先行的盆式开挖施工方法，从而有效控制了基坑变形。该项技术有效地解决了顺作施工耗材量大、逆作施工作业环境差及出土效率低的问题，其综合控制指标处于国际领先水平。

我国超高层建筑通常规划在城市中心繁华地带，其周围既有建（构）筑物、轨道交通工程分布集中，地下管线设备相对密集，在基坑工程的施工过程中除保证基坑自身稳定与安全外，还应当充分考虑对于周边环境的影响，此时传统施工工艺已较难满足严苛的施工环境要求。基于对超高层结构建设经验的深度总结和理论研究，我国逐步探索发展出了由基坑工程分区支护技术、基于流变特性的土方开挖技术及支撑轴力补偿系统等构成的基坑微变形控制技术体系，极大地改善了超高结构基坑工程对于施工周边环境的不利影响，如上海静安嘉里中心运用多项分区实施技术，通过预留小基坑将大基坑进行分隔，施工期间的地墙侧向变形控制在1‰H（H为墙高）以内；淮海路3号地块的基坑施工中创新性地采用钢支撑轴力自动伺服系统，成功将地墙侧向变形控制在10mm内。基坑微变形控制技术应用成效显著，极好地满足了超高结构基坑施工时对于周边环境影响的苛刻微变形控制要求。

1.2.3 核心筒结构施工的特点

核心筒位于超高结构中央区域，由电梯井道、楼梯、通风井、电缆井、公共卫生间、部分设备间围护形成，其与外部框架形成的外框内筒结构是当前国际超高层建筑广泛采用的主流结构形式。对于超高层建筑核心筒结构施工而言，其主要难点在于模架装备施工技术及混凝土工程技术，二者对于核心筒的施工效率、工程质量起到决定性作用。

1. 模架装备技术

模架装备是超高结构建造的关键，将直接影响筒体施工的工作周期、作业安全和施工质量，主要包括整体提升脚手架技术、液压爬升模板技术和整体钢平台模架装备技术三种类型，其中又以液压爬升模板技术和整体钢平台模架装备技术应用最为广泛。

液压爬升模板技术是以液压千斤顶或油缸为爬升动力的现浇钢筋混凝土结构连续浇筑成型的施工装备，其安装使用机动灵活，提升控制精度较高，适用于高层、超高层建（构）筑物核心筒或巨型柱结构施工。液压爬模系统设计科学合理、结构适应性较强，有效降低工人劳动强度，提高施工作业效率，是国外超高层建筑施工的主要机械装备，其最早是由德国PERI公司于1978年研制成功，随后奥地利DOKA、英国RMD等大型模板公司相继推出其研发的液压自动爬升模板系统。我国液压爬模施工技术研究则相对起步较晚,从20世纪90年代后期开始逐步引进、消化和吸收国外先进的液压自动爬升模板工程技术,并将其应用于国内高层建筑施工,如深圳地王商业大厦(69层,高325m)就采用瑞士VSL液压自动爬升模板工艺施工。近年来上海建工集团和北京市建筑工程研究院等单位相继研制出具有自主知识产权的液压自动爬升模板系统,并广泛应用于300m以下的超高层建筑施工。

整体钢平台模架装备技术是上海建工集团在工程中自主创新研发的、具有自主知识产权的模架装备新品牌,目前仍通过持续创新与工程应用不断发展完善。该装备主要由钢平台系统、脚手架系统、支撑系统、爬升系统、模板系统组成。自20世纪90年代初上海建工集团首次提出整体钢平台模架装备施工技术理念起,已经先后发展形成三类型的整体钢平台模架技术:上海建工集团在上海东方明珠电视塔项目中首创内筒外架技术;随后在金茂大厦、上海环球金融中心工程建设中,进一步发展形成临时钢柱支撑式整体钢平台模架技术;在广州新电视塔工程实践中,又发展出了劲性钢柱支撑式整体钢平台模架技术。在上海中心大厦工程以及上海浦西最高建筑白玉兰广场项目的最新工程实践中,基于原有构型发明了两套全新的整体钢平台模架体系,即下置顶升式钢梁爬升系统与上置提升式钢柱爬升系统。区别于传统整体钢平台模架技术,新型模架技术在模块化、集成化、智能化控制、体型适应性等方面取得了国际首创的全新突破,高空作业环境及环境保护等方面持续得到发展,甚至可满足千米级超高层建筑施工需求。该项新技术在上海中心大厦(高632m)等全国8个城市20项高层、超高层结构建造中得到推广应用,充分展现了整体钢平台模架装备的技术优势。

2. 混凝土工程技术

混凝土泵送是制约超高层建筑发展的重大难题,常规的输送方式可能需要多级泵送才能将混凝土运达浇筑位置,效率低下且成本较高,无法适应超高层建筑混凝土浇筑的施工要求。早期我国主要采用接力泵输送方式,如1981年上海宾馆工程中采用接力泵泵送混凝土达80m高,1985年电信大楼工程中泵送高度达130m高。20世纪90年代末以来,采用一泵到顶的施工方法可泵送高度约168m;得益于泵送机械技术的发展,1994年上海东方明珠电视塔混凝土工程施工中一次性将C40混凝土泵送到了350m实体高度,再度刷新国内混凝土一次连续泵送高度新纪录。1997年针对国内超高层建筑泵送混凝土设备均采用国外进口的现状,上海建工集团联合三一重工等国内施工机械企业针对500m混凝土超高泵送装备开展了系列技术攻关,研发生产了具有自主知识产权的创新泵送装备,并在金茂大厦工程中将单次泵送高度提升至382.5m。在632m高的上海中心大厦工程中,三一重工继续研制开发了当时国内外最大泵口压力50MPa的拖泵(HBT9050CH-5D),并在国内首次采用ϕ150输送管,将120MPa的混凝土材料一次性泵送至620m的垂直高度，创造了新的世界纪录。目前我国最新研制的混凝土拖泵出口泵压可达60MPa，已为千米级超高层建筑的建造建立充分的技术储备。

此外超高结构混凝土工程体量巨大，主承力结构整体性要求高，通常要求一次整体浇筑成型，而大体积混凝土水化热效应和收缩极易导致结构开裂。上海建工集团等单位围绕超大体积低水化热混凝土的配合比设计、外加剂的抗裂机制、混凝土的水化热理论分析、外加剂与水泥的适应性、搅拌工艺的改进、混凝土初凝时间的确定、温度控制方法及实时监控技术、浇筑工艺、施工组织管理等研究，逐步形成了大体积高强低水化热、低收缩混凝土成套施工技术，很好地解决了混凝土裂缝控制和温度控制难题，且工程应用成效显著。上海中心大厦工程中高达6万m³的大体积混凝土结构首次提出采用中心岛浇筑工艺，创造了建筑工程大体积混凝土60h一次连续浇筑总方量新的世界纪录，并成功将混凝土裂缝控制在合理范围。

1.2.4　外围钢结构安装工程的特点

散件吊装、高空拼装是超高层建筑外围钢结构安装通常采用的施工方法，基于塔式起重机起重吨位、构件分段长度等关键因素，可优先在地面拼装小构件后再进行整体吊装以提升安装效率，如金茂大厦重达30t的塔尖钢结构就采用低位拼装、双机抬吊方式一次性安装就位；上海中心大厦工程中钢框架梁柱结构同样先将巨型钢柱按2~4层/节划分吊装单元，并精准控制单元起吊重量，每层钢结构框架安装时待巨型钢柱安装好后再执行其他部分。对于结构特征复杂的钢结构构件而言，其在施工过程中不可避免地会出现空间三维形变，以至于影响结构功能、危及结构安全，必须对其变形加以控制；同时差异压缩变形、不均匀沉降等因素导致的结构变形也应当综合考虑，在该类异型钢结构构件安装过程中可采用预变形技术进行解决。

对于构件形式复杂（如桁架层钢结构）且构件之间具有空间关联性的超高层建筑外围钢结构安装工程，仅控制单体构件无法满足现场安装对于构件接口的精度要求，通常须提前在加工厂预拼装。但受到场地、吊装设备、时间周期等多方面制约，有时加工厂并不具备整体预拼装条件，而结合现代测量技术、信息化模型技术和模拟预拼装技术的数字化预拼装技术则能较好地解决难题。该项技术已在我国上海的部分重点工程中得到了应用，如上海中心大厦的钢结构安装全部采用该项技术，取得了良好的施工效果。

随着超高层建筑的高度不断刷新，钢结构构件截面、板厚、强度也随之不断提高，这对于超大厚板、超长焊缝且体量巨大的钢结构焊接工艺提出严峻挑战。由于超高层建筑外围钢结构施工现场作业环境复杂、操作空间条件较差、工人焊接水平差异等因素的综合影响，极易导致焊接质量不稳定，往往难以满足超高层建筑对焊接质量的严格要求。在上海中心大厦外围钢结构工程建设过程中，上海建工集团等多家单位针对焊接节点截面巨大，存在大量厚板、长焊缝现场焊接的特点，联合研发出轨道式全位置焊接机器人技术，并首次在300m以上高空实现了施工现场机器人焊接作业，通过数字化人机交互系统控制焊接操作，解决了建筑钢结构高空现场焊接作业危险度高、作业难度大、工作姿势调整难等技术难题，提升了钢结构安装数字化和智能化水平。

第 2 章
工程概况及工程分析

2.1 工程概况

2.1.1 地质概况

上海中心大厦位于上海浦东新区陆家嘴中心区,建设前场地为原陆家嘴高尔夫球场,内以绿地草坪为主,地势相对平坦,属滨海平原地貌类型,场地自然标高3.5~4.8m。

1. 土层特性

基于前期勘探时现场土层鉴别、原位测试和土工试验成果的综合分析表明,场地地基土层在150m深度范围内主要由饱和黏性土、粉性土和砂土组成,可分为12层。其中第⑤、⑦层分为多个亚层,第⑧层缺失,第⑦、⑨层连通,部分地质土层参数指标见表2-1。

部分地质土层参数指标汇总表 表2-1

土层序号	土层重度 γ(kN/m³)	固块峰值		水平渗透系数(cm/s)	竖向渗透系数(cm/s)
		C(kPa)	ϕ(°)		
②粉质黏土	18.6	19	19.5	1.83×10^{-7}	1.17×10^{-7}
③淤泥质粉质黏土夹砂质粉土	17.7	9	21.0	3.49×10^{-7}	1.73×10^{-7}
④淤泥质黏土	16.8	10	13.0	1.15×10^{-7}	5.19×10^{-8}
⑤$_{1a}$黏土	17.6	12	12.5	1.31×10^{-7}	6.27×10^{-8}
⑤$_{1b}$粉质黏土	18.2	16	17.0	1.27×10^{-7}	6.75×10^{-8}
⑥暗绿色粉质黏土	19.7	45	19.0	1.33×10^{-7}	8.27×10^{-8}
⑦$_1$砂质粉土夹粉砂	18.8	4	34.5	1.86×10^{-4}	1.44×10^{-4}
⑦$_2$粉砂	19.1	3	35.5	8.66×10^{-4}	5.41×10^{-4}
⑦$_3$粉砂	19.0	3	34.5	5.86×10^{-4}	4.05×10^{-4}
⑨$_1$砂质粉土	18.9	4	35.0	1.69×10^{-4}	1.22×10^{-4}

本场地土层主要特点如下:

场地内②层为褐黄~灰黄色粉质黏土层,呈湿状,具有可塑、中压缩性,层厚较薄。第③层灰色淤泥质粉质黏土和第④层灰色淤泥质黏土均为饱和状,具有流塑、高压缩性。第⑤$_{1a}$和⑤$_{1b}$层为软塑~可塑黏土层,较软弱。第⑥层为暗绿色粉质黏土,硬塑状,中等压缩性。第⑦层为承压水含水层,其三个亚层分别为:⑦$_1$层砂质粉土层,土质较好,中等压缩性;⑦$_2$层黄色粉砂,中偏低等压缩性;⑦$_3$层灰色粉砂,中等压缩性。第⑧层粉质黏土层缺失，故⑦层与⑨层连通。第⑩层为灰色粉质黏土，硬塑状，土质较均匀、致密，中等压缩性。

2. 水文特性

按地下水形成时代、成因和水理特征，可划分为潜水含水层、第Ⅰ～第Ⅴ承压含水层，对本工程有影响的地下水类型主要为潜水和第Ⅰ承压水含水层（本场地第Ⅰ、第Ⅱ承压含水层连通）。

（1）潜水含水层：拟建场地浅部地下水属潜水类型，受大气降水及地表径流补给。根据上海市数据，年平均高水位埋深0.50m，低水位埋深1.50m，勘察期间所测得的地下水静止水位埋深1.00～1.70m，其相应标高一般在2.91～2.25m。根据上海地区工程经验，埋深4m范围地下水水温受气温变化影响，4m以下水温较稳定16～18℃。基于类似工程经验及场地环境判断，拟建场地地下水基本处于静止状态。

（2）承压水含水层：拟建场地内承压水主要贮存于第⑦、⑨层中，对本工程有直接影响的为第⑦层中贮存的承压水。受场地周边高层建筑深基坑及市政工程降水影响，勘察期间测得第⑦层承压水头埋深为12.3～14.2m，相应标高−10.03～−8.31m。

2.1.2 建筑概况

上海中心大厦总用地面积约30368m²，总建筑面积约574058m²，其中地上总建筑面积约410139m²。总建筑高度632m，其中主楼地下5层，地上120层（图2-1）。

1. 主楼概况

上海中心大厦集甲级办公、超五星酒店、精品商业、观光、文化休闲娱乐为一体，大厦主楼竖向功能分区依次为：1区为大堂、商业、会议、餐饮区，2～6区为办公区，7～8区为酒店和精品办公区，9区为观光区，9区以上为屋顶皇冠（图2-2）。主楼外墙为双层玻璃幕墙，内外幕墙间设置垂直中庭。裙房高37m，地上地下各5层。工程建设秉持绿色可持续发展理念，以"高标准、高效率、低能耗、低排放"的设计理念，打造具有"中国绿色三星"和"美国LEED金奖"的绿色建筑。

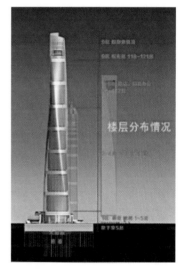

图2-1 楼层分布图

主楼整体外观采用了极具中国特色的龙形螺旋上升造型，建筑外立面设置由上至下贯通的缺口，缺口平面位置整体旋转120°，如图2-3所示。幕墙系统采用罕见的内外双幕墙体系，内外幕墙之间设外幕墙支撑系统。外幕墙玻璃板块呈阶梯式分布，功能上融合围护系统、散热系统、灯光系统和航空障碍灯系统，其基本体系为横明竖隐单元式铝框玻璃幕墙（图2-4），由精确匹配的异型板块组成扭曲双曲造型的塔楼外立面，总面

图2-2　垂直中庭　　　　　图2-3　主楼整体外观　　　　图2-4　幕墙外支撑

积14万m²。内幕墙分布在2~8区标准层楼板外侧，与外幕墙组合形成每区造型各异的中庭空间。

2. 裙房概况

裙房位于塔楼北侧、西侧与东侧，分为地上与地下部分，地下5层，地上5层，高37m。地上部分与主楼1区连通。裙房建筑立面效果丰富，外幕墙以双曲面、无规律扭曲面分布于裙房各个立面。地下部分1~2层为商业、展示、观光厅入口，同时用于放置主要设备机房、110kV变电站、控制中心等，并设置通向金茂大厦、上海环球金融中心、国金中心和地铁车站的公共走廊和地下通道出入口。3~5层为地下停车库、后勤服务用房及部分设备机房，共设置了1810个停车位。

2.1.3　结构概况

上海中心大厦结构系统主要分为地下结构、地上结构与塔冠结构三大部分。地下结构包括桩基结构、基坑围护结构、地下室结构；地上结构包括主楼上部结构、裙房上部结构、外幕墙支撑结构。

1. 地下结构

（1）桩基结构

上海中心大厦工程主楼桩基955根，直径1000mm的钻孔灌注桩，桩长87.3m，用来承载塔楼85万t的重量。主、裙楼过渡区桩基72根，为直径1000mm的钻孔灌注桩，桩长76.3m。裙房桩基共1678根，分别为直径1000mm的钻孔灌注桩，桩长62.60m，386根；直径700mm的钻孔灌注桩，桩长62.60m，1292根（图2-5）。

（2）基坑围护结构

主楼基坑采用顺作法施工（图2-6），开挖深度31.1m，局部深坑开挖深度33.1m，临时围护形式采用由1.2m厚、50m深地下连续墙与6道环形圈梁组成的圆形无支撑基坑围护体系（直径121m）。裙房地下室采用逆作法施工，开挖深度26.7m，立柱桩采用直

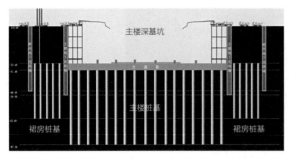

图2-5　桩基示意图　　　　　　　　　　　　　图2-6　坑基围护施工现场

径550mm的钢管，"一柱一桩"形式，采用1.2m厚"两墙合一"的地下连续墙作为基坑围护结构体系，地下连续墙深度48m。

（3）地下室结构

主楼和裙房的地下室相互贯通，其中主楼区为巨型框架—核心筒结构，核心筒与巨柱之间设置有2m厚翼墙，巨柱内配钢柱、剪力墙与翼墙内配钢板，主楼基础底板厚6m，混凝土方量约61000m³，主楼地下室施工现场如图2-7所示。裙房区地下室为钢筋混凝土框架结构，由于裙房区地下室采用逆作法施工，框架柱内有一柱一桩的永久钢管劲性柱，裙房底板厚1.6m，混凝土强度等级C50。

图2-7　主楼地下室施工现场

2. 地上结构（核心筒和劲性柱、幕墙支撑结构）

（1）主楼上部结构

主楼为钢筋混凝土和钢结构组合而成的混合结构体系，如图2-8所示。竖向结构包括核心筒和巨型柱，水平结构包括楼层钢梁、楼面桁架、带状桁架、伸臂桁架以及组合楼板。

核心筒为钢筋混凝土结构，总高度约580m，底部平面为约30m×30m的方形结构，沿高度方向随着角部墙体的收分，平面布置由"九宫格"逐渐过渡为"十字格"，核心筒墙体厚度0.5~1.2m，混凝土设计强度等级为C60。在核心筒墙体翼墙和腹墙交界处埋

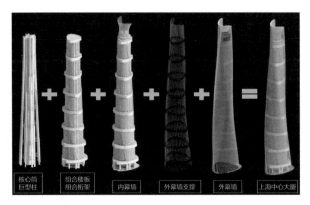

图2-8　主楼结构拆解

设有劲性钢柱，在13层及以下的核心筒墙体内暗埋厚钢板形成钢板剪力墙，同时在设备避难层的核心筒墙体内暗埋伸臂桁架，通过核心筒外围伸臂桁架与巨型柱连接。

钢筋混凝土巨型柱内含劲性钢柱，沿高度向建筑中部倾斜，包括超级柱SC1和角柱SC2。SC1和SC2内劲性钢柱为型钢和连接钢板组成的焊接箱形截面结构，超级柱SC1与角柱SC2均为斜柱，向核心筒一侧内倾布置，且截面随高度增大逐渐缩小，其混凝土强度为C50～C70，钢材强度Q345GJC。SC1共8根，延伸至8区顶，高度约580m；SC2共4根，延伸至5区顶，高度约319m。

非桁架层水平结构由楼层钢梁和组合楼板组成，楼层钢梁为截面不等的H型钢，组合楼板包括压型钢板和钢筋混凝土楼板两部分。1区和3区桁架层的水平结构设有楼面桁架和带状桁架；径向楼面桁架一层高，设置在桁架层的上层，呈放射状布置在核心筒外；环向带状桁架两层高，两榀一组布置在巨型柱之间，将巨型柱连成整体。2区和4～8区桁架层的水平结构设有伸臂桁架、楼面桁架、带状桁架。伸臂桁架两层高，由核心筒外的伸臂桁架与核心筒内的伸臂桁架组成；核心筒外的伸臂桁架通过与巨型柱和核心筒连接，使内外结构形成强有力的整体。楼面桁架、带状桁架设置同1区、3区（图2-9、图2-10）。

（2）裙房上部结构

裙房上部结构为钢框架，其中东裙房为钢框架结构，西裙房为大跨度主次桁架框架结构。主桁架呈南北向布置，最大跨度达58.8m，其中下弦桁架为楼面支承桁架，上弦桁架为屋面支撑桁架；次桁架呈东西向布置，与主桁架下弦杆正交。组合楼板包括压型钢板和钢筋混凝土楼板两部分。

（3）外幕墙支撑结构

外幕墙支撑结构体系由分层设置的水平周边曲梁、径向支撑、钢吊杆以及滑移支座组成。其中水平周边曲梁沿各楼层竖向布置，承受幕墙及其支撑体系的重力荷载，径向支撑将外幕墙水平荷载传递至塔楼内部楼板，通过在周边曲梁和径向支撑相交处设置

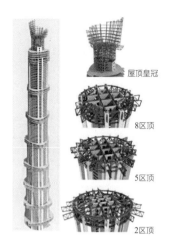

屋顶皇冠

8区顶

5区顶

2区顶

图2-9 桁架层BIM模型

图2-10 主楼与桁架层数字化模型

两根高强吊杆（每层共25对），将区域内所有水平曲梁悬吊于伸臂桁架上。为实现水平周边曲梁上下活动需求设置滑移支座，同时提供抗扭约束。径向支撑与外周边曲梁进行刚性连接，与楼板边梁则采用铰接以实现外幕墙相对于楼板的上下运动（图2-11 ~ 图2-13）。

图2-11 外幕墙实景图

图2-12 幕墙剖面示意图

图2-13 幕墙数字化模型

3. 塔冠结构

屋顶皇冠钢结构位于整栋建筑顶部，涵盖了546 ~ 632m高度范围。由内外八角钢框架、双向桁架加强层、竖向鳍状桁架、水平带状桁架组成。屋顶皇冠构件由H型钢、圆形钢管或角钢制作而成（图2-14 ~ 图2-16）。

2.1.4 机电概况

在上海中心大厦工程建设过程中，机电工程主要包括水、电、风和智能化专业，此

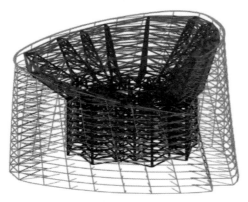

图2-14 塔冠钢结构深化　　　　　图2-15 塔冠数字化　图2-16 塔冠施工现场
　　　　　　　　　　　　　　　　　　建模

外，还有各式各样的电梯、扶梯及擦窗机系统。在各专业中，有多项节能新技术被运用，如给水排水专业中的废水回收、虹吸雨水排水、同层排水、中水回收处理等系统；电气专业中的智能化供配电、大体量LED泛光照明、智能电能管理、风力发电系统；暖通专业的地源热泵、翅片散热、冰蓄冷系统等。

2.1.5 环境概况

1. 周边环境（道路交通）

本工程位于陆家嘴金融贸易区核心地带。场地北侧花园石桥路为双向四道路，东侧东泰路为双向六道路，西侧银城中路为双向六道路，南侧陆家嘴环路为双向六道路。其中在银城中路和东泰路分别有一个工地主要出入口（图2-17）。

2. 地下管线

临近道路地面下埋设各类城市管线，其中基坑内侧管线在进场前完成全部搬迁。

3. 邻近建筑

本项目地处陆家嘴金融中心核心区位，北侧金茂大厦地下室与本工程基坑边界最近

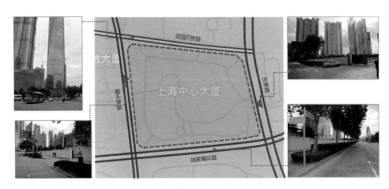

图2-17 场地周边交通分析

处仅约16m，东侧101层上海环球金融中心地下室与本场地基坑边界最近处仅约21m，南侧盛大金磐住宅小区地下室距本场地基坑边界最近处约60m，西侧在建太平金融大厦地下室距本场地基坑边界最近处约50m。

2.2 工程分析

上海中心大厦工程由于其国内史无前例的规模和功能要求，具有非比寻常的建造难度。工程位于上海陆家嘴地区，所处地层为典型的沿海软土地层，具有土体强度低、砂性大、含水率高、地基处理难度大等特点。毗邻的金茂大厦和上海环球金融中心均为超过400m的既有超高层建筑，项目地块周围环境复杂、高层建筑林立，且基底附加应力巨大，因此上海中心大厦桩基工程是未有先例的工程。

2.2.1 桩基工程分析

1. 超高层桩基工程发展及选型

桩基础按照成桩的施工方案一般可分为预制桩和灌注桩，预制桩包含钢筋混凝土预制桩、钢管预制桩、木桩和组合桩等，灌注桩包含沉管灌注桩和钻孔灌注桩。

（1）预制桩特点及实施难点

预制桩是在地面制造，质量可以得到较好控制，且桩身混凝土密度大，抗腐蚀性较强，施工工序简单，工效高。一般情况下，预制桩打入地层后会使松散的地层更紧实，因此打桩后较打桩前承载力有所提高。此外，由于按照起吊和锤击荷载进行设计配筋，可能导致预制桩配筋超过正常工作荷载设计要求而产生浪费。另外，预制桩的施工一般采用锤击法或振动法，会产生施工噪声大、污染环境的负面影响，不利于在陆家嘴市区中心采用。

（2）钢管桩特点及实施难点

钢管桩由钢管、企口榫槽、企口榫销构成，具有承载力发挥稳定、工艺成熟等方面的优点，但钢管桩存在噪声、振动、挤土效应等方面的不可克服的问题。

（3）灌注桩特点及实施难点

灌注桩的类型和施工方法较多，其在仅承受轴向压力时无须配制钢筋，需配制钢筋时可按照工作荷载要求设置，不用接头，可节约用钢量。桩长可随持力层起伏而改变，不需截桩，没有接头。灌注桩承载能力大、经济性好，适用于多种地层，然而其施工质量不易保证，在灌注过程中可能出现断桩、缩径、露筋和泥夹层等施工风险。此外，由于空地沉积物不易清除干净，会导致桩身直径差异较大从而影响单桩承载力，且大直径灌注桩压桩试验费用较高。

（4）上海中心大厦承压桩基型式确定

上海中心大厦工程位于陆家嘴地区，是典型的沿海软土地层，由于土体强度低、砂性大、含水率高，地基处理难度大。工程紧邻金茂大厦和上海环球金融中心这两座已建成的超过400m的超高层建筑，地下结构复杂，该地区基本开发完善。若与金茂大厦和上海环球金融中心一样采用钢管桩，虽然其具有承载力稳定、工艺发展成熟等优点，但钢管桩存在对周边环境有干扰的问题，如噪声大、振动强、挤土效应大等，对两座超高层建筑和附近高档住宅小区有不可回避的不良影响。因此，上海中心大厦承压桩桩型必须选择一种环保、绿色、对周围环境影响小且可以满足荷载要求的桩型，将这些因素汇总起来，钻孔灌注桩是最好的选择。但大直径超长钻孔灌注桩往往被用于桥梁或400m以下超高层建筑，应用于上海中心大厦工程这样位于软土地区的600m超高层建筑前所未有。

2. 上海中心大厦桩基难、特点

（1）单桩承载力控制

为验证钻孔灌注桩在本工程中应用的可行性与可靠性，在进行桩基设计前应进行桩基试验，试验结果将为桩基设计提供重要依据。现有的检测方法主要有两大类，即直接法和间接法。直接法是对桩进行静载试验和各种动力法测定，间接法是通过分别得出桩底阻力和桩身的侧阻力，以它们之和作为承载力。桩的承载力与加载速率有关，与动荷载试验相比，静载试验加载速度更慢更接近实际工程，本项目采用静载试验作为试桩的承载力。

一般地，对单桩荷载超过4000kN的桩基进行静荷载试验时，就需要埋设应变片测量桩侧不同深度的极限摩阻力和端承力，以及桩端的残余变形等参数，进而对桩与土的荷载传递机制有全面的认识。而上海中心大厦工程的单桩承载力特征值达到了8000kN以上，试桩的静载荷试验加载极限值达到了3万kN，因此对试桩试验中试桩应力测试的要求很高。

（2）超长钻孔灌注桩成孔工艺

上海中心大厦工程地处的陆家嘴区域土层上部25～30m内为黏质土，下层为砂土，因此在黏土层内进行钻孔灌注桩的成孔时有出现塌孔的风险。下层砂土层内成孔深度超过50m，难度较大。因此对钻孔灌注桩的成孔工艺及设备提出了很高要求，如何保证垂直度进行清孔，如何避免出现砂层内成孔时粉细砂的沉积问题和孔壁的缩径问题，是超长钻孔灌注桩成孔工艺要解决的难点。

（3）高强水下混凝土制备及施工技术

本工程桩基础桩身设计强度等级达到了C45，水下提高二级，水下部分属于高强水下混凝土。保证水下浇灌钢管混凝土的强度和扩展度是保证桩基础质量的重要一环。水下浇灌混凝土容易发生混凝土堵管、空洞、夹泥等问题，养护时也可能出现由于混凝土收缩产生的混凝土与管壁脱离的问题，这都将造成混凝土的质量缺陷，严重威胁结构安全。为保证桩基础的浇筑质量，水下混凝土浇灌技术和桩身质量控制成为上海中心大厦桩基的重难点问题之一。

2.2.2 基坑工程分析

上海中心大厦工程，位于已建成的金茂大厦和上海环球金融中心旁边，周边高层建筑林立，所处环境极其复杂，因此，基坑开挖时需要着重注意对周边的保护。并且，由于周边高层建筑林立，已有建筑众多，本工程的施工场地相对狭小，这对施工工艺的要求相对提高。由于主楼施工工期是控制施工进度的关键线路，施工工期的控制有较高要求，对施工分区要求很高。另外，上海中心大厦工程所在的陆家嘴区域⑦层和⑨层的承压水相互连通，水量很足，对此区域的承压水控制是本工程的一个难题。

1. 超大超深基坑支护方案选型

（1）超高层建筑深基坑工程发展与施工工艺

随着建筑技术的不断进步，超高层建筑深基坑工程也不断发展，出现了多种不同的施工方式，比较常见的有整体一次开挖一次实施方案、分区顺作与顺作结合实施方案以及分区顺作与逆作结合实施方案等。

整体一次开挖一次实施的方案不存在对施工分区的要求，比较适用于体量小、施工工期要求不高、比较简单的工程之中，其操作简单，但相对较为费时。在上海中心大厦项目中此种维护方案不满足施工节点工期要求，此外还存在开挖时间长，基坑暴露时间长，对环境影响较大的问题。

分区顺作与顺作结合的实施方案，在上海中心大厦项目中初步划分为主楼部分基坑先顺作施工，而后再裙房部分基坑顺作施工，主楼部分的施工为施工控制的关键线路，因此此种方式可以满足工期节点的要求。

分区顺作与逆作结合的实施方案，在本项目中体现为主楼部分顺作施工，结束后，裙房部分再逆作施工，此方案较分区顺作与顺作相结合的施工方式可以节约10%的成本，并且裙房顶板施工结束后可以解决上部结构施工阶段的场地等问题，此外，逆作法还可以实现减少扬尘以及噪声等环境污染的作用。

（2）基于环境保护与施工工序相匹配的分区支护选型

在上海中心大厦项目中使用了双地墙围护的施工方法，在基坑开挖之前，就完成主楼地墙和裙房地墙两道地墙的施工。主楼基坑开挖之时，在主楼地墙内设置12口降水井点，主楼坑外，两地墙间设置22口降水井点。

在开挖至25.30m之前，仅以坑内降压井运行为主；待到基坑开挖31.1m之后，坑内外降压井联合运行，坑外运行12口，坑内12口全部运行；主楼基坑开挖至34m时，所有水井同时运行，确保水位控制在35m处，浇筑坑中坑大底板。本项目中采用双地墙围护控制变形、减少承压水降压对周边环境的影响，减少坑外土的沉降。

在本项目中，采用基于主楼先行的中心顺作区，裙房后续完成周边逆作区。在基坑开挖阶段，由于主楼部分为施工进度控制的关键线路，因此优先完成主楼部分的基坑开挖工作，且采用顺作法进行施工，裙房部分不是关键线路，并且逆作施工可以更好地节约成本，对上部结构施工形成施工支持的同时还可以极大程度地减少现场扬尘等环境影响。

2. 超大顺作圆形深基坑实施难、特点

（1）超大圆环基坑均匀变形安全控制技术

在上海中心大厦项目中，为了保证超大圆环基坑的均匀变形，必须要保证施工过程中，各个方向的荷载、土压力相近，开挖要尽可能均匀，以此来保证超大圆环基坑的真圆度。为此，制定了基坑开挖分层、分块、对称、平衡、限时这五大总原则。在这些总原则下，又制定了岛式明挖顺作法和盆式明挖顺作法两种挖土方式进行施工，在1层、2层、7层、8层采用盆式挖土施工，给支撑更强的约束作用，而在3层、4层、5层、6层采用岛式挖土施工，方便架设栈桥，便于开挖（图2-18）。

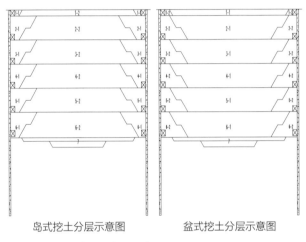

岛式挖土分层示意图　　　　盆式挖土分层示意图

图2-18　盆岛结合开挖剖面示意图

此外，在第一道环撑标高的位置，均匀对称地架设4个挖土栈桥平台，平台之间呈90°夹角，这四个平台将基坑平面划分为4个扇形区域，每个栈桥负责一个区域，以达到控制基坑变形及真圆度的目的。

与此同时，本项目还对基坑的变形进行了实时监测，对地墙测斜值、土体测斜值以及径向变形差异等数值都进行了数据分析，确保了基坑在整个施工过程中的稳定性。

（2）大体量土方开挖施工技术

在主楼顺作区域的开挖过程中，在圆形基坑的四周设置了四个大承载力的栈桥平台，作为取土点，这四个栈桥平台将整个圆形基坑分割为四个区域，每个平台负责一个区域，从而实现快速取土快速开挖的目的（图2-19）。

依据每层土方开挖深度及时调整栈桥平台挖机规格，逐步从普通反铲挖掘机、长臂挖掘机、伸缩臂挖掘机过渡至抓斗挖掘机，利用无内支撑空间优势充分发挥反铲挖掘机

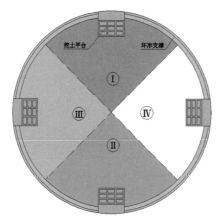

图2-19 大承载力栈桥平台的设置及取土区域划分

(a) (b) (c)

图2-20 长臂挖掘机、加长臂挖掘机和抓斗
(a)长臂挖掘机；(b)加长臂挖掘机；(c)抓斗

出土能力，提升基坑开挖施工效率（图2-20）。

（3）超大圆环支护结构施工技术

主楼基坑采用环形支撑体系，每道环形支撑的周长长达380m，是超长混凝土结构，受温度、自收缩因素影响很大，易产生裂缝，不利于受力，因此不宜采用一次性同时施工的方法。在本项目中，最终采用的是分段施工，每一段的环撑长度控制在50m左右，并且施工过程是采用对称、均衡的方式及时在环边土方开挖之后进行，以确保圆形地墙拱效应的发挥。

（4）分块施工控制技术

上海中心大厦项目与已经建成的金茂大厦、上海环球金融中心等多个超高层项目临近，因此，减少对周围已投入使用的建筑物的影响是裙房施工过程中的重中之重。裙房施工过程中遵循的原则为先进行十字对撑的部位施工，之后再对四角区域进行施工作业，以先保留角部土方平衡裙房地墙的主动土压力。

（5）取土口布置及优化技术

为保证施工环境以及上部结构施工面，裙房部分采用了逆作法施工，其挖土方式为暗挖法，而为了解决土方施工的垂直运输问题，在裙房地下室结构楼板上留置一定数量的取土口从而建立土方垂直运输的通道尤为关键，取土口布置应遵循三大原则：第一，保证各分块施工区域均设置一定数量取土口；第二，保证堆土的同时出土顺畅；第三，考虑到上部结构施工场地布置和交通组织。根据这三条根本原则，在保证地墙基坑安全稳定的前提下，裙房结构从上到下每层均设置19个取土口，每天平均出土量为3000m³，为保证裙房施工工期提供保障。

裙房B0层土方开挖及结构施工过程中，由于主楼亦在进行上部钢结构及主体结构的施工，为保证整个裙房及主楼的施工不受干扰，必须组织好各阶段工况的交通运输和混凝土浇捣问题。

在裙房西侧B0-1开挖时，主楼施工至B1层，主楼周围一圈环形道路，土方车主要从西侧1号门进出，待B0-1结构施工，B0-2开挖时，土方车由西侧环形道路行驶，尽量减少对主楼交通车辆的影响，裙房西侧土方开挖完成，进行结构施工。

待裙房西侧结构施工完成，主楼施工至±0.000，裙房开始进行对称施工，土方车辆从2号、3号、4号门进出，最后施工B0-6、B0-7分块以保证之前分块挖土施工时2号门以及4号门能投入使用。

（6）主楼裙房区不均匀沉降控制技术

在主楼和裙房的楼层结构之间留设沉降后浇带，内侧边线设置在主楼环形围檩的内侧500mm处，呈环形布置，后浇带外侧设置在主楼临时地下连续墙内侧1000mm处，在裙房区域内，呈齿轮形布置，后浇带的基本宽度为2500mm，为防止部分楼层结构悬挑过大，后浇带位置局部随结构有所调整，且局部悬挑位置均在桩基施工时增设了临时格构柱。

主楼和裙房楼层结构之间的后浇带水平支撑采用混凝土楼板，在主楼和裙房侧均设置楔口式环梁，待两侧环梁浇筑完成后，采用薄膜隔离后浇筑其中间的混凝土换撑楼板。考虑到裙房南侧地墙与主楼地墙的间距较小，该部位支撑体系则利用裙房及主楼区域的混凝土梁板，主楼裙房混凝土梁板分开浇筑，且钢筋全部断开，在其梁板中间留设一条竖向的沉降缝，采用薄膜断开。

采用整体开挖方式进行高层建筑地下室施工往往周期较长，为节省工期通常在地下室设置分区墙，先顺作塔楼区地下结构，完成后继续向上进行上部结构施工的同时逆作裙房区地下结构，从而实现顺逆施工结合的基坑施工。分区墙会随土方开挖进度逐层拆除，并在相邻结构间设置换撑结构，直至主楼与裙房沉降差异稳定后，再进行分区墙两侧结构的连接。

（7）防水关键技术

垫层面2mm厚水泥基复合柔性防水涂料及巴斯夫S400乳液粘贴麻袋布防水保护层、施工缝处铺设2m宽膨润土防水毯、底板施工缝处设置两道4mm×300mm止水钢板、上下各设置两条膨润土遇水膨胀止水条。地墙表面涂刷1mm厚水泥基渗透结晶防水涂料，护壁柱处沿分幅线两侧各600mm宽凿毛后涂刷1mm厚水泥基渗透结晶防水涂料，分幅线两侧各设置一条膨润土膨胀止水条（B3、B4层分幅线两侧增加一条预埋式多次注浆管）。

主裙楼后浇带防水处理：主裙楼后浇带两侧均预设两道膨润土膨胀止水条（20mm×25mm）和一道预埋式多次注浆管。此外，针对原主楼底板预埋止水钢板进行150mm加宽，并在裙房底板设置两道止水钢板（4mm×300mm），待后浇带浇捣完成在其表面涂刷水泥基渗透结晶防水涂料。

2.2.3　结构工程分析

上海中心大厦属于一类超高层公共建筑，主楼基础底板厚6m，主体结构高580m，属于超高超大结构，结构工程难点较多。

1. 大体积混凝土结构

（1）大体积高强混凝土结构

本工程中存在众多大体积高强混凝土结构，如超大超厚高强混凝土基础底板、超大截面巨型柱、超大截面角柱、地下超厚翼墙、核心筒剪力墙等。这些超大型混凝土结构对混凝土性能、制备及其施工技术的要求很高，传统工艺技术难以满足其结构建造要求。

大体积混凝土浇筑及养护过程中，因水泥等胶凝材料的水化反应会产生大量水化热。作为热的不良导体，混凝土积聚的水化热难以散发，内部温度可达60～90℃。与此同时降温过程中，内部热混凝土将约束外部冷混凝土的收缩，在内部形成温度梯度会引起内应力。对于受约束部位，由于混凝土弹性模量与龄期成正比，其收缩将产生较大拉应力，若超过极限抗拉强度将导致混凝土开裂，导致物理力学性能降低和侵蚀介质易渗透从而降低使用寿命。因此，配制具有低水化热、低收缩的高性能混凝土，有效控制裂缝和温升是本工程中大体积混凝土施工的重要需求。

（2）大体积混凝土结构裂缝控制

为控制有害裂缝产生，本工程中主要采用低放热量、低放热速率的水泥或其他胶凝材料，以降低大体积混凝土浇筑时的内部水化温升；采用在配合比中添加粉煤灰、矿粉等矿物掺合料的方式，达成改善混凝土孔隙结构和力学性能的目的，从而降低水化热放热速率，以推迟水化热峰值到达时间，大幅降低水化热，加快混凝土早期强度发展，降低后期温度应力所引起的开裂风险；通过添加如高性能聚羧酸系减水剂等外加剂，降低混凝土的绝对温升，减小混凝土的收缩率。通过上述方法，制备出低收缩、低水化热的混凝土材料。

为防止大体积混凝土因较大的内外温度差而产生温度裂缝，需研发大体积混凝土养护技术，采用蓄热保湿养护法，从而避免混凝土外部降温过快，同时减少水分散失，降低干燥收缩，也可使混凝土充分水化，提高混凝土的整体抗裂性，同时有助于强度发展。

（3）大体积混凝土结构温控技术

由于本工程中大体积混凝土体量巨大，常规的温控技术已难以满足工程要求，因此需要实现从理论到实践的突破，研发出新型的大体积混凝土温差控制技术。可以从两方面入手进行突破：对混凝土进行仿真模拟技术分析，解决混凝土温度场分布问题；对混凝土进行基本性能测试和现场模拟试验，解决从材料研发到施工技术的难题。

2. 超高多次变形的核心筒结构

本工程的主楼主体结构为劲性钢筋混凝土巨型框架—核心筒结构体系，其中核心筒结构复杂，高度超高，形状多次变形，且伸臂桁架层多，给工程施工带来了较大的困难与挑战。本工程中的核心筒为劲性钢筋混凝土结构，低区及高区部分楼层剪力墙内加钢板。平面布置呈九宫格，随高度增加变成十字格，核心筒墙体厚度1.2～0.5m，但在巨型桁架层部位加大厚度，并实现随高度增大向内收缩—增加—收缩的厚度变化，其混凝土设计强度等级为C60。

（1）高度超高

核心筒地面以上高度为580m，混凝土设计强度等级为C60，对混凝土的性能设计提出了很高要求；泵送须进行多次转换，对泵送装备、输送管及泵管布置以及施工控制措施提出了很高要求，需要进一步优化高强混凝土超高泵送施工技术。

由于采用"巨型框架—核心筒—外伸臂桁架"的混合式结构体系，在水平荷载下这一时变体系存在着不安全因素，较大的风荷载会对结构的安全造成威胁，核心筒水平变形控制困难。为了确保施工期间结构的安全性，须采用数值方法对上海中心大厦台风期间危险施工工况进行模拟分析，计算在自重、风荷载、施工荷载等作用下，结构的应力和变形，以评估结构在风荷载作用下施工阶段的安全性，并提出对结构局部脆弱部位的加固措施。

核心筒需要承受相当大的轴向压力，而采用的高强材料弹性模量并没有增加，这导致核心筒的竖向变形急剧增加。同时核心筒结构变化繁多，导致竖向变形分析困难，须进行力学研究。

核心筒与外框架柱在材料、竖向荷载分配比例、施工顺序等方面存在差异，导致二者竖向变形不一致，这将直接影响水平构件的水平度，并引起附加弯矩或附加应力的产生，严重时还可能导致墙体开裂、结构局部破坏、幕墙和电梯受损等不利后果，必须经过维修或加固处理后才能重新使用，会造成极大的经济损失。为了消除钢筋混凝土核心筒与外框架柱之间竖向变形差异的影响，还须对核心筒和外框架柱进行竖向变形差异补偿。

（2）形状多次变形

核心筒位于整个结构的中心位置，沿立面共分为9个区域。核心筒墙体共有5次厚度收分，其翼墙的厚度从90cm变化至50cm，腹墙的厚度从120cm变化至50cm，墙厚的多次变化，导致对工程施工全封闭的要求很高。核心筒平面在1～51层呈正方形九宫格状，从54层开始，4个角部的墙体开始向内收缩，至84层时，原有的九宫格筒体变为十字形五宫格筒体，屋顶呈皇冠状。核心筒的平面形态多次变化，对施工装备的选择提出了很高的要求，核心筒施工脚手模板体系须具备较强的适应性和高空安全性。核心筒的上部结构较柔，对塔式起重机布置也造成了困难。

（3）伸臂桁架层多

主楼结构设有8道两层高的外伸臂桁架，其穿过核心筒与巨型柱相连并向外悬挑（最大外挑长度达16m）。外伸臂桁架在水平方向与贯穿巨型柱及角柱的环带桁架相连。多道突出的伸臂桁架对模架的设计和施工造成很多困难，伸臂桁架钢结构的分段施工难度也较大，施工过程中对桁架的终固顺序要求高，对变形控制也会造成一定影响。

尽管施工过程中巨型柱与核心筒的竖向变形差异会引发伸臂桁架的附加内力，但这在设计阶段却不予考虑。因此有必要研究竖向变形差异对伸臂桁架内力的影响，以确定伸臂桁架终固时机，既要做到不影响施工进度，又要使得伸臂桁架附加内力降到设计可以接受的范围内。

3. 超大截面巨型柱

主楼主体结构部分共有8根巨型柱、4根角柱，均为内含组合型钢的钢筋混凝土劲性结构，其混凝土强度等级C50～C70，型钢采用最大厚度60mm的Q345GJC钢材。巨型柱最大截面尺寸为5.3m×3.7m，角柱为5.5m×2.4m，均呈竖向倾斜布置。巨型柱贯通结构全高并随高度增大逐步向核心筒侧收拢。

（1）劲性钢结构：劲性钢结构的截面种类繁多，钢板厚度很大，将劲性柱分为了多个腔；巨型柱内钢结构分布使得对拉螺栓难以穿过，对模板工程中对拉螺栓的布置造成了困难，因此须优化模板施工工艺及技术。

（2）钢筋：巨型柱内所采用的纵筋数量多，直径大，加工困难；箍筋和水平筋无法贯通；钢结构多，将很多钢筋截断，节点深化设计困难。因此须优化钢筋加工及施工技术，提高节点深化设计。

（3）混凝土：混凝土强度等级高，混凝土的工作性控制难，可通过添加外加剂或调整混凝土配合比来提高混凝土工作性。混凝土浇捣困难，需要优化混凝土浇捣技术，加强施工质量控制。混凝土保温保湿养护难，对养护措施要求高。

4. 大体量钢板剪力墙

剪力墙结构中设置了大量剪力厚钢板，部分剪力墙中设置了两道剪力厚钢板，抗剪钢板之间钢筋及栓钉密集，操作空间狭小，钢筋绑扎难度大，劲性节点钢筋深化工作量大。因此须优化钢筋施工技术，加强节点深化设计。

钢板吊装分段长度与整体钢平台钢梁设置之间存在矛盾，钢板分段须考虑多重因素：与整体钢平台钢梁平面布置的协调，减少分段数量和焊缝长度，确保钢板刚度，塔式起重机起重能力以及施工便利性。穿越钢平台的剪力钢板吊装技术也须进行优化，并提高整体钢平台钢梁平面布置与钢板分段宽度的协调技术。

对于设置有两道剪力厚钢板的剪力墙，若采用常规墙体施工方式，则对拉螺杆因抗剪钢板阻挡而无法贯穿进行模板固定，可通过在双层抗剪钢板之间增设传力拉杆实现对拉螺杆的对穿固定，也可以减小抗剪钢板和模板体系的变形。

混凝土浇捣时侧向压力很大，若对拉螺栓与钢板连接不可靠，极易造成对拉螺栓接头断裂、混凝土爆模等问题。其次钢板平面外受力性能很差，对拉螺栓与双层钢板相连会造成钢板面外变形。为验证对拉螺栓与钢板连接的可靠性，须对焊接在墙内钢板和钢柱上的对拉螺栓接驳器进行拉拔试验，确保其焊缝能满足混凝土浇捣时墙柱模板体系受力需要。

混凝土浇筑布料过程中可能存在不均匀现象，抗剪钢板两侧的混凝土高度可能不一致，导致钢板两侧混凝土侧压力不平衡而产生移位，造成钢板变形，因此必须对称浇捣。混凝土浇捣过程中由于纵、横向钢筋及箍筋密布，会影响到混凝土的流淌，并且在钢筋密布部位混凝土难以振捣密实，这会影响混凝土的施工质量。鉴于此，须在钢结构钢板上开设流淌孔和浇捣孔，提高混凝土浇捣技术，避免浇捣死角。

组合剪力墙体进行混凝土浇筑后将产生收缩，但双层厚钢板对混凝土有较强的约束限制，阻止其收缩变形，使得混凝土内产生拉应力。混凝土收缩过程中，一旦拉应力超过混凝土极限抗拉强度即会开裂。因而此工程对混凝土的裂缝控制提出了较高要求。要控制厚钢板强约束下的高强混凝土裂缝，较好的办法就是通过设计混凝土配合比、添加混凝土减缩剂，从而减小混凝土的收缩。同时，此工程中对混凝土性能的要求也较高，混凝土扩展度须大于650mm，7d收缩率须降低50%，设计出高流态、低收缩的混凝土。

2.3 施工部署

2.3.1 总体施工部署

1. 基于主楼关键线路的"主顺裙逆"基坑施工

（1）为确保主楼关键节点，率先开始主楼桩基施工的同时，之后紧跟主楼围护墙施工。裙房桩基及围护施工部署除考虑场地、公共通道须在上海世博会前完成等制约因素外，还须考虑主楼挖土承压水降低的影响。基坑工程采用主楼顺作裙房逆作，确保主楼优先施工。主楼地下室出±0.000方可进行裙房逆作施工。

（2）主楼区围护采用121m直径的环形地下连续墙与裙房区隔开，地墙厚1200mm，有6道环形支撑。采用明挖顺作法施工。裙房区围护采用两墙合一地下连续墙，深度48m，厚度1.2m。采用逆作法施工。

（3）主楼6m厚基础大底板以一次性浇筑完成后开始主楼范围内的地下室结构回筑，钢柱和钢板墙一层一吊，混凝土结构一层一做。

（4）待主楼区域出±0.000，裙房开始逆作施工，每层施工遵循先"十字"对撑部位施工，后角部区域施工的原则，保证支护结构刚度形成。抢先完成裙房顶板施工，为主楼及早封顶创造有利的场地条件。

2. 基于多流水节拍的主楼上部结构施工

上部结构按照竖向分区分为5个流水节拍。通过这些节拍的紧密衔接，确保主楼关键线路的顺利完成。

（1）第一节拍：核心筒墙体先行施工。这是地上部分结构施工的第一最高节拍，钢筋混凝土结构使用具有上海建工集团自主产权的新一代整体钢平台模板脚手体系，平均4d/层，最快可以达到3d/层。施工至伸臂桁架层时，因墙体内出现内埋桁架，施工节奏减慢。

（2）第二节拍：外围框架结构跟随施工。外围框架结构施工可拆分为两个阶段，分别是外围钢框架安装和巨型柱、楼面结构施工。其中外围钢框架紧跟核心筒节拍同步施工，但当遇到外围悬挑桁架层施工时，由于巨型构件复杂，施工难度巨大，施工节奏变慢，其与核心筒的施工距离会逐渐加大。核心筒施工过程中如碰到伸臂桁架层则放慢施工节奏，其与外围钢框架的施工距离逐步减少，如此循环，直至主体结构施工至屋顶皇冠底部。

核心筒外围钢结构施工时，先根据分节方案吊装巨型钢柱，其次吊装楼层钢梁，依次进行楼层钢梁焊接及螺栓连接，然后进行压型钢板铺设以及栓钉施工，最后进行巨型柱以及组合楼板中的钢筋混凝土楼板施工。

（3）第三节拍：砌体结构、涂装以及机电安装工程穿插施工。待第一、二节拍主体结构完成后，在下一个区段开始涂装、砌体、机电管线等其他分部分项工程的穿插施工。

（4）第四节拍：外幕墙钢支撑逆向施工。上海中心大厦项目由于造型特殊，设计采用内外双幕墙的形式，同时设置幕墙支撑作为外幕墙板块的承力构件。在组合楼板混凝土达到设计强度后，先进行下部幕墙钢支撑安装。考虑到现场实际施工条件，引入了悬挂式整体升降操作平台装置，采用逆向安装解决最大悬挑超过16m的幕墙支撑。

（5）第五节拍：内外幕墙板块同步施工。当幕墙支撑完成后，根据进度计划要求可适时进行外玻璃幕墙安装，然后进行内玻璃幕墙安装。竖向幕墙钢支撑安装领先外玻璃幕墙安装1个区，外玻璃幕墙安装领先内玻璃幕墙安装1个区。

2.3.2　总体场地布置

1. 主楼桩基施工阶段

本阶段施工内容为主楼区域范围内的桩基施工。结合主楼圆形基坑沿外圈布置环形主干道，利用圆内中轴线将其划分为四个区域，同时形成支路。根据施工进度和场地面积，在每个分区内投入4台GPS-20型桩架，共计16台。为避免各区场地桩架集中施工的现象出现，原则上Ⅰ、Ⅲ区的桩架均以从中心向外围的施工流向施工，Ⅱ、Ⅳ区的桩架从外围向中心施工。在裙房区域布置泥浆池、除砂机等配套设备。

2. 主楼开挖裙房桩基及围护施工阶段

本阶段主楼桩基施工完成进入土方开挖，而裙房进入桩基和围护施工阶段。针对主楼大直径圆形基坑，同样将其划分为4个区域，每个区域分别设置1个挖土栈桥平台，根据开挖深度，在地面挖土栈桥平台上分别采用反铲挖掘机、长臂挖掘机、伸缩臂挖掘机、抓头挖掘机进行土方装车挖运。

3. 主楼基础大底板施工阶段

本阶段主楼深基坑开挖完成，大底板混凝土浇筑成功筑底成为工程的一个重要里程碑。本工程主楼大底板混凝土用量约6万 m³，施工过程采用间隔布置于侧环形施工便道的4台56m臂长、8台48m臂长汽车泵和6台固定泵进行，于60h内完成混凝土浇筑。基础底板混凝土浇筑施工采用由环心向四周的退捣方法，总体遵循"分段定点、一个坡度、薄层浇筑、循序推进、一次到顶"原则。

4. 地下室结构施工阶段

本阶段为主楼地下室施工阶段。在基础底板上安装2台M900D塔式起重机，用来吊装剪力墙体内的双层钢板。在栈桥平台上设置1台400t履带式起重机安装地下室结构的巨柱和角柱内的劲性钢柱。利用圆形基坑道路作为整个场地的交通主干道。

5. 主楼上部核心筒结构裙房顶板完成

本阶段为主楼地下室施工完成，出±0.000，裙房区域开始逆作施工。该阶段为了满足钢结构吊装和大型构件堆放的需要，在主楼地下室结构施工完成后，在该区域顶板上搭设约12m宽的大型钢结构架空平台，并在上面布置2台300t履带式起重机作为重型构件的卸车和驳运。裙房顶板逆作施工区域，考虑到整个场地的交通和堆场，先行施工十字对称区域顶板，最后施工区域顶板。

6. 主楼上部结构施工阶段裙房地下室逆作

本阶段为裙房逆作区域顶板施工完成，主体结构正常向上攀升。该阶段为主楼主体结构施工典型工况，阶段历时较长。此时裙房顶板作为主要交通环线。主楼布置3台M1280D及1台ZSL2700塔式起重机进行钢结构吊装和材料周转。裙房区域地下室结构施工，在顶板上共设置19个取土口，确保每天出土量满足施工进度要求。同时洞口设置应结合挖机的工作点位，确保顶板环形主干道通畅。

7. 主楼上部结构及裙房上部结构施工阶段

本阶段为裙房逆作区域顶板施工完成，主体结构正常向上施工。该阶段为主楼主体结构施工典型工况，也是历时较长的一个阶段。此时裙房顶板作为主要交通环线。主楼布置3台M1280D及1台ZSL2700塔式起重机进行钢结构吊装和材料周转。裙房区域地下室结构施工，在顶板上共设置19个取土口，确保每天的出土量满足施工进度要求。同时洞口的设置应结合挖机的工作点位，确保顶板环形主干道的通畅。

8. 主体结构封顶装饰及总体阶段

本阶段为主楼主体结构封顶施工阶段，开始屋顶皇冠结构的施工，同时裙房施工也尚未完成。原先的钢结构堆场作为屋顶皇冠钢结构大型构件堆放场地。

2.3.3 总体技术路线

1. 软土地基超深钻孔灌注桩施工技术路线

受周边环境制约，软土地基相对成熟的钢管桩施工工艺由于其超大的挤土效应和噪声干扰，必将对已运营的金茂大厦和上海环球金融中心造成无法承受的影响，必须选择一种绿色环保、经济且满足荷载要求的桩型。基于超厚砂层和超深成孔长度，我们对大直径超长的钻孔灌注桩成孔工艺和设备进行改进研发，确保了软土地区400m以上超高层建筑大规模桩基施工顺利完成。经全数检测，主楼955根桩基承载力达到26000kN/28000kN（设计指标10000kN）；成孔垂直度平均值1/200，超过设计值1/150要求，解决了软土地基超深钻孔灌注桩施工难题。

2. 超大超深基坑施工技术路线

（1）超大直径超深圆形无支撑基坑开挖控制技术

为确保主楼关键进度，在主楼区域采用内径121m圆形无支撑地下连续墙围护，施工面积达11500m²，挖深31.10m，局部挖深达34m，土方量约35万m³。为确保围护结构的真圆度，减少大面积深开挖对坑底工程桩的影响，降低对周边环境的影响，我们针对上海地区软土的"时空效应"特点，通过"岛盆结合"的动态开挖方案，结合全过程信息化监测管理，超大超深圆形基坑最终得以满足工程质量、工期及环境保护等要求。

（2）复杂环境下超大超深裙房基坑逆作施工技术

上海中心大厦裙房逆作开挖面积21845m²，开挖深度27m，土方量达58万m³，施工工期紧，施工场地制约大、结构差异沉降控制难，周边环境保护要求高，我们基于"主顺裙逆"的技术路线，裙房基坑科学合理分区开挖，并在整个施工过程中进行系统的基坑监测，实时采集数据、分析工况、安排施工工序，在满足基坑安全的大前提下提前2个月完成裙房逆作法施工。

（3）6m厚6万m³混凝土大底板一次性连续浇捣技术

本工程主楼基础底板厚6m，强度等级C50，预估混凝土方量超过6万m³。为保证混凝土底板的高质量与高品质，须一次性连续浇筑，如此大体积的混凝土一次性浇筑超出了当时房建类工程已有记录。为保证工程顺利实施，项目统筹组织8个搅拌站、18台泵车、450辆搅拌车，60h不间断浇筑，同时辅以信息化检测手段监测温度，最终实现6万m³混凝土一次性浇捣且无结构裂缝。创造了民用建筑基础底板大体积混凝土一次性浇捣纪录。

3. 超大体量、超高复杂多变主体结构施工技术路线

（1）超高多变筒体液压爬升式脚手模架装备技术

本工程上部主体结构为钢—混和钢结构组成的混合结构体系。主楼核心筒结构高达

580m，且沿高度方向有4次体形变化，5次墙体收缩，墙体内暗埋多达6道伸臂桁架等劲性钢结构。针对这样的结构施工难题，项目研发了筒架支撑式液压顶升整体钢平台模架体系。通过单元设计、整体组装的理念使模架便于高空拆分，从而解决核心筒变化的难题；通过双层跳爬施工方法，解决核心筒多道凸出的劲性桁架层施工难题。直达施工电梯和两台臂长28m的液压布料机，实现了混凝土浇筑的机械化施工，加快了施工速度，保证了施工质量。

（2）高强混凝土超高泵送技术

本工程混凝土的高度超过600m，没有现成的经验可以参考。泵送的方案、泵送设备的选择、混凝土的配合比以及现场的布管与实施都是有待解决的难题。为此，我们根据结构高度的变化、浇筑时间的不同，首先从原材料对混凝土配合比进行精细化调整，其次基于流体力学对混凝土泵送进行仿真分析，将计算数据对比传统经验，对设备选型以及泵送方案提供合理依据及指导，在工程实施中，我们成功将C60混凝土一次泵送至580m的结构高度，混凝土泵送压力为23.4MPa，并将C100混凝土泵送高度达到620m，创造了混凝土"一泵到顶"的世界纪录。

（3）超大体量复杂钢结构吊装技术

钢结构总量在12万t以上，安装高度达632m。其中，主楼外挑有8道桁架层，单个桁架层用钢量达6000t，单个构件最大重量近百吨，高空焊接量也巨大；阻尼器重1000t、高空吊装难度大、精度控制要求高。

在机械配置方面，根据钢结构分布区域分段重量，综合考虑其覆盖范围、起重性能、结构承载力等因素，结合"对称分区，性能覆盖、高效有序"的布置原则，最终确定采用4台起重力矩达2450t·m的大型动臂塔式起重机，4台塔式起重机呈十字对称布置，利用自主研发的爬升支架外挂于核心筒墙体上，并通过塔式起重机的高空平移成功解决了核心筒翼墙厚度变化引起的塔式起重机重心变化的难题。

核心筒钢结构由于内部整体钢平台和施工电梯的存在，部分钢梁、楼板及钢楼梯滞后施工，查漏补缺。外围钢框架结构按部就班，采用"竖向钢柱先形成、逐框组装主次梁、分批固定钢桁架"的施工方法。塔冠内核八角钢框架结构安装采取"先内八角、后外八角"，"先钢柱、后钢梁及支撑"的施工顺序，重点控制与鳍状桁架径向支撑有连接关系的钢梁及阻尼器吊挂桁架的施工精度，为阻尼器、机电设备等后续工序的实施提供保障。

（4）全内置式施工电梯配置技术路线

本工程外立面呈垂直旋转体，外边缘随高度不断变化，超施工电梯，传统外附式或塔式施工电梯已无法满足施工需求，因此我们决定使用全内置式施工电梯。通过研究本工程永久电梯的设置位置以及运行区间，结合各施工阶段垂直运输的需求分析与统计，确定配置10台人货两用电梯加8台永久电梯的配置方案。通过基础托换和移动附墙架施工技术使得人货两用梯可以充分利用井道且不影响工期，提高施工效率。

4. 超复杂机电系统安装技术

总量57万m²的机电安装，涉及管道、电气、通风系统大量的实物工作，再加上垂直分区多，造就了系统的叠加性和庞大性，分区施工管理又把系统进行了分割施工，给水电风各系统的构成开通调试带来了很大的困难；针对上述机电系统难题，我们首先建立合理的技术策划方案体系，以BIM为手段，样板先行，提高预制装配率，各专业紧密协作，确保如此庞大复杂的机电系统按时完成。

2.4 技术研发

2.4.1 研发内容

上海中心大厦为我国唯一超过600m高度的超高层建筑，针对项目中桩基工程、基坑工程、混凝土结构工程、钢结构工程、阻尼器、装饰工程、机电工程和园林工程存在的难点，以及项目管理中存在的挑战，须开展技术研发工作，具体研发内容如图2-21所示。

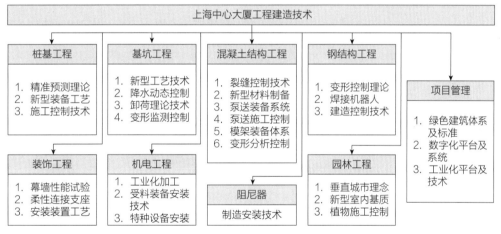

图2-21 上海中心大厦工程建造技术研发内容

2.4.2 技术路线

项目建筑突破了传统层叠式设计方法，融入高质量空中城市生活理念，不同高度和区域的9个垂直社区和21个空中花园广场，构建新型"垂直城市"超高层建筑模式。项目以上海中心大厦工程为研究对象，以保障桩基工程、基坑工程、混凝土结构工程、钢结构工程、阻尼器、装饰工程、机电工程和园林工程建造安全、高效为驱动，引入数字化技术手段，通过理论推演、方法构建、技术攻关、装备研发、平台开发、试验论证和工程检验相结合的方式对上海中心大厦工程建造技术进行系统研究，构建超高层建造技术体系（图2-22）。

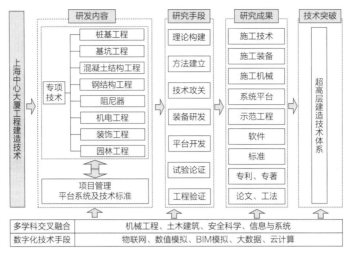

图2-22 技术路线图

2.5 工程目标

2.5.1 绿色化建造目标

国际社会从1990年开始非常关注建筑的可持续发展，也相继颁布了如美国LEED、英国BREEAM、日本CASBEE、加拿大GBtool和德国DGNB等多种绿色建筑评价标准，我国也于2006年颁布了国家标准《绿色建筑评价标准》。上海中心大厦建设过程积极响应全球可持续发展战略和国家节能减排发展号召，前期策划阶段就明确将生态、节能、环保、人本作为主要建设理念，定位于打造资源高度集约化、能源高度节约化、人与自然和谐共生的绿色超级垂直城市，成为符合国内外高标准、健康舒适和高效人本环境的世界级标志性建筑。

上海中心大厦作为中国第一高楼，项目存在容积率超高，场地面积相对较小等工程特点。超高层建筑在建造和运行中，关于资源、能源利用等明显区别一般的大型综合建筑，上海中心大厦绿色建造设计，探索采用"垂直城市"的城市规划理念来研究超高层建筑特有的可持续发展关键评价点。在对项目地理位置、使用功能等进行充分可研分析后，最终从建筑全生命周期理论出发，系统考虑建筑楼宇综合节能率问题、系统安全性问题和室内舒适度等因素。采用贯穿规划设计、施工建设、后期运营管理全过程。从安全、可靠、成本经济和节能环保理念出发，从采光、视野、通风、换气等多方面着手，同时探索在超高层建筑中采用了雨水收集、中水回用、电力发电等节能技术，使绿色理念贯穿整栋建筑。

在充分研究过项目上述绿色技术的前提下，项目最终对标美国绿色建筑标准LEED V2.0和中国绿色建筑评价标准，按照上述绿色建筑认证的标准的最高等级要求，推动上海中心大厦朝着中国首座绿色建造超高层的目标前进。项目着重体现"人文关怀、强化节资高效、保障智能便捷"，在场地规划设计、能源节约利用、雨污水回用和室内外环境控制等方面开展专项技术攻关，提出能源利用最优化、非传统水源利用最大化的绿色建筑系统解决方案，实现室内环境达标率100%、可循环材料利用率超过10%的技术指标，并采用全过程控制的绿色施工和智能化物业管理模式。

图2-23　LEED-CS V2.0铂金认证证书

2012年7月，上海中心大厦获得国家颁发的"三星级绿色建筑设计标识证书"；2015年7月，获得由美国绿色建筑认证委员会（USGBC）授予的"LEED-CS V2.0铂金认证证书"（图2-23）；2020年获得由我国住房和城乡建设部授予的"三星级绿色建筑运营标识证书"。

上海中心大厦的建设过程中集成了多项适用性绿色创新技术，成为我国绿色垂直城市的典范，引领着国内外超高层建筑的绿色可持续发展方向。基于上海中心大厦建筑的先进经验，2012年5月住房和城乡建设部颁布实施了《绿色超高层建筑评价技术细则》以规范指导国内超高层建筑的绿色化工程建设。上海中心大厦的绿色实践之路，为中国的超高层绿色垂直发展作出了突出贡献。

2.5.2　数字化建造目标

数字化建造是一种新型的工程建造模式，主要是通过人与信息终端交互进行，数字化表达、分析、计算、模拟、监测、控制工程建设过程，同时构建全过程的连续信息流，实施工程建造的过程。数字化建造技术的应用深刻影响和改变着土木建筑行业的组织形式、管理模式和建造过程，可以显著提升工程建造的效率和质量。

在上海中心大厦工程建设过程中，针对施工工期紧、创新技术应用多、施工技术难度高、高空作业和立体交叉作业面多、危险性较大分部分项工程多、分包队伍多、施工人员杂等重难点，创新研发和应用了数字化建造成套技术，制定了统一的数字化建造技术标准、管理目标体系、施工技术应用目标体系，构建了超高层建筑数字化建造技术体系。

数字化实施标准目标：针对数据协同管理、数据信息交互传递、理念转变和团队建设等难题，构建统一的数字化管理标准体系。通过协同项目各参与方及分包公司建立了统一的模型创建标准，统一命名规则、统一模型分类规则、统一专业要求，明确共享平台运作模式，并在实际工作中动态予以调整和改进。如为便于管理和识别，本项目的模型文件统一按以下要求命名：专业—区域（可选）—楼层（可选）—子专业（可选）—特性（可选）—版本，每个标识一般不超过三个中文字符，之间用"—"符号连接。模型附加信息除几何形体外，其内容应包括各专业机械、设备模型的出厂日期、安装日期、电子版产品说明书（电子文件链接）、各类合格证扫描件（电子文件链接）等构件附属信息；对于结构构件，其数字化内容应包含产品出厂日期、安装日期、设计变更信息以及其他与构件相关的日期和电子版单据链接；对于未涉及上述情况的，应经总、分包共同协商确定附加信息内容。信息化管理标准体系的建立，从根本上解决了工程项目数据交互和建模标准统一性的不足，避免了大量的重复建模和数据转化工作，显著提高了信息化管理工作效率。

数字化管理目标体系：构建了以上海中心大厦项目部BIM工作室为核心的项目数字化管理体系（图2-24），其中上海建工集团及其各子公司、总承包各管理部门、同济大学、软件公司作为管理支持单位，为项目提供技术、人力、物力、软件、理论指导等方面支持；业主、设计单位、各专业分包单位作为协同管理单位，协同开展项目信息化管理工作，并负责相关沟通协调工作。高效而科学的数字化工程管理体系建立，确保各项工作的顺利开展。

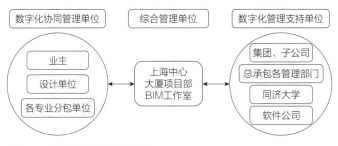

图2-24　项目数字化管理体系图

数字化建造应用目标：针对数字化设计及施工出图难题，从BIM实施标准、深化设计内容选定、深化设计软件选定、深化设计三维建模技术准备等方面对钢结构深化设计内容、幕墙体系深化设计内容、机电系统深化设计内容、室内装饰深化设计内容等全过程采用数字化技术，有效地帮助项目部组织各专业分包单位，完成包括方案优化、细部分析、碰撞检测以及补充细化工程出图等深化设计工作，发现了大量的碰撞问题和设计矛盾，及时地将问题解决在深化设计阶段，减少了各专业冲突造成的返工，保证了工期并减少了经济损失，极大提升了工程总承包的管理效率。针对数字化建造技术应用经验不足，制定了应用目标体系，从方案策划与实施、现场布置与调整、机械规划与安全、材料高效管理、复杂曲面数字拼装、结构施工安全及虚拟建造等方面全面应用数字化建造技术，通过运用信息化、数据化、参数化和模型、模拟等先进数字化手段，探索一体化深化设计、一体化加工制作、一体化施工管理工程建造新模式。

2.5.3　工业化建造目标

我国高层及超高层建筑建造取得了举世瞩目的成就，但是既有建造技术和工业化、信息化尚缺乏深度融合。基于此，上海中心大厦将对超高层建筑中的一些机电安装关键技术，如垂直吊装、电缆敷设、翅片散热器的研制及安装等作描述，希望研究的成果能运用于施工过程中，能提高同类工程机电安装的质量，加强安全的同时进一步缩小工期，为工程的顺利交付和正常使用提供保障。

传统机电设备管线部品部件通常采用小尺度单件式安装，现场作业工作量大、施工效率低。上海中心大厦介绍的机电设备管线部件模块化设计加工与装配式施工技术，开发模块化预制设备管线高效安装成套智能工装系统，实现机电工程的模块化设计、智能化加工和机械化装配，相比以往的机电安装工程，能提高约20%的施工效率，同时在上海中心大厦中的成功运用，取得了显著的社会效益和经济效益。通过机电工业化施工技术的革新，形成了多项自主知识产权，推动了超高层建筑建造技术发展，带动了建筑业技术进步。

2.5.4　工程管理目标

（1）上海中心大厦作为具有国际影响力的标志性建筑，其建设进度针对的不仅仅是工程本身，并被赋予了更多深层次的意义，因此本工程的施工进度计划与管理尤为重要，我们对本项目核心关键工况进行深入分析，在各个部门各个参建单位的协同下，保证了工程始终能够在总进度计划的大框架下按既定目标不断推进。

（2）超大的体量、超深的基础、超高的结构，这些都给工程的建设树立了极高的标准，带来了极大的难度，同时由于工期紧，图纸设计不断修改深化，给质量监管验收工作带来一定的影响。极限工期的约束对质量管理提出了更高的要求，项目部结合工程特点，提出了质量管理目标和总体思路，针对性地制定了质量管理的相关制度和措施，稳扎稳打，步步为营，先后获得了市级优质结构奖、上海市建筑工程"白玉兰"奖，钢结构工程获"金钢杯"，最终斩获"鲁班奖"和"詹天佑奖"两项大奖。

（3）建筑超高、基坑超深，这两个关键词就意味着本工程的建设有许多不可预见的安全影响因素，所以安全管理极其重要。项目部围绕本工程特点，确立了工程安全管理的目标和总体思路，建立起完善的工程安全管理体系，创建五级安全管理网络体系，引进第三方安全管理等各项具体措施，着重加强对立体交叉施工、群塔施工等的关键施工作业的安全管控，确保重大安全事故为零，同时获得全国AAA级安全文明标准化工地。

（4）施工周期长、周边环境保护要求高，绿色施工需求迫切。本工程结合我国绿色建筑和绿色施工相关标准规范规定以及美国绿色建筑评价标准，编制绿色施工专项施工方案并加以实施。通过对环境保护、节能与能源利用、节水与水资源利用、节材与材料资源利用、节地与土地资源保护等评价要素的有效控制，确保本工程获得我国绿色建筑三星、美国绿色建筑认证委员会LEED金奖认证。

第 3 章

软土超厚砂层桩基工程技术

3.1　概述

　　上海中心大厦工程项目包括Z3-1与Z3-2两个地块，基地总面积约30368.27m²，其中Z3-1地块面积约10022.27m²，Z3-2地块面积约20346.0m²，总建筑面积约43万m²。上海中心大厦在桩型试验取得成功的基础上进行了主楼桩基的设计，直径1000mm，桩身设计强度等级C45（水下提高二级），共计桩数955根。桩型分为桩A、B两种，单桩承载力特征值均为1万kN。A型桩成孔深度86.7m，有效长度56m，数量247根；B型桩成孔深度82.7m，有效长度52m，数量708根。过渡区桩直径1000mm，桩身设计强度等级C45（水下提高二级），共计桩数124根。桩型分为桩C、C1两种，单桩承载力特征值均为8000kN。C型桩成孔深度62m，有效长度35.7m，数量52根；C1型桩成孔深度75.7m，有效长度49.4m，数量72根。所有桩基均须采用后注浆方式提高承载力，每根工程桩在桩端进行水泥注浆，同时控制水泥注浆压力和注浆量，其中单桩注浆量控制在4t水泥左右。本章节重点对上海中心大厦的桩基工程试验、桩基工程施工以及桩基工程检测等进行介绍。

3.2　桩基工程试验

3.2.1　试验桩身参数

　　由于上海中心大厦项目首次将钻孔灌注桩运用于超高层建筑，为验证超深桩的实际承载力同理论计算结果一致，在正式开展设计工作前进行了试桩静载试验，静载试验的结果将作为基础设计的重要依据。总计进行了4组钻孔灌注桩试桩静载试验，每组桩直径为1m，且桩身大部分位于砂性土层中。每根试桩配4根锚桩，呈梅花形布置，试成孔位于试桩区西侧15m处（基坑外）。为对比分析桩端、桩侧后注浆的效果及作用机理，4根试桩中2根SYZA型桩为桩侧桩端联合注浆，1根SYZB型桩仅桩端注浆，1根SYZC型桩不注浆；9根YMZ型桩为锚桩，如图3-1所示。

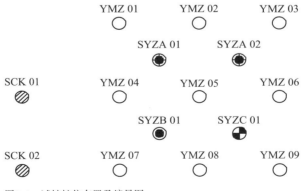

图3-1　试桩桩位布置及编号图

试验桩具有如下难点：

1. 成孔深，进入砂层部分长

如前所述，钻孔桩大部分（约60m）位于砂性土层中，导致钻孔灌注桩施工难度显著增大，钻孔和清孔施工风险大，且在施工过程中容易出现塌孔危险。

2. 测量无侧向土体约束的桩基承载力

为测量无侧向土体约束的桩基承载力（指基坑开挖面以上无侧向土体约束），试验桩设计了双套管工艺，其中外套管内径为1.18m，内套管内径为1.05m，外套管长度比内套管长度小，需要设计并实现内外套管之间的隔离。

3. 混凝土强度等级高

钻孔试验桩的水下施工混凝土强度等级为C50，为确保施工质量，应将其混凝土强度提高到C60等级使用。因此，需要进行高强度水下混凝土的配合比设计，同时考虑强度、扩展度、和易性等混凝土因素影响。

4. 桩侧后注浆

为固结桩周土体，增加单桩承载力并减小群桩沉降，本工程试桩将进行桩侧后注浆，并采用压力与注浆量双控的注浆方式；共计每根桩4道注浆断面。

目前国内尚缺乏成熟的桩侧注浆经验和相应的器材，为此特地从国外引进了专用的高强复合管，用于加工环形注浆管阀。同时将结合在轨道交通耀华路站项目中桩侧注浆的成功经验，在本工程中成功实施桩侧注浆，并总结出一套合理的桩侧后注浆工艺和理论。

目前上海市区内民用建筑工程常用的钻孔灌注桩成孔设备为GPS-10型和GPS-15型工程钻机，但其最大钻孔深度及扭矩均无法满足本工程成孔要求，因此本工程选用GPS-20型工程钻机并配备6BS型砂石泵进行施工。

3.2.2 试验桩身成孔

1. 试成孔要求

（1）试桩施工前进行2次试成孔，以核实地质情况，检验所选设备、工艺及参数是否合适，确保试桩的成孔工艺可行。

（2）试成孔垂直度偏差要求不大于1/400，成孔直径不小于1000mm，平均孔径能满足使充盈系数控制在1.0～1.2的需求，清孔后沉渣≤10cm。

（3）试成孔过程中应定期检测不同深度位置的泥浆相对密度、黏度、含砂率等指标，确保泥浆性能满足成孔需求。

（4）为了解成孔完成至成桩完成的间隔时间内孔壁的稳定情况，分别于试成孔完成后的0h、6h、12h、18h、24h、30h、36h、42h、48h，使用超声波测定当时的实际孔径和孔底沉渣厚度，以此反映孔壁稳定性及沉渣厚度随时间的变化。

2. 第一次试成孔SCK01情况

根据试成孔要求，结合临近工程的施工经验，第一次试成孔SCK01拟选用GPS-20型设备带普通三翼单腰箍钻头+反循环成孔工艺。

超声波检测结果显示试成孔SCK01各项指标基本满足要求，成孔完成后48h内孔壁稳定，沉渣变化较小，且在此期间护壁泥浆未出现明显的沉淀和离析，孔壁未出现明显塌方，可满足在成孔后至成桩的间隔时间内桩孔稳定的要求。根据上述结果，决定在成孔垂直度及成孔效率方面进行改进，为大规模进行工程桩施工做好准备。

3. 第二次试成孔SCK02情况

根据第一次试成孔的试验数据，在进行第二次试成孔SCK02时对钻头结构外形和黏土层内的成孔工艺两方面进行了改进，以提高成孔垂直度和钻进效率。

（1）泥浆循环工艺改进

第一次试成孔SCK01全程采用泵吸反循环方式钻进，其中在上部25m黏质土钻进共耗时14.78h，钻进速率约1.68m/h，说明泵吸反循环成孔在黏质土层内适应性不高。因此在第二次试成孔SCK02时，黏质土层内改为正循环成孔，下部砂层则仍采用泵吸反循环成孔。

（2）成孔方式的改进

第一次试成孔SCK01采用普通三翼单腰钻头，第二次试成孔SCK02改用三翼双腰钻头，以提高成孔垂直度和孔壁质量。由于三翼双腰钻头本身自重较大，在此基础上又在第一节套管上通过焊接增加了100kg钢配重，因此钻具总重大幅增加，希望以此来减小钻具晃动，提高孔壁质量。

综上所述调整后的试成孔SCK02具体施工方法为：选用GPS-20型设备（图3-2），采用三翼双腰钻头，提高成孔垂直度和孔壁质量；采用黏土层正循环成孔+砂土层反循环成

图3-2　GPS-20型设备

孔的方式，提高泥浆循环成孔的适应性；护壁泥浆采用专用膨润土和外加剂，配备除砂机；清孔方式为泵吸反循环。

两次测孔成果对比见表3-1。

两次测孔结果对比　　　　　　　　　　　　　　　　　表3-1

成孔项目	SCK01	SCK02
成孔垂直度	0.41%	0.19%
平均孔径（mm）	1060	1036
最大孔径（mm）	1249	1177
孔底沉渣（cm）	9	9

对比结果显示，第二次成孔改进工艺后，成孔垂直度明显提高。

3.2.3　减摩护筒设置

包含地下室的建筑采用钻孔灌注桩基础时，其有效桩长必然位于开挖面以下，但试桩试验要求桩身必须浇灌至地面，因此试桩试验得到的承载力需要根据经验扣除开挖面以上部分的摩擦力才能得到实际承载力。上海中心大厦塔楼的基坑开挖深度达31m，裙房基坑的开挖深度也达26m。选用桩基承载力时为避免产生较大误差，必须相对精确地消除开挖面以上的试桩桩侧摩阻力影响。

为达到上述目的，研发了钻孔桩静载荷试验双层钢套管技术（图3-3），其技术要点是通过双层钢套管之间的相对滑动，消除非有效桩长范围内的试桩桩侧摩阻力，具体

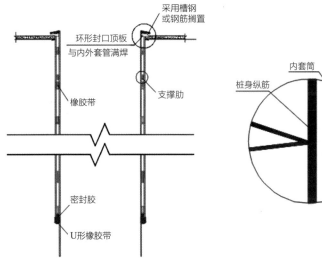

图3-3　双层钢套管剖面及局部详图

构造特点包括：在试桩桩径之外，设置内套管和外套管，其中外套管内径最大、内套管内径次之，但内套管内径大于桩径；内套管长度比外套管更长，而外套管等同于基坑开挖深度，以确保内外套管能够用于隔离桩身与土体之间的摩擦。

该技术通过将双层钢套管安装在基坑开挖面以上的桩身范围内，以达到隔离桩身和土体接触的目的。双层钢套筒实体如图3-4所示。

图3-4 双层钢套筒实体

3.2.4 后注浆工艺

1. 注浆要求

所有试桩中，3根桩底注浆，2根桩侧注浆；9根锚桩均采用桩侧注浆；水泥采用P·O42.5。

2. 设备材料选择

后注浆的成功与否，关键在于注浆管路的安装保护与劈通，因此注浆管材的选择与注浆设备的选择必须进行研究与改良。

（1）注浆泵

根据本工程桩基深度及混凝土强度，须选择压力大、性能稳定的注浆泵，其最大泵压不低于10MPa。

（2）注浆管材

均选用上海劳动钢管厂生产的优质管材，桩端注浆管内径φ50，钢管壁厚3.25mm；桩侧注浆竖管内径φ25，钢管壁厚3.25mm；接头采用无缝钢管加工外丝接头，长度不小于50mm。

（3）注浆器

桩端注浆器：四节，16个φ7单向喷浆孔，采用无缝钢管机械加工；

桩侧注浆器：环形，每断面6个单向注浆阀，采用进口高压复合软管加工。

前述两类注浆器实体如图3-5所示。

 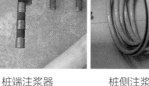  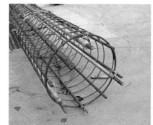 

| 桩端注浆器 | 桩侧注浆器 | 桩端注浆管安装 | 桩侧注浆管安装 |

图3-5　注浆器实体　　　　　　　　　图3-6　注浆管安装

3. 注浆管安装

针对桩侧注浆，采用4根注浆管并固定在主筋上，在注浆断面位置设置环形注浆阀；针对桩端注浆，直接采用2根固定在主筋上的超声波检测管作为注浆管，伸出钢筋笼底部约30cm（图3-6）。

4. 注浆施工

（1）劈水开塞时机选择

混凝土浇灌时不能排除混凝土将注浆器包裹住的可能，因此注浆管劈水开塞应选在混凝土完成终凝前进行。结合以往工程经验和本工程混凝土性能参数，劈水开塞时间控制在混凝土浇灌完成后12h内，经试验桩实施，均可顺利劈通，劈通压力在3MPa左右。

（2）桩侧注浆与桩端注浆顺序问题研究

桩侧注浆位于桩端注浆上部，因此先进行桩侧注浆在桩侧形成封堵，再进行桩端注浆加固桩端区域。桩侧注浆时，从上往下分层依次注浆，以实现逐层封堵。

4根试桩中2根进行了桩端、桩侧联合注浆，1根进行桩端注浆，另一根未注浆。

3.2.5　桩基工程检测

根据设计要求对试验桩进行了超声波检测、低应变检测、钻孔取芯检测及静载试验。

（1）超声波检测在试验桩内按品字形埋设3根超声波镀锌管，从而进行3个断面的超声波扫描。

SYZA01超声波检测：实测深度87.4m，桩顶下3.7～6.2m范围内桩身混凝土有轻微缺陷；

SYZA02超声波检测：实测深度87.4m，桩顶下86.4～87.4m范围内桩身混凝土有轻微缺陷；

SYZB01超声波检测：实测深度87.4m，桩顶下87.0～87.4m范围内桩身混凝土有轻微缺陷；

SYZC01超声波检测：实测深度87.4m，桩顶下86.4～87.4m范围内桩身混凝土有轻微缺陷。

其中选取SYZA01、SYZC01超声波检测如图3-7所示。

超声波检测结果显示，试验桩在桩端位置易出现异常，分析认为该处正好位于钻头形成的锥形区，实际桩径小于理论桩径，但该位置已位于有效桩长以下，且这是钻孔桩不可避免的现象。检测结果显示各断面的桩身混凝土均匀连续，无夹泥、空洞现象，均为Ⅰ类桩。

（2）低应变检测同样显示试桩、锚桩合计13根桩身未发现明显缺陷，均为Ⅰ类桩，如图3-8所示。

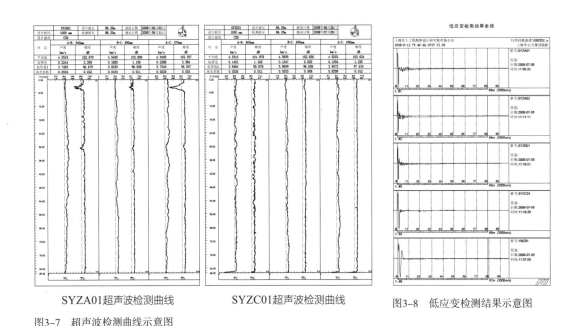

SYZA01超声波检测曲线　　　　SYZC01超声波检测曲线　　　图3-8　低应变检测结果示意图

图3-7　超声波检测曲线示意图

钻孔取芯结果显示不论桩端是否注浆，桩底位置均存在一定厚度的沉淤。分析认为本次桩端注浆对桩端土体的改良有限，但对桩侧摩阻力的发挥意义重大。

桩基静载荷试验结果显示是否采取后注浆对桩基承载力有明显影响：本工程钻孔桩有效桩长均在砂层内，未进行后注浆时桩侧摩阻力无法达到理想状态，未注浆的SYZC01试桩的极限承载力仅为8000kN；第一次静载试验完成后，对SYZC01试桩补充桩端注浆，达到强度后进行第二次静载试验。第二次静载试验其极限承载力不小于31000kN，较无注浆情况下有明显改善。此外在有桩端注浆的情况下，桩侧注浆作用不明显，其原因在于桩端注浆过程中，大量水泥浆液向上扩散至桩侧，相当于进行了桩侧注浆，而单独的桩侧注浆，大量水泥浆从桩顶冒出，减少了其注浆效应。

3.2.6　试桩创新成果

（1）正反循环结合的成孔工艺

成功研究并应用上部的黏质土层采用正循环成孔工艺，下部的砂质土层采用反循环成孔工艺，解决了特殊地层内的成孔钻进问题。

（2）土体摩阻力隔绝

为有效消除这一误差，对有效桩长以上部位的土体摩擦力采取创新性的隔绝措施。设计并安装双层钢套管，静载荷试验中双层钢套管相对滑动，成功实现隔离上部土体摩阻力的目的。

（3）钻头改进

为改进成孔垂直度与孔壁质量，对钻头进行设计和改良，在原有常规单腰箍钻头的基础上加工不同角度的三翼双腰箍钻头，用于砂质地层内的成孔施工。

（4）人工泥浆的配制及除砂系统设置

通过设计并配制适当参数的人工泥浆并辅之以除砂系统，解决常规因泥浆问题引起的缩径、塌孔、沉渣过后混凝土浇灌质量不佳等问题。

（5）桩端取土，判定注浆机理及效果

为判定桩端注浆对承载力发挥作用的机理及效果，本工程首次在桩内安装了一根桩端取土管。注浆完成并养护后，从取土管内将桩端下部土体取出，判定注浆后桩端土体的情况。

（6）高强度等级水下混凝土配制及浇灌

桩型试验混凝土设计强度等级为水下C50（水下混凝土提高两个等级，按C60配制），工程桩混凝土设计强度等级为水下C45（水下混凝土提高两个等级，按C55配制）。由于水下浇灌混凝土的特殊性，对其配合比进行了多次适配研究，确保混凝土满足流动性、自密实性和后期强度要求。

桩型试验结果表明，采用后注浆的钻孔灌注桩可满足上海中心大厦这一超高层建筑的桩基承载要求，并且具备施工的可行性，解决了上海中心大厦桩基选型的难题。

3.3　桩基工程施工

3.3.1　桩基护壁泥浆

为确保成孔质量，新造护壁泥浆静置24h以上使用；循环浆选用ZX-250型泥浆净化装置（除砂机）进行除砂；现场设置新浆池、循环池、沉淀池和泥砂池等泥浆池，泥浆池及泥浆循环系统须满足正循环和反循环施工工艺要求。泥浆系统示意图如图3-9所示，泥浆净化装置及使用过程如图3-10所示。

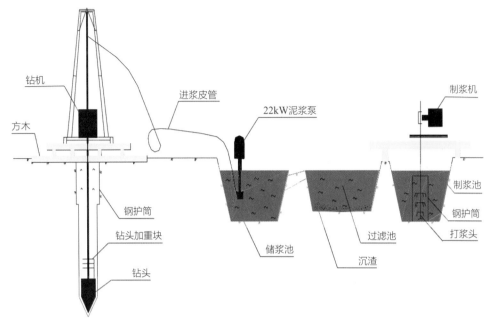

图3-9　泥浆系统示意图

图3-10　ZX-250型泥浆净化装置（除砂机）及使用过程

3.3.2　桩基成孔设备

目前常用的成孔设备为GPS-10型和GPS-15型，但其最大钻孔深度及扭矩等均无法满足超深钻孔桩的要求，因此选用GPS-20型工程钻机并配备6BS型砂石泵进行施工。GPS-15及GPS-20参数分别见表3-2和表3-3。

GPS-15型工程钻机参数表

表3-2

成孔能力	成孔直径（mm）	最大可至φ1500	
	成孔深度（m）	80	
	转盘扭矩（kN·m）	56	
	转盘转速（r/min）	14、19、25、34、45、61	
	主卷扬提升能力（kN）	30	
	副卷扬提升能力（kN）	20	
	钻杆规格（mm）	110×110×6500	
	排渣方式	正循环	3PNL
	钻机主机动力（kW）	30	
	外形尺寸（工作状态）（m）	4.7×2.2×10	
	主机重量（不含钻具泵组）（kg）	8000	

GPS-15型钻机

GPS-20型工程钻机参数表

表3-3

成孔能力	成孔直径（mm）	最大可至φ2000		
	成孔深度（m）	正循环90	泵吸反循环100	气举反循环120
	转盘扭矩（kN·m）	55		
	转盘转速（r/min）	8、14、18、26、32、56		
	主卷扬提升能力（kN）	30		
	副卷扬提升能力（kN）	30		
	钻杆规格（mm）	φ219×16×3000		
	公称排渣管道通径（mm）	φ200		
排渣方式	反循环/泵吸反循环	3PNL		
	气举反循环	MAM-200		
	压气反循环气泵流量要求（m³/min）	≥14		
	钻机主机动力（kW）	37		
	外形尺寸（工作状态）（m）	5.6×2.4×9.0		
	主机重量（不含钻具泵组）（kg）	10000		

GPS-20型钻机

3.3.3 桩基成孔工艺

本工程桩距小、深度大，为避免发生桩端碰撞的现象，成孔垂直度要求不超过1/150。考虑到本工程钻孔桩86∶1的长细比和2m净桩距，需要有可行并且可靠的措施来确保每根桩都满足成孔垂直度1/150的最低指标。

虽然试桩阶段基本实现了1/300以上的成孔垂直度控制，但大规模施工阶段其控制难度大幅增加，质量的不稳定可能成为突出问题。因此如果成孔垂直度不能满足1/150，必须进行扫孔修正。

（1）控制措施。开孔时复核桩架的初始位置，成孔过程中将增加两次过程检查，检查内容包括机架稳定性、机台水平、钻杆垂直度和桩架偏位情况，其中调平如图3-11所示。

图3-11　调平

（2）检测措施。传统垂度检测是在成孔完成并提钻一次清孔后进行，此时成孔已完成，纠偏难度大；为此，本工程通过在成孔过程中增加成孔垂直度测试，以便及时发现问题，及时纠偏。实际操作时在30m和55m深度时暂停钻进，在不提钻的情况下，使用小型测试仪在钻杆内测定钻杆垂直度，从而判定成孔垂直度是否满足要求。测斜仪及钻杆内测斜如图3-12所示。

图3-12　测斜仪及钻杆内测斜

通过采取以上措施，本工程检测的1079根桩最终成孔垂直度均满足1/150的标准，且成孔垂直度平均值达1/200。

3.3.4　循环泥浆工艺

清孔的作用是控制孔底沉渣，是确保桩基承载力稳定并控制后期沉降的关键因素。试桩阶段通过泵吸反循环方式进行二次清孔，确保了沉渣厚度。但在大规模桩基施工阶段由于泥浆池负荷增大，泵吸清孔效果受到影响，泵吸清孔时间大幅延长，不利于孔壁稳定。

因此，设计清孔试验对正循环清孔、反循环清孔以及气举反循环清孔等不同清孔工艺进行测试，其中气举反循环清孔原理如图3-13所示，其清孔效果比反循环、正循环好，且清孔时间显著缩短，因此本工程后续施工的1079根钻孔灌注桩均采用上述方式清孔，沉渣厚度均在10cm以内，满足规范要求。

图3-13　气举反循环清孔示意图

3.3.5 桩基成桩工艺

本工程钻孔灌注桩的混凝土强度等级选用水下C50，之前在上海地区无类似高强度等级水下混凝土配制和浇灌经验，因此项目对此进行了专题研究与设计，分析认为本工程钻孔桩使用的水下C50混凝土应满足以下要求：

（1）由于水下浇灌混凝土会导致一定的强度损失，常规水下混凝土浇灌时会提高1个等级，但当混凝土强度等级高于C45后提高的程度应有所增加，因此本工程水下C50混凝土拟提高两个等级，按C60配制。

（2）高强度等级水下混凝土应具有较好的流动性，使其能够满足水下浇灌时自密实的需求，拟定坍落度为200mm±20mm。

（3）考虑到市区施工时混凝土运送时间较长，且浇灌完成后需进行注浆管劈水开塞，要求初凝时间足够长，避免浇灌过程中出现初凝，影响桩身质量。

（4）水下混凝土一般采用导管法浇灌。

3.3.6 桩端注浆工艺

桩端后注浆是本工程塔楼钻孔灌注桩施工的重要环节，后注浆成功与否直接关系承载力能否满足设计要求，其关键在于注浆管在开始注浆以前是否保持通畅。

本工程塔楼工程桩均安装有超声波检测管，为降低施工成本3根检测管中的2根兼用作桩端注浆管，另一根作为备用注浆管。注浆管下端与单向阀式注浆器相连。为了避免压浆对周围桩造成不利影响，若周围10m范围有正在施工的桩，则不得进行压浆施工。在实施过程中研发了二次注浆工艺，即第一次压浆须充分填塞桩端桩侧空隙，然后在2~3h后进行第二次压浆，能更为有效地加固持力层。

3.4 桩基工程检测

3.4.1 桩基小应变检测

本工程所有工程桩须做小应变动测试验（100%），实际检测1079根。主楼桩955根，Ⅰ类桩912根，Ⅱ类桩43根，无Ⅲ类桩。Ⅰ类桩率95.5%；过渡区桩124根，Ⅰ类桩121根，Ⅱ类桩3根，无Ⅲ类桩。Ⅰ类桩率97.6%。

3.4.2 桩基超声波检测

根据设计要求，工程桩须进行100%的超声波检测。

检测结果显示：（1）本工程Ⅰ类桩比例95.4%，Ⅱ类桩比例4.6%，无Ⅲ类桩，本工程钻孔灌注桩桩身质量总体优良；（2）Ⅱ类桩的缺陷主要存在于桩端附近。

3.4.3　成孔检测

所有工程桩均进行了成孔质量检测，共计检测1079根，成孔质量判别标准如下：
（1）孔径：最小断面允许偏差为0，平均断面孔径允许偏差+0.14D；（2）垂直度：允许
偏差≤1/150；（3）孔深：允许偏差0～300mm；（4）孔底沉渣深度：不大于10cm。根据
两份成孔质量检测报告统计，所检测的1079根桩最终成孔质量均满足以上标准。成孔孔
径平均值1075mm，成孔垂直度平均值1/200，孔底沉渣厚度平均值7.55cm。

3.4.4　桩身承载力检测

工程桩中设置了垂直静荷载试验共11根。本工程A、B型主楼桩的单桩抗压承载力
特征值均为10000kN，试桩拟定的最大加载量为26000kN（其中1根28000kN）。试验结
果均达到26000kN（28000kN）加载值，卸载后变形量均明显回弹。

第 4 章
软土深大基坑支护工程技术

4.1 概述

上海中心大厦基坑工程位于上海软土地区，基坑总面积约3.5万m²，主楼基坑开挖深度为31.1m，裙房基坑开挖深度为26.7m，主楼区基坑底已深入至第⑦₁砂质粉土层（第一承压含水层），裙楼区基坑坑底亦靠近第⑦₁层，如图4-1所示。工程坐落于陆家嘴金融中心的核心地段，不仅位于主要交通干线的交会处，而且周边遍布众多超高层酒店、办公楼和住宅，地理位置十分关键，基坑周围的地基土体不允许出现较大的变形。同时，地下室几乎占满建筑红线，基坑周边的施工空间狭小有限，仅能满足办公楼和临时用房的基本建设需求。因此，进行基坑设计与施工时须将开挖期间施工场地问题与周边环境保护问题作为重点考虑，以变形控制为主，基坑稳定控制为辅，降低开挖风险。地质水文条件复杂。在计划开挖的基坑深度区间内，土层的主体构成主要包括第③、④、⑤₁ₐ等软弱黏性土层，具有显著的触变及流变特性，受到动力作用时土体强度极易迅速下降。该地区地下水储量丰富，潜水层埋深在0.75～3.90m，承压水头埋深在8.50～10.20m；由于具有优良隔水性能的第⑧层粉质黏土层缺失，导致了第⑦层与第⑨层承压含水层直接贯通，基坑底部以下的承压水层厚度接近100m，这使得通过设置止水帷幕阻断基坑内外水力联系的方法，从技术与经济角度均不可行。可以说，上海中心大厦工程是近年来罕见的规模庞大且深度超常的基坑工程，场地所处区域内土质较软，且周边环境复杂，变形控制要求高，从基坑的开挖特点和规模以及实施难度来看，在国内尚无前例可循。

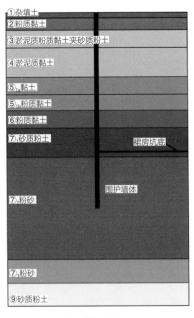

图4-1 土层分布剖面图

4.2 基坑支护方案

4.2.1 主楼支护方案

主楼共设五层地下室，采用钢筋混凝土结构和钢结构组成的混合结构体系，基础底板厚6m。主楼深大圆形基坑直径123.4m，开挖深度31.10m，土方量35万m³。基坑采用明挖顺作法施工。图4-2为主楼基坑顺作施工。

图4-2　主楼基坑顺作施工

1. 围护结构方案

主楼基坑围护结构采用大直径圆形地下连续墙，围护墙内径121m，墙厚1.2m，墙深50m（插入比0.6），混凝土设计强度等级为C45（水下），浇筑时按混凝土C55配制，钢筋保护层厚度50mm。

为确保地下连续墙拼接后，形成圆形围护结构的基坑受力的均匀性和真圆度，所采用的方案包括使用内接正多边形的槽幅设计。每段地下连续墙都被设计成折线的形态，并且地下连续墙的转折点被精心布局，其主要目的是实现地墙分段之间的平直接合，确保受力的有效传递。在施工围护结构过程中，以每段地墙外侧的转折点到圆心的距离，即61.77m，作为半径的量测控制标准。对于半径的控制精度要求极为严格，控制值的偏差不得超过20mm，而相邻地墙段之间的半径控制值偏差则要求更小，不得超过5mm。这些严格的标准有助于确保围护结构的质量和基坑施工的安全性。地下连续墙槽段之间采用柔性锁口管接头，为防止地墙混凝土浇筑绕流，保证地墙接头的施工质量，同时确保锁口管的顺利起拔，本工程在地墙钢筋笼雌幅端部加设"V"形10mm厚钢板，且在钢筋笼雌幅接头外包止浆帆布。地下连续墙与第二～第六道环形支撑的连接采用预埋钢筋连接器连接，钢筋连接器要求位置准确，预埋钢筋连接器处表面混凝土的凿除深度不超过20mm。为保证主筋保护层厚度和钢筋笼垂直度，在地墙钢筋笼与土体接触的两面均布置5mm厚保护层钢板，纵向4m设置一排，每排2～3块，横向间距2m，纵向间距

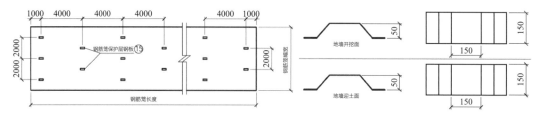

图4-3　保护层钢板布置及大样图

4m，呈梅花形布置，与地墙钢筋点焊连接。保护层钢板布置及大样如图4-3所示。

2. 支撑系统方案

（1）环形支撑体系

基坑内侧沿地墙竖向设置6道环形支撑，本基坑工程环形支撑为超大断面、超大长度的大体积混凝土结构，应通过分段浇筑、选用低水化热水泥、保温、浇水养护等措施，确保环形支撑混凝土的施工质量。

为确保围护结构的真圆度达到高精度要求，我们对环撑的尺寸控制设定了严格标准：环撑的最大半径与最小半径之间的差异不得超过50mm。此外，环撑底部的水平平整度误差须控制在30mm以内，而环撑断面（无论是高度还是宽度）的误差不得超过1.0%，且最大误差不得超过40mm。为了便利土方开挖作业，并结合现场出土的具体安排，我们在圆形基坑内对称布置了4个挖土平台，这些平台之间的角度为90°。一级挖土平台的顶部标高设定为-0.500m，栈桥平台的平面尺寸为16.6m×14.5m。栈桥上铺设了宽度为2.4m、长度为9m的路基箱，规定挖土车辆的最大载重量为300t。二级挖土平台的顶部标高为-17.300m，栈桥平台的平面尺寸为16.4m×6.8m。平台板的厚度为300mm，土方堆载的限制值为35kPa。

（2）竖向支承结构

本基坑在环形支撑和挖土平台下方设置临时钢立柱及柱下钻孔灌注桩作为开挖施工期间水平支撑体系的竖向支承构件。实施中，结合主体结构工程桩桩位布置，将挖土平台下方的部分工程桩作为立柱桩，其余位置的立柱桩均为新增。临时钢立柱采用由等边角钢和缀板焊接而成的4∟180×18型钢格构柱，截面尺寸为485mm×485mm（新增）、560mm×560mm（利用）。型钢格构柱在与底板交接处（即底板厚度中心位置处）设置止水片，并插入作为立柱桩的钻孔灌注桩内不小于3m；格构柱四边的一边应与环形支撑径向垂直；格构柱垂直度偏差不大于1/300。立柱桩采用的是桩径φ850钻孔灌注桩，桩的长度为35m（新增）、38m（利用），桩身混凝土的设计强度等级为C35（水下），保护层厚度50mm。

3. 基坑受力分析

上海中心大厦首次采用了圆形基坑内径达121m的圆筒形无内支撑围护结构进行主

楼基坑顺作法施工，充分利用了圆筒形结构均匀良好的受力性能，同时较好地发挥了混凝土的高抗压性能，围护结构刚度与基坑深度的比值技术指标处于国际领先水平。在上海中心大厦主楼圆筒形基坑的设计过程中，为使设计分析更趋合理，拟按考虑圆拱效应的平面弹性地基梁法和三维弹性地基板法分别进行计算分析，并对两种分析方法和计算结果进行比较参照，经综合校正后予以取用。通过对基坑计算模型的合理选定、计算参数的正确选取、计算模式的多重并用，以及不利工况的充分预估，达到节约投资经费、缩短工期、减少基坑变形的要求。主要分析结果如图4-4所示。

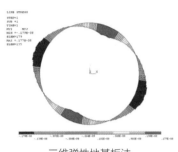 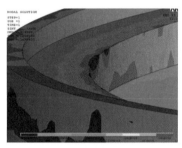

三维弹性地基板法　　　　　　　　　　环撑三维实体建模分析

图4-4　主楼顺作区圆形基坑计算模型及分析结果

采用考虑圆拱效应的平面弹性地基梁法：由于圆形地下连续墙具有轴对称的特性，因此可以将墙体视为具有单位宽度的竖向弹性地基梁进行分析。在这个模型中，圆形地墙和环撑的环向圆拱效应通过等效的刚度弹簧来模拟表示。进一步地，地下连续墙和环撑的环向轴力可以通过对变形计算结果的逆向工程推算得出。主要计算结果：地下连续墙的竖向最大弯矩设计值为3650kN·m，水平最大变形为6cm，环向最大轴力为12080kN。三维弹性地基板法：与三维杆系有限元法类似，按照基坑真实形状，建立多边形计算模型，坑内开挖面以下的土体采用弹簧单元模拟，计算时结合实际工况，采用增量法计算模拟开挖施工和支撑设置。主要计算结果：地下连续墙的水平最大变形为4.1cm，环向最大轴力为12600kN。与考虑圆拱效应的平面弹性地基梁法计算结果相比，变形值略小，内力值较为一致。

综上，分析结果表明主楼圆形基坑环向受力和竖向弯曲变形均较大，圆形基坑具有明显的空间效应，方案需要同时考虑竖向和环向两个受力方向的安全稳定性，方能保证基坑工程的安全合理。经过将结果与地下连续墙实测数据的对比显示，采用上述两种计算方法所得到的计算结果均与工程实测数据保持一致，地下连续墙竖向弯曲变形和环向轴力都比较大，圆形基坑呈现出明显的空间效应特点。基坑两种计算方法及实测数据所得结果的对比情况见表4-1。

基坑两种计算方法及实测数据所得结果对比 表4-1

对比项目	考虑圆拱效应的平面弹性地基梁法	三维弹性地基板法	工程实测结果
地墙变形	60.1mm	41.3mm	平均68.5mm
地墙环向轴力	12080kN	12700kN	平均11500kN

4. 环境影响分析

在软土地层中进行基坑开挖时，控制对周边环境的影响是至关重要的。为了深入理解本工程基坑开挖可能对周围土工环境造成的影响，我们计划采用有限元数值分析技术。这种方法将结合基坑的设计和施工的具体工况，对基坑、围护结构以及周边地表的情况进行详细的模拟分析。我们可以预测施工过程中周边环境的变化趋势和规律，从而提前制定有效的控制措施，确保施工的顺利进行，同时最大限度地减少对周边环境的不利影响。

（1）土体本构

在上海中心大厦基坑数值模拟计算中，采用的本构模型主要有Mohr-Coulomb模型和弹性模型。在弹性模型中应力与应变直接成比例，参数是弹性模量和泊松比，这个模型适用于较岩土材料强度大得多的混凝土或钢材结构。Mohr-Coulomb模型是按理想弹塑性定义。经大量工程实践证明，一般的岩土非线性分析采用Mohr-Coulomb模型结果是基本准确的。

（2）计算模型

上海中心大厦基坑施工数值仿真中，采用梁单元对混凝土支撑和围檩进行模拟，采用板单元对地下连续墙围护进行模拟，采用六面体网格对基坑内部及周边土体进行模拟。

为模拟不同材料或相同材料的边界行为，应当设定接触面关系，假定接触面摩擦力、摩擦系数及法向约束力的大小有比例关系。接触面需要设定法向刚度模量和剪切刚度模量，法向刚度模量取相邻单元较小的弹性模量值的10~100倍，剪切刚度模量取相邻单元较小的剪切模量值的10~100倍。在上海中心大厦基坑施工数值仿真中，在地下连续墙和外部土体之间设定接触面单元，弹性模量和剪切模量取值为周边土体的30倍。基坑开挖影响宽度范围为基坑深度的3~4倍，深度范围为基坑深度的2~4倍。基坑模型采用标准边界界定，即限定模型底部节点水平向和竖向位移为0，周边四周沿围护墙方向水平和竖向位移为0，上表面为自由面。建立整个上海中心大厦基坑开挖虚拟仿真模型，如图4-5所示。

（3）基坑及周边环境沉降

主楼（顺作）开挖至坑底时，最大沉降量为10~11cm，位于圆形围护结构后侧约0.5倍开挖深度的区域（仍位于裙房基坑范围内）；裙房外地表最大沉降为5~6cm，位于裙房基坑围护结构外侧约0.5倍开挖深度的位置。

图4-5　基坑开挖虚拟仿真模型　　　　　　　　图4-6　主楼基坑坑底回弹云图

（4）坑底回弹

主楼（顺作）开挖至坑底时，基坑坑底竖向位移（回弹）分布如图4-6所示。根据坑底回弹平面云图，由于大量大直径工程桩的约束作用，坑底回弹量平均为3～4cm，且分布较为均匀。由于基坑被动区土体承受非常大的剪应力，该区域土体处于塑性状态，产生了较大的塑性位移（应变累积），因此在被动区域（约为开挖深度的0.3倍），土体的竖向位移（回弹）相对较大，可达8～9cm。

5. 土方开挖方案

在地下连续墙围护达到设计强度，环撑不低于80%设计强度，监测设施完好，各类应急措施完备且基坑降水到位后，方可开挖土方。在基坑开挖过程中，对周边环境的保护和控制至关重要。为此，我们规定在基坑周边30m范围内（从围护墙内边线向外计算），堆载不得超过10kPa，而整个施工过程中的总荷载（包括堆载）不得超过20kPa。考虑到上海地区软土地层的"时空效应"等因素，为了保证工程主楼圆形基坑在开挖过程中的受力均衡性、整体稳定性和变形控制性，土方的开挖和环撑的施工总体指导原则主要遵循"分层""分块""对称""平衡""限时"。

（1）岛式挖土：基坑开挖应采用岛式挖土方法，第一步，均衡、对称地开挖环边土体；第二步，进行放坡，快速形成环形支撑，并利用基坑中部保留岛式土体形成坑内压载来提高坑内土体的抗力；第三步，等到环形支撑形成之后，再清除岛式留土，从而实现对基坑变形的控制。

（2）岛盆结合的开挖方法：为了加快开挖施工进度，也可以采用岛盆结合的开挖方法。使用这种方法时，盆边留土的宽度应超过30m。

（3）邻近地墙的土方开挖：第一步，对称、均衡、快速分块开挖邻近地墙的土方；第二步，及时浇筑环向支撑，减少基坑无环向支撑的暴露时间，确保圆形围护结构的对称受力、均衡、稳定及变形控制。

（4）边坡安全：挖土边坡的高度比应满足安全稳定的要求，分层高度不超过3.5m。对于超过3.5m的边坡，应进行分级放坡处理。

（5）最后一层土方施工：每分块从开挖到垫层浇筑完毕的时间应控制在12～24h

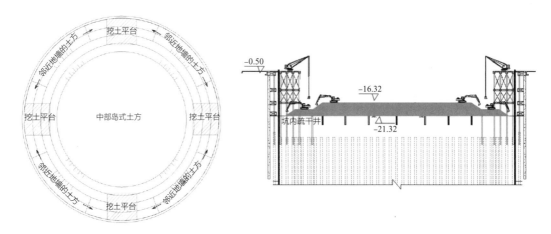

图4-7 主楼基坑分块开挖平面示意图　　图4-8 主楼基坑分块开挖剖面示意图

内，实行随挖随浇筑垫层的策略。各分块垫层的面积应控制在$100 \sim 200m^2$，以确保施工的连续性和结构的稳定性。

主楼基坑分块开挖示意图如图4-7、图4-8所示。

6. 施工监测方案

在基坑工程的整个施工过程中，通过对基坑支护体系和周边环境安全的实时监测至关重要，这不仅确保了工程的安全性，也为信息化施工提供了必要的参数。在施工期间，必须依据监测得到的数据，及时地对施工进度和施工方法进行控制和调整，实现对施工过程的动态管理。本工程主楼基坑的监测项目及报警值详见表4-2。

主楼基坑监测项目及报警值　　　　　　　　　　表4-2

监测项目	速率（mm/d）	累计值（mm）
围护结构顶部沉降与位移	2	15
围护结构测斜	2	30
土体测斜	2	30
立柱桩隆沉	2	20
相邻立柱桩差异隆沉	2	10
地下连续墙与立柱桩差异沉降	2	10
坑外水位变化	200	750
坑外地表沉降	2	25
环形支撑环向轴力	第一道环撑：8000kN	第四道环撑：40000kN
	第二道环撑：16000kN	第五道环撑：50000kN
	第三道环撑：25000kN	第六道环撑：55000kN
地墙环向轴力	13000kN（以地墙竖向每延米截面为轴力计算面积）	

注：对于各监测项目的日变化量速率，当其连续两天达到日报警值的情况下应报警。

监测频率的安排如下，以确保基坑工程及其周边环境的安全：

在围护结构施工阶段，对周边建筑物、道路、地下管线等重要设施的监测应遵循相关主管部门的规定，且监测的频率不低于每3d一次。进入基坑开挖阶段，对所有监测点的监测应至少每天进行一次，以密切监控开挖过程中的任何变化。底板浇筑完成后的15d内，监测频率应调整为每2d一次，以确保在混凝土硬化和结构稳定期间进行有效监控。在拆除支撑结构期间，监测频率应恢复至每天至少一次，因为这一时期结构可能面临较大的变形风险。在施工过程中遇到任何特殊或紧急情况，监测频率将根据实际情况和需要进行相应的调整和确定。

特别要求：（1）环形支撑应力监测及地墙环向、竖向应力监测每处位置均包含混凝土应力监测及钢筋应力监测两种项目，且均应对迎土面和开挖面分别进行监测。（2）地墙环向应力和地墙竖向应力监测点埋设相对标高分别为–5.0m、–9.3m、–12.3m、–15.3m、–17.8m、–20.3m、–22.6m、–24.9m、–26.9m、–28.9m、–31.6m、–34.0m、–38.0m（即每道环撑及环撑间中部位置布测点）。（3）墙侧水压力和墙侧土压力监测点的竖向布置间距不超过4m，且均应对迎土面和开挖面分别进行监测，其中迎土面测点应从地面起布置，开挖面测点从相对标高–30.0m起布置。（4）对于坑内土体分层回弹监测，须采用进口的多点位移计监测设备，仅位于基坑中心的测点为便于施工及测点保护采用传统的分层沉降管设备；坑内土体分层回弹监测点从相对标高–32.0m处起布置，沿竖向5m一点，每组共设6点；坑外土体分层沉降采用分层沉降管设备，监测点从地面起布置，沿竖向5m一点，每组共设11点。（5）主楼区域开挖时，裙房围护结构可能尚未封闭，对周边道路、管线设施应在主楼基坑施工阶段进行同步监测。

4.2.2 裙房支护方案

裙房共设五层地下室，采用钢筋混凝土框架结构，基础底板厚1.6m。裙房区深基坑开挖面积23460m²，平面呈不规则四边形，开挖深度26.70m，土方量60万m³。基坑采用暗挖逆作法施工。图4-9为裙房基坑逆作施工。

图4-9　裙房基坑逆作施工

1. 围护结构方案

裙房基坑围护结构采用"两墙合一"地下连续墙，墙厚1.2m，墙深47.6m/48m（插入比0.8），混凝土设计强度等级为C40（水下），浇筑时按混凝土强度等级提高一级配制，钢筋保护层厚度70mm，槽段之间采用柔性锁口管接头。裙房基坑围护结构剖面布置如图4-10所示。

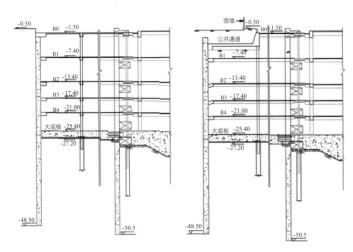

图4-10　裙房基坑围护结构剖面图

"两墙合一"地下连续墙将地下连续墙直接作为主体结构的地下室外墙使用，地下室内部不再额外设置受力结构层。地下连续墙应同时满足：（1）基坑开挖和永久使用两种阶段的受力和变形要求；（2）其主体结构与地下连续墙相连节点应符合结构受力要求；（3）地下连续墙的槽段接头应具有良好的防渗性能。地下连续墙的内预埋钢筋及钢筋接驳器与结构的底板相连接；地下各层楼板通过侧围檩与地墙连接，楼板钢筋进入侧围檩，侧围檩通过地墙内预埋钢筋及钢筋接驳器和地墙连接；在地下连续墙槽段接缝处预留拉结插筋与后浇扶壁柱相连。

在本基坑工程中除了对地下连续墙接头形式、与主体结构的连接构造以及其他设计施工措施进行专项研究外，为确保地墙承载力与止水性能还采用了以下特殊技术：

（1）地下连续墙槽壁加固：地墙两侧采用φ850@600三轴水泥土搅拌桩进行槽壁预加固，加固范围为-27.50～-0.50/-0.90m，水泥掺量≥20%，以保证成槽稳定性，减少开挖和使用阶段的渗漏水。

（2）地下连续墙墙底注浆施工：通过地墙墙底注浆，增强地墙竖向承载力。

（3）地下连续墙端部接头：将地墙锁口管钢筋笼外包止浆帆布，端部使用V形薄钢板，保证施工质量，并降低渗漏水风险。

（4）地下连续墙分幅位置止水措施：采用设置扶壁柱和止水带等方案，以应对接缝处的防水问题。

2. 支撑系统方案

（1）梁板支撑系统

裙房基坑以地下室结构梁板作为逆作法开挖过程中的水平支撑体系，在楼板预留出土口。首层梁板结构平面图如图4-11所示。为确保水平力的有效传递，本基坑水平支撑结构体系对地下室各层楼板的薄弱位置处进行加强处理：1）梁柱节点位置：地下室梁柱节点位置采取水平加腋处理，通过构造改善水平力的传递，缓解框架梁柱偏心对节点区的不利影响；2）后浇带位置：底板后浇带位置加设了H型钢支撑；3）局部梁位置：为增强构件承载能力及刚度的目的，局部梁位置采用粘钢加固施工。

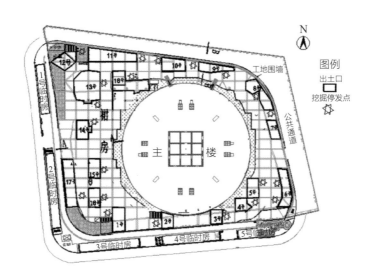

图4-11 首层梁板结构平面图

同时，为了在原临时梁的基础上进一步降低工程造价，在施工准备周期内按照尽可能地采用临时梁完全替换永久梁的思路施工，以减少施工凿除重做的工作量及材料损耗。主要方法为：在满足水平支撑及荷载的前提下，在永久梁结构形式的基础上，外包10cm的钢筋混凝土，作为临时梁施工。后期结构补缺阶段仅须对外包部分的混凝土及钢筋进行凿除，保留内部永久结构梁。为控制逆作基坑的变形影响，水平梁板支撑体系在施工阶段还须针对诸如出土口设置、施工运输路线、梁板施工的模板设置等问题进一步深化，在确保已完成结构满足受力要求的情况下尽可能地提高挖土效率。

（2）竖向支承系统

竖向支承系统是逆作实施期间的关键构件。钢立柱要求承受较大的荷载，同时要求截面不应过大，因此构件必须具备足够的强度和刚度。裙房基坑逆作法选用内浇高强度混凝土的钢管柱，根据柱网设计，形成一柱一桩的形式。因此，根据高标准的技术要求，裙房的柱网尺寸大致为10.8m×8.4m，设计选用331根φ550×16钢管立柱，内部灌

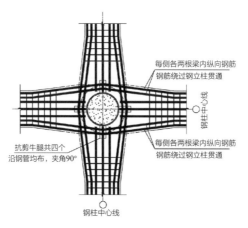

图4-12 钢立柱与结构梁连接节点大样

注高强混凝土，并插入直径1m的钻孔灌注桩中，安装时垂直度要求精确至1/600，保证施工与使用时的安全。图4-12为地下室钢立柱与结构梁的连接节点做法。

3. 楼板受力分析

在施工过程中，顶板被用作施工通道，它必须承受由土方工程设备造成的重大动态负荷。因此，必须考虑这些负荷的最不利组合。顶板的结构复杂，存在多个开口，并且在水平方向（由支护结构产生的力）和垂直方向（施工负荷和自重）的双重负荷作用下，其受力情况非常复杂。地下各层楼板也受到这两种负荷的影响，但与顶板相比，它们的垂直负荷较小，而从支护结构传来的水平力较大。由水平力引起的压力和由垂直负荷引起的弯曲应力之间存在相互影响。因此，在分析楼板的受力情况时，必须将其视为一个能够在平面内自由伸缩的柔性板，并使用有限元数值模拟方法进行全面分析。

（1）楼板支撑体系受力分析

由于首层梁板结构在施工期间除承受水平方向的侧向土压力之外，尚需承受竖向的施工荷载，受力状态非常复杂。这里采用有限元方法对首层水平支撑体系的受力进行分析，为逆作阶段平面布置提供参考和校核。

（2）考虑立柱隆起影响的楼板附加应力

在设计阶段，为了确保裙房基坑土方卸载过程中，相邻立柱桩间由于差异隆起而对楼板结构造成的影响得到有效控制，需要进行以下步骤：

第一步：根据开挖工况和荷载条件的不同，计算和预测坑内土体回弹引起的立柱隆起量。

第二步：根据立柱与坑边的距离，修正计算得到的立柱隆起量，并对其进行适当的调整。

第三步：在结构板的跨上，施加计算得到的位移荷载。

第四步：采用有限元软件进行应力计算分析，确保楼板结构的安全性。

第五步：根据有限元软件的计算分析结果，制定楼板结构的加强方案，抵抗因立柱隆起而带来的附加应力。

1）立柱隆起及差异隆起的分析预测

本项目利用Boussinesq和Mindlin解决方案，对土体的附加应力进行计算，并在不同的应力状态下，对土体的回弹模量以及桩柱的正负摩擦力进行评估。通过这些计算，可以估算出在不同施工情况下立柱桩的隆起量，从而帮助选择恰当的桩柱直径和深度等设计参数。预测分析显示，相邻楼板立柱桩的隆起差异数值小于1.5cm。

考虑到地层的不均匀性、立柱桩之间的刚度差异，以及由于楼板分块施工导致的桩顶荷载分布不规律，计划在基坑开挖阶段，以2.0cm作为相邻立柱桩差异隆起的控制标准，进行楼板的内力分析。根据分析，立柱桩之间的最大隆起差异控制在2.0cm以内，这基本上符合设计阶段设定的立柱差异隆起的控制标准。

2）逆作楼板在立柱差异隆起下的内力分析预测

在逆作结构楼板的内力分析中，进行了深入探讨，特别是关注了立柱差异隆起2.0cm对楼板可能产生的额外内力。图4-13、图4-14为取土口中部B1结构内力的计算分析结果。

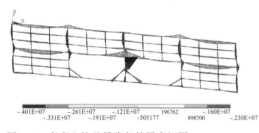

图4-13 考虑立柱差异隆起的梁弯矩图
（最大值2370kN·m）

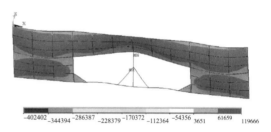

图4-14 考虑立柱差异隆起的楼板弯矩图
（最大值402kN·m）

根据预测分析的结果，当相邻楼板立柱桩出现2cm的差异隆起时，结构会承受较大的额外内力。为了应对这种潜在的挑战，在进行地下室主体结构的梁板设计和钢筋配置时做了必要的加固措施。这些加强措施旨在确保在开挖和使用过程中，整个结构体系的安全性得到保障。

4. 环境影响分析

（1）基坑坑底竖向位移（回弹）

裙房（逆作）开挖至坑底时，基坑坑底竖向位移（回弹）分布如图4-15所示。根据坑底回弹平面云图，由于工程桩以及主楼筒形地下连续墙的约束作用，裙房区域坑底回弹量为1~7cm。根据坑底回弹剖面云图，靠近裙房地下连续墙、基坑被动区土体承受非常大的剪应力，该区域土体处于塑性状态，产生了较大的塑性位移（应变累积），土

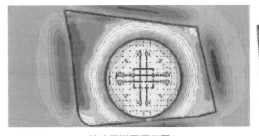
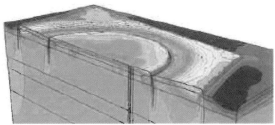

坑底回弹平面云图 坑底回弹剖面云图

图4-15 裙房基坑坑底回弹云图

体的竖向位移（回弹）相对较大，可达9~10cm；而靠近主楼地下连续墙外侧区域，坑底回弹量最大仅0~1cm，这主要是由于主楼区域施工至±0.000以后，竖向荷载对坑底土体加载产生的沉降部分抵消了主楼附近区域坑底回弹。

（2）楼板支撑竖向位移（隆起）

裙房基坑采用逆作法施工，采用地下结构楼板作为水平支撑体系。根据各层楼板的竖向位移云图，当裙房基坑逆作开挖至坑底时（底板未浇筑），B0层的竖向位移（隆起）为1~4cm，B1层的竖向位移（隆起）为1~3cm，B2层的竖向位移（隆起）为1~2cm，B3层的竖向位移（隆起）为1~1.5cm，B4层的竖向位移（隆起）为0.5~1.0cm。各层楼板的位移分布基本具有相同的趋势，一般大型取土口附近由于楼板的缺失、荷载较小，因此最大的竖向位移（隆起）基本都位于此处；具有大片连续未开洞的楼板区域，由于自重荷载较大，因此竖向位移（隆起）相对较小；而靠近主楼区域附近，由于主楼结构的施工加载而抵消了大部分隆起量，该区域的隆起量最小。

5. 土方开挖方案

上海中心大厦项目为加快主楼区施工速度，采用"主顺裙逆"的总体方案，主楼结构出±0.000后再逆作施工裙房区基坑。裙房区基坑采用逆作法施工，有效缓解了施工过程中场地空间不足的问题，同时减少了施工噪声和扬尘等环境问题，避免了拆除支撑时可能使用的爆破作业，这完全符合绿色建筑技术的理念。裙房地下室占地约2万m²，挖深达26.7m，为实现基坑施工期间对周边环境影响和围护结构变形的有效控制，需要对整个地下空间进行合理分区，并综合考虑土方开挖与结构施工的搭接流程，如图4-16所示，具体要求如下：

（1）基坑整体施工采用分区开挖，楼板水平结构先形成十字对撑，控制裙房超长边长围护墙变形，后续施工四个角部楼板水平结构，每个分区根据变形控制原则确定分区大小。

（2）土方开挖采用盆式暗挖方式，按照土方分区同步开挖、结构分块同步施工的原则，采用对称的方式开挖"十"字形区域的盆底土方，在盆边采用留土进行护壁，并同步地跟进素混凝土垫层施工，然后进行结构施工，形成结构支撑体系后再开挖四角区域的土方。

（3）主楼临时地墙，随土方开挖逐层分区爆破拆除。

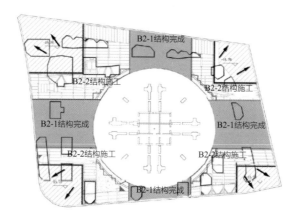

图4-16　逆作开挖平面分区示意图

（4）进行各分区土方开挖时，必须确保当前开挖区域上层楼板结构达到100%强度，并且相邻区域的上层楼板结构达到50%强度。

在开挖工作开始之前，依据设计工况进行详尽的计算和预测，目的是实现对变形的分阶段控制。在基坑开挖的各个阶段，实施了信息化管理，这包括根据前一天的基坑变形监测数据，对接下来的挖土工作流程进行实时调整。这种做法有助于有效控制基坑开挖过程中的变形，同时保护周围的环境。

6. 施工监测方案

鉴于本工程应力、位移变形控制要求高，采用了数字化技术进行了裙房基坑逆作施工监测，监测方案的主要内容和控制指标见表4-3，以确保施工过程中的安全性和有效性。这些监测和控制措施将帮助我们及时发现并应对施工中可能出现的问题，从而保障整个工程的顺利进行。

裙房基坑监测项目内容和控制指标　　　　　　　　　　　表4-3

控制内容	设计值（mm）
立柱桩隆起	35
相邻立柱桩差异隆起	20
地墙与相邻柱桩差异隆起	20
地下连续墙最大侧向位置 δ_h	50（1.8‰H）
坑外地表最大沉降 δ_v（未叠加降承压水影响）	40（1.5‰H）

4.3　抓铣成槽地墙施工技术

4.3.1　导墙类型设计

本工程导墙平面形状为正65边形，内切圆直径为121.0m，长度为383.7延长米。由于地墙深度较大，锁扣管顶升时的反作用力也相应增加，因此本工程的地下连续墙导墙采用整体式钢筋混凝土结构，混凝土强度等级为C30，导墙内配置HRB335φ16规格钢筋。为进一步提高导墙的承载能力，减少拔锁口管时导墙的变形，在分幅线两侧设置四个400mm厚的加强肋。

4.3.2 地墙护壁泥浆

在地墙施工过程中，泥浆的质量是确保槽壁稳定性的关键因素。根据本工程的地质特性和以往的施工经验，我们选用了200目的钙基膨润土来制备泥浆。为了提高泥浆的性能，我们使用了工业碳酸钠作为分散剂，并适当添加了CMC（羧甲基纤维素）。在铣削成槽阶段，泥浆泵位于铣削头内，负责抽吸槽底的泥浆，并通过输浆管路将其输送至地面的泥浆净化系统。在这里，泥浆首先进行除砂处理，而更微小的颗粒则通过高速离心机进行分离。经过处理的泥浆会通过管路重新返回到槽孔中。在泥浆长时间使用过程中，如果发现泥浆的黏度指标下降，会适量添加新的泥浆来调整；如果黏度过高，则会添加分散剂。如果经过处理后泥浆仍然不满足标准，我们将不得不将其废弃。在混凝土浇筑过程中，从孔口流出的泥浆通常会被泵直接输送到回收浆池中，以便在其他槽孔开挖时重复使用。然而，混凝土顶面上方大约1m处的泥浆可能会受到污染并劣化，这部分泥浆需要被废弃处理，以保证施工质量和安全。

4.3.3 地墙成槽设备

上海中心大厦主楼地下连续墙深度达50m，是当时最深的地下连续墙，其中30m以下均为砂质土层。在进行地墙成槽设备选型时，根据其50m的超深特点，选用了宝峨BC32、BC40铣槽机各1台作为本工程的地下连续墙铣槽开挖成型施工机械，如图4-17、表4-4所示。

图4-17 地墙成槽设备

双轮铣槽机机械参数表

表4-4

参数	BC32铣槽机	BC40铣槽机
设备扭矩（kN·m）	162	200
成槽厚度（mm）	640～1500	800～1800
成槽宽度（mm）	2800	2800
设备高度（m）	8.5	11.50
泵口直径（英寸）	6	6
设备重量（t）	32	40

4.3.4 地墙成槽工艺

由于⑦$_2$层土体的比贯入阻力P_s值较高，最高达到30.49MPa，最低也有25.90MPa，这使得传统的抓斗式成槽机在成槽过程中面临挑战。鉴于这种情况，本工程决定采用一种结合了抓斗和铣削技术的施工方法来完成地墙的成槽工作。

具体施工流程如下：

首先使用抓斗式成槽机进行初步成槽，直至达到30m深度，进入①$_1$层粉砂土层。

随后，切换至液压铣槽机继续成槽作业。液压铣槽机能够在坚硬的岩层中进行铣削，并且具有优越的纠偏能力。

在本工程中，液压铣槽机在砂质土层中的成槽效率和质量均优于传统的抓斗式成槽机。

这种抓铣结合的工法示意图已在图4-18中展示，它能够更高效、更优质地完成地墙成槽施工，尤其是在面对高比贯入阻力的土层时。

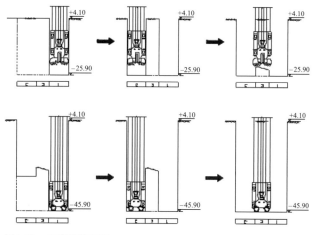

图4-18 地墙成槽工艺
注：1～3代表抓铣顺序。

铣削式成槽机的工作原理依赖于一种反向循环系统。在挖掘过程中，该机器配备了两个带有合金刀齿或滚轮钻头的铣轮，它们会反向旋转，以持续切割土层或岩石。随着铣轮的旋转，土块被卷起并被破碎成更小的颗粒。这些小颗粒随后与槽段内的泥浆混合，并被吸入泵中。

接下来，含颗粒的泥浆通过离心泵被输送至循环设备，通常是除砂设备。在这个过程中，设备的振动系统会将泥土和岩石颗粒从泥浆中分离出来。经过处理的泥浆可以被重新抽回槽中，实现循环利用。

由于铣槽机采用了反循环泵吸原理，连续墙槽底的清理工作变得更加简便。操作者只需将铣削轮盘放置在槽底，利用铣槽机自带的泵吸反循环系统，就可以完成槽底沉渣的清除以及泥浆的置换工作。这种设计不仅提高了施工效率，还有助于保持槽底的清洁度，确保地下连续墙的施工质量。

4.3.5 地墙接头工艺

本工程地下连续墙墙深且厚，若采用常规锁口管接头会由上述原因导致锁口管摩阻力过大，造成顶拔困难，因此施工过程中存在埋管、塌槽风险。考虑到锁口管受到的摩阻力来自混凝土，故减少混凝土与锁口管接触面积是最直接有效的减阻方法，于是本工程设计V形钢板接头，并在两边加止浆帆布，不仅能有效防止混凝土绕流，并且减少了两者的接触面积，有利于锁口管的起拔。

1. V形钢板接头

V形钢板接头是一种隔板式接头，首先在一期钢筋笼两端焊接V形钢板，为避免浇筑过程中混凝土绕流至接头背面凹槽，可将接头两侧及底部钢板适当加长，止浆帆布一端固定于V形钢板接头的螺栓处，一端绑扎于钢筋笼上。

2. 锁口管吊装及拔除

在成槽工序完成后，应立即着手安装锁口管，这一步骤通常使用履带式起重机来逐节吊放并拼装锁口管。在施工过程中，要特别注意以下几点：

中心对齐：确保锁口管的中心线与工程设计的中心线完全对齐，以保证结构的准确性和稳定性。

深入槽底：锁口管的底端需要深入槽底30～50cm，这样做可以防止混凝土在浇筑过程中发生倒灌。

上端口连接：锁口管的上端口应与导墙紧密连接，通常使用木榫或楔子来确保连接的牢固性。

在混凝土浇筑作业中，锁口管的顶拔操作须与浇筑作业同步进行。以下是顶拔锁口管时应注意的事项：

顶拔时机：顶拔锁口管的时机应根据混凝土的浇筑时间和水下混凝土的一般凝固速

度来确定。通常情况下，建议在拆除第一节导管后大约4h开始顶升锁口管。

定期顶升：在混凝土浇筑过程中，应定期对锁口管进行顶升，以适应混凝土的浇筑进度。

初凝后拔管：待混凝土达到初凝状态后，可以开始逐节拔出锁口管。拔管时要确保锁口管的清洁，并及时进行疏通，以便于后续的施工作业。

通过遵循这些步骤，可以确保锁口管的安装和顶拔作业顺利进行，同时保证地下连续墙施工的质量和安全。

4.3.6 钢筋笼的吊装

1. 吊装说明

本工程钢筋笼重量较大，加上V形钢板厚单幅笼重达90t。但为节省施工时间并减少因分节制作带来的不利影响，本工程仍决定采用一次吊装入槽。在双机抬吊时，采用两台大型起重设备分别作为主吊、副吊同时作业，先将钢筋笼水平提起，然后在空中通过吊索收放，使钢筋笼翻转成竖直状态，之后撤出副吊，利用主吊携钢筋笼入槽。为确保钢筋笼刚度，沿钢筋笼纵向布置四道桁架筋，使得钢筋笼起吊时横向均匀受力。本工程主吊选用SCC4000C型400t履带式起重机，配72m主臂，副吊选用QUY260型260t履带式起重机，配54m主臂。

2. 吊点布置

沿钢筋笼长度方向布置7道吊点，每道设2个吊点，其中主吊吊机设两点，副吊吊机设五点，具体布置如图4-19所示。

经有限元分析，其应力示意模型如图4-20 ~ 图4-22所示。

3. 钢筋笼吊装加固

在本工程中，钢筋笼的施工采用了整幅成型后一次性起吊入槽的方法，为确保钢筋笼起吊时的刚度和稳定性，对钢筋笼整体及吊点位置采取加强措施。为保证钢筋笼整体受力性能，沿钢筋笼纵向设置6榀通长的纵向桁架，其中吊点位置桁架采用双拼，非吊点位置采用单榀桁架；同时沿钢筋笼长度方向设置13道横向剪刀桁架。为确保钢筋笼的

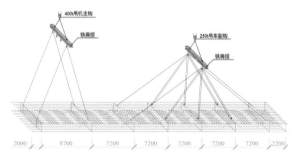

图4-19　吊点布置图

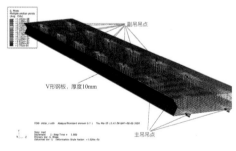

图4-20　模型及吊点示意图

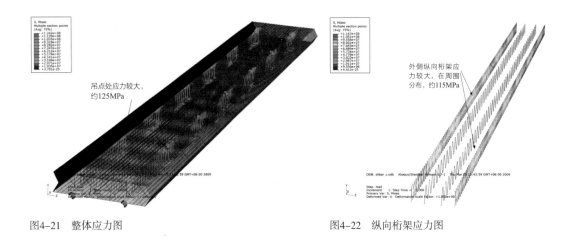

图4-21　整体应力图　　　　　　　　　　　图4-22　纵向桁架应力图

安全吊装，钢筋笼制作时须对吊点进行额外加强。地墙主筋连接采用直螺纹机械，局部吊点位置采用单面焊接时，焊缝的长度必须至少达到钢筋直径的10倍，同时还要符合其他相关的技术要求。钢筋的搭接长度和错位，以及接头的检验工作，都必须严格遵循钢筋混凝土结构的规范标准。

4.3.7　混凝土的浇筑

本工程地墙混凝土设计强度等级C45，因此水下混凝土按C55配制，坍落度为20cm±3cm。水下混凝土浇筑采用导管法施工，圆形螺旋快速接头型导管直径为25cm，使用前须进行气密性试验。用吊车辅助导管安装到指定位置，导管顶端安装方形漏斗。

4.4　套铣成槽地墙施工技术

4.4.1　套铣成槽地墙工艺

地下连续墙采用套铣接头工法时分为两种：首先施工一期槽段，随后在两个一期槽段之间插入二期槽段施工。

地下连续墙套铣接头主要施工工艺流程为：导墙施工→泥浆配置→一期槽段成槽→一期槽段钢筋笼制作并吊放→一期槽段混凝土浇筑→二期槽段套铣成槽→二期槽段接头清理→二期槽段钢筋笼制作并吊放→二期槽段混凝土浇筑。标准槽段划分如图4-23所示。

一期槽段的施工采用常规三铣成槽，首先铣削挖除槽段左右两侧土体，第三铣清除中间剩余土体。二期槽段采用一铣成槽，铣槽施工时切削掉一期槽段接头处的新鲜混凝土，形成新鲜且致密的地下连续墙接头。为确保一期槽段钢筋笼下放时的X方向垂直度，并防止二期槽段铣槽时切到一期槽段的钢筋笼，须在一期槽段的两端放置垫块。在

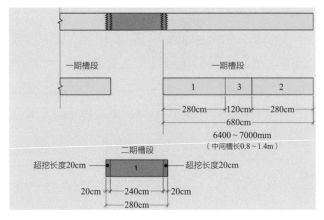

图4-23　标准槽段划分

一期槽段钢筋笼的两端每隔3m设置一块垫块，对钢筋笼X向进行限位。5幅试验套铣槽段施工均顺利完成，套铣接头工艺在施工技术创新、工程进度缩短以及接头质量保障等方面，有显著的效果和表现，也是该工艺在上海地区的首次应用，值得推广应用。

4.4.2　套铣地墙接头工艺

使用套铣接头工艺后，每幅地墙的钢筋笼的横断面均为等腰梯形。施工时，为确保工程一期槽段钢筋笼下放Y方向的垂直度，同时防止进行二期槽段铣槽时切到一期槽段的钢筋笼，故在一期槽段的两端设置有垫块，如图4-24所示。在一期槽段钢筋笼的两端每隔3m设置一块垫块，对钢筋笼的Y方向进行限位，如图4-25所示。

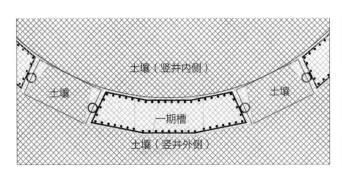

图4-24　PVC管垫块设置示意图

图4-25　钢筋笼限位垫块

4.5　基坑降水技术

根据上海中心大厦岩土地勘报告，场区内地下水按照埋藏条件可划分为浅层潜水与深部承压水：浅部潜水水位埋深一般为0.75～3.90m，相应标高为3.36～0.40m；深部第⑦层是上海地区的第一承压含水层，其层顶埋深为28～30m，承压水水位埋深为

8.50～10.60m。本工程属于超大规模深基坑工程，主楼区域普遍挖深为31.1m，裙房区域普遍挖深为26.7m，主楼基坑开挖面已深入第⑦₂承压含水层，裙房基坑开挖面也接近第⑦₁承压含水层，且围护体系采用46～50m深度地下连续墙，无法切断基坑内外承压水水力联系，基坑开挖过程中突涌风险极大；同时，项目地处陆家嘴金融贸易区，大面积深基坑开挖过程中，长时间大范围的地下水抽取势必会对周边环境造成较大的影响。因此，实现合理有效、按需分级降水是保证基坑安全及顺利施工的关键。

4.5.1 坑底稳定分析

为防止基坑发生突涌事故，有效控制承压水安全水头，必须进行抗承压水稳定性分析。本工程的承压水位控制原则：当开挖深度超过27m时，应确保承压水位控制在开挖面以下1m；当开挖深度不足27m时，可根据下式对承压水位进行控制：

$$F = \frac{\gamma_s(28.0 - h_s)}{\gamma_w(28.0 - D)} \geq 1.1$$

式中　F ——安全系数（取1.1）；

　　　γ_s ——基坑底板至承压含水层顶板间的土层重度的层厚加权平均值（取18kN/m³）；

　　　γ_w ——地下水的重度（取10kN/m³）；

　　　h_s ——基坑开挖深度（m）；

　　　D ——安全承压水头埋深值（m）。

根据上式计算出各工况下开挖深度h_s与安全水头埋深D的对应关系。

本工程水位降深较大，考虑到临界水头为10m，若基坑开挖深度大于17m，均需要采取措施降低承压水含水层水位。裙房区基坑通常开挖深度为26.70m，需要将承压水头埋深控制在25.22m以下；主楼区基坑普遍开挖深度31.10m，要求承压水头埋深控制在32.10m以下；主楼区电梯井等坑中坑最大局部开挖深度可达34m左右，要求承压水头埋深控制在35m以下。综上，根据前述基坑突涌稳定性分析结果，应对承压水含水层采取有效的针对性减压降水措施，防止发生基坑突涌事故，并应进一步进行专项渗流模型研究。

4.5.2 降水仿真分析

1. 基坑降水仿真分析

（1）基坑降水水文地质概念模型

本次减压降水的主要涉及第⑦层和第⑨层承压含水层。鉴于降水过程中，浅部潜水层与深部承压含水层之间可能存在水力联系，故将上覆潜水含水层、弱透水层及下伏承压含水层统一纳入模型，构建为三维空间上的非均质各向异性的水文地质概念模型。经过试算，确定了本次仿真分析中基坑最远边界各向外扩展约2000m，即模型平面尺寸达

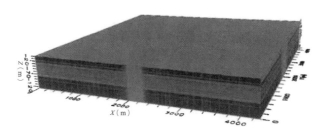

图4-26 研究区立体剖分图

到4300m×4300m，四周均采用定水头边界处理。依据计算尺寸范围内的含水层结构、边界条件以及地下水渗流场特征，对模型三维剖分，垂向剖共分成13层，每层进一步剖分为103行与91列。网格立体剖分图如图4-26所示。

（2）主楼基坑分工况降水模拟

本次减压降水计算中考虑承压水临界水头埋深为10m，地下连续墙已进入深层承压含水层组顶板以下20～22m（围护地下连续墙深度为48～50m）。降水设计根据开挖工况进行考虑，分4种情况模拟计算、预测降水运行结果。

1）主楼基坑开挖至25.30m（第五道环撑）之前，主要依靠基坑内降压井运行。为此在主楼区基坑内共设置12口降压井，井深55m，布置在施工栈桥附近的环撑附近。12口井同时运行可以将承压水控制在大约23.60m，从而保障第五道环撑处挖土施工。

2）主楼基坑开挖至31.10m，主要以基坑内降压井和基坑外降压井联合运行为主。主楼基坑外12口降压井与坑内12口井同时运行，合计24口降压井保证水位控制在地面以下32m。

3）主楼基坑开挖至34m，并先浇筑坑中坑大底板，主要以基坑内降压井和基坑外降压井协同运行为主。在主楼基坑外围设置28口降压井，井深为65m，启动22口井与坑内12口井同时运行，合计34口降压井保证水位控制在地面以下35m，其中备用6口井。

4）主楼基坑大底板混凝土施工及养护期间，主要以主楼基坑外降压井为主（此时坑内降压井封井，大底板上不留洞）。启动主楼区外侧24口降压井，4口井备用，可将主楼基坑内承压水控制在地面以下约33m，保障主楼基坑大底板施工与养护工作。

（3）裙房基坑分工况降水模拟

裙房地下三层基坑逆作开挖施工前，主要以疏干降水为主，从地下三层开挖起，须启动减压井减压降水。考虑到裙房基坑分层分块进行开挖，故降水设计根据开挖工况同步进行考虑，分3种情况模拟计算、预测降水运行结果。

1）裙房基坑开挖至第四道支撑，以基坑内浅的降压井运行为主。考虑到降水对周边环境的影响，在第四道支撑挖土前只运行坑内8口降水井，将水位控制在地面以下13m左右。

2）裙房基坑开挖至第五道支撑，以基坑内浅的降压井和主楼外部分井运行为主。

考虑到降水对周边环境的影响，在第五道支撑挖土前只运行坑内15口和主楼坑外6口降水井，可以将水位控制在地面以下20m左右。

3）裙房大底板分块施工，东、西、南和北四个方向先施工大底板，考虑这四块内降水井先封井，主要运行其余四个角落的降水井将水位控制在地面下25.22m，确保整个大底板全部完成并安全养护。

综上，通过模拟分析，裙房区基坑内至少应布置15口降水井，主楼区基坑内至少应布置12口降水井，方可将承压水位控制在安全范围。

2. 地面沉降预测

（1）地面沉降仿真分析

上海中心大厦基坑面积超大，深度超深，减压降水时间周期长。因第Ⅰ、第Ⅱ承压含水层连通，围护墙无法将基坑内外承压水水力联系切断，坑内抽降承压水势必会引起坑外承压水水头高度的降低，进而对坑外地面沉降产生较大影响。根据地面沉降模型分析显示，裙房基坑在长达600d的长期抽水后，紧邻基坑外侧的地面沉降值达到25～27mm。主楼基坑承压水降水运行140d后，紧邻基坑外侧的地面沉降值为12～24mm，如图4-27所示。

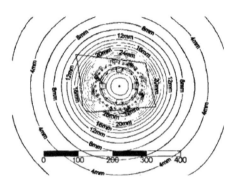

图4-27 主楼基坑承压水降水140d后引起地面沉降预测分布图（mm）

为了研究降水井布置形式对周边地面沉降的影响，采用了三种不同的井点布置方案进行横向比较：A方案，降水井仅布置于主楼基坑内，布置在主楼止水帷幕近处；B方案，降水井均布置于主楼基坑外、裙房基坑内；C方案，降水井部分布置在塔楼基坑内、部分布置于裙房基坑内，在塔楼止水帷幕内外兼有布置。沉降预测结果见表4-5。

不同降水井布置形式引起的沉降预测　　　　　　　　　　　表4-5

方案	井深（m）	井点数量	预测沉降（mm）
A	45	41	2.5～4
B	65	33	22～26
C	45	22	10～12
	65	11	

由此可见，采取主楼坑内降水，对坑外的沉降变形影响是最小的；完全将降水井布置在裙房基坑，对坑外的地面沉降影响最大。综合考虑主楼采用圆形支撑，坑内不便于大量设置降水井，故采用主楼基坑坑内坑外同时布置降水井，既便于施工，又能满足环境需要。

（2）地面沉降控制技术

在密集建筑群区域进行抽降承压水，必须要控制降水引起的地面沉降。本工程采取下列针对性措施以减小承压水减压降水对坑外地面沉降的影响：第一，在降水井施工完毕，基坑开挖前做群井抽水试验，一方面验证围护墙止水效果，另一方面验证数值分析的结果，然后再确定最终的减压井运行方案；第二，采用信息化手段，对每日的降水量、内外观测井中的水位进行实时跟踪自动监测，发现问题及时调整降水方案；第三，结合信息化监测数据，在满足基坑稳定的前提下随时对减压井运行方案进行优化调整，尽量减少减压井抽水时间和抽水量，做到按需降水；第四，做好围护墙渗漏的应急准备，包括制定应急预案、准备足够的应急设备和材料、应急方案的预演等，确保在围护墙发生渗漏后能及时封堵，避免水土流失引起的坑外地面沉降；第五，在坑外设置承压水回灌井，在坑外地面沉降值偏大时实施承压水回灌。

4.5.3 减压降水试验

1. 井点布置

本工程于2008年9月5日～10月10日进行减压降水试验，布置3口抽水井（K1～K3），2口观测井（g1、g2），2口回灌试验井（h1、h2）以及2口潜水位观测井（C1、C2）。

2. 抽水试验结果分析

（1）单井抽水试验

根据单井抽水试验结果，单口抽水井的影响半径范围为182m。单井抽水试验成果见表4-6。

单井抽水试验成果   表4-6

导水系统T（m²/d）	水平渗透系数K_{xy}		贮水系数（s）	越流系数B（m）	压力传导系数a（m²/d）
	（m/d）	（cm/s）			
70.8	3.54	4.10×10^{-3}	1.67×10^{-3}	70.6	4.87×10^{4}

（2）群井抽水试验

根据群井抽水试验结果，群井降水运行阶段影响半径考虑应达到500m以上。通过抽水试验数值模型的识别与验证，模拟分析的曲线与实际观测的曲线拟合得很好，对比分析实测与数值模拟的最终稳定水位降深，两者偏差很小，符合工程精度要求。因此，可以利用数值模拟的结果来预测和分析试验场地及其周围区域的承压水头的时空分布规律。

3. 回灌试验结果分析

对两口回灌井进行回灌试验，进行了5个压力等级试验，回灌压力从0～0.2MPa，分别观测各观测井内的水位上升情况。通过现场回灌试验，获得如下结论：（1）地下水水位直接影响了地面沉降情况，当地下水位下降时，地面出现沉降；而当地下水位逐渐回升时，地面则会回弹。地下水水位降深越大，地面沉降越大，相应水位回升越大，地面回弹也越大。（2）与地下水位相比，地面沉降的变化有一定滞后性，即地面沉降减缓速率比水位上升速率慢。（3）双层滤管结构有利于回灌，且采用双层过滤器和大直径过滤器时，回灌效果显著。回灌开始时宜选择较低压力0.1MPa，以防井管外出现不同程度的涌水现象。回灌井的止水采用混凝土夯实甚至压密注浆进行止水能保证高回灌压力。

4.5.4 主楼降水技术

1. 井点布置

（1）疏干井

主楼基坑内设置25m深的疏干降水井42口，深25m的观测井4口。疏干降水井每250m²设置1口，采用真空深井泵降水措施降低基坑内浅层潜水。

（2）减压井

主楼基坑内设置深55m的减压降水井12口，深45m的观察井3口；基坑外设置深65m和55m的减压降水井各14口，间隔设置，裙房两墙合一地下连续墙内侧设置深45m的观察井4口，裙房两墙合一地下连续墙外侧设置深45m的观察井3口。

2. 降水运行

（1）试运行

试运行开始前，精准测量各井口和地面标高、静止水位，随后进行试运行，以检查抽水设备、抽水与排水系统是否满足降水需求。在施工前，应对降水设备（包括潜水泵与真空泵）及时做好调试工作，保证降水设备在降水运行阶段正常运行。

（2）正式运行

在基坑开挖前20d进行基坑内降水作业，及时降低围护结构内基坑中的地下水位至坑底以下1m。主楼基坑开挖至第四层土方时，开始承压水的抽取工作，减压井首先开启坑内4口，最终开启24口，减压降水过程中采用信息化施工，随时调整减压降水运行方案，以满足按需降水保护周边环境的要求。

（3）停抽计划

主楼基坑承压水的停抽分为两个阶段：第一阶段，基坑内的12口减压井在大底板浇筑前停止抽水；第二阶段，坑外28口减压井在大底板完成并达到强度后停抽。

（4）封井计划

主楼基坑减压井的封井分为两个阶段，第一阶段，基坑内的12口减压井随大底板一起完成封井；第二阶段，坑外的28口减压井根据裙房基坑承压水控制安排封井。

4.5.5 裙房降水技术

1. 井点布置

（1）疏干井

裙房基坑内设置深25m的疏干降水井65口，深45m的疏干观察井7口，其中坑内4口，坑外3口。疏干降水井每250m²设置1口，采用真空深井泵降水措施降低基坑内浅层潜水。降水井井点布置图如图4-28所示。

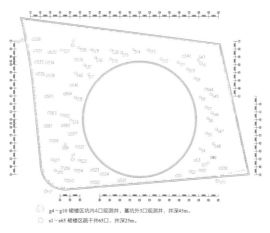

⊙　g4～g10 裙楼区坑内4口观测井，基坑外3口观测井，井深45m。
○　s1～s65 裙楼区疏干井65口，井深25m。

图4-28　裙房基坑疏干降水井井点平面布置图

（2）减压井

主楼基坑外布置的28口减压降水井在主楼区域使用后停止工作，裙房施工时作为裙房基坑减压降水使用，同时另外增加井深为45m的减压降水井17口，即裙房基坑减压降水井包括45m减压井17口，55m深减压井14口，以及65m深减压井14口。裙房基坑施工共布置井深为45m的减压降水观察井7口，其中坑内4口，坑外3口。

2. 降水运行

（1）试运行

在启动试运行之前，首先要对所有井口和地面的标高以及静止水位进行精确测量。完成测量后，开始试运行，目的是检验抽水设备以及抽水和排水系统是否能够满足工程降水的需求。此外，在施工开始之前，必须对降水设备（包括潜水泵和真空泵）进行仔细的调试，确保这些设备在降水运行期间能够稳定且有效地工作。

（2）正式运行

在基坑开挖工程启动前20d，启动基坑内的降水作业，目的是确保能够及时有效地降低围护结构内基坑中的地下水位，使其至少低于坑底1m。裙房基坑开挖时，充分利用主楼区坑外原先布置的55m的降压井，同时在裙房区内布置部分45m深降压井，井深不超过地下墙深度，前期降水以坑内浅井运行为主，后期陆续启动主楼区坑外55m的降压井，达到裙房区降水目的。

（3）停抽计划

裙房基础底板混凝土施工完毕后根据底板混凝土抗渗强度发展情况，分阶段逐步停止降压井抽水工作：第一阶段停井以加强垫层强度为依据，根据要求水位控制在垫层面约28.5m。第二阶段停井以底板混凝土养护期达到70%强度为依据，水位逐步恢复。每阶段停井后，观测基坑内水位变化情况及注意围护情况。每阶段应逐步停井，确保水位平稳恢复。

（4）封井计划

裙房减压井的封闭过程遵循承压水停抽原则，分为三个主要阶段，与大底板施工及后浇带完成的关键节点相对应。第一阶段：在大底板施工之前，可以提前封闭那些不参与运行的部分降压井，这包括基坑内的4口观测井以及主楼区域外的12口井。第二阶段：在大底板施工完成并达到设计要求的强度之后，继续保留部分降压井以进行抽水作业。在这一阶段，预计可以封闭大约10口井。第三阶段：当底板的后浇带施工完成并满足设计要求后，可以对所有剩余的未封闭的降水井进行封闭处理。在这一阶段，预计可以封闭的井数量将达到26口。

4.5.6　动态控制技术

1. 承压水位全自动监控

在观测井中安装水位探测设备，实现对地下水位的全自动连续监测。为了确保抽水过程中数据的精确度和可信度，我们采用孔隙水压力计作为水位探测工具。利用DT515数据采集仪，能够全自动地收集这些数据。随后，通过个人电脑将采集到的数据进行处理，转换成地下水位的具体数值，并实时绘制成曲线图，以便直观地监测地下水位的变化。测量地下水位数据间隔监控时间为1～30min。压力传感器采用200～600kPa级别PW系列弦式渗压计，用来测量承压水压力。PW系列渗压计安装在试验井或观测井中是为了自动监测水井中的水位，渗压计置于井动水位以下通过电缆到钻孔的顶部，然后连接到自动数据采集仪上。

2. 主楼基坑承压水动态控制

本工程降水设计根据基坑土方挖土的工况，以"按需降水"为原则，在确保承压水位始终处于安全水位的前提下，尽量减少降水井开启的数量，并针对主楼基坑为坑内坑外联合降水。本工程降压深度比较大，若以初始水头10m为基准，基坑开挖深度超过17.5m时，均应考虑降低承压含水层水位。主楼基坑减压降水井动态运行计划详见表4-7。

主楼基坑减压降水井动态运行计划　　　　　表4-7

基坑开挖工况	基坑开挖深度（m）	是否需要降承压水	需降低水头值（m）	承压水控制水位埋深（m）	开启承压水抽水井数
第一道环撑	2.1	否	—	—	—
第二道环撑	8.4	否	—	—	—
第三道环撑	14.05	否	—	—	—
临界点	17	是	开挖临界	10	—
第四道环撑	18.85	是	3.03	13.03	坑内3口
第五道环撑	23.05	是	9.9	19.9	坑内8口
第六道环撑	26.3	是	15.22	25.22	坑内12口，坑外2口
主楼基坑底	31.1	是	22.1	32.1	坑内12口，坑外12口
主楼深坑底（估）	34	是	25	35	坑内12口，坑外22口
主楼大底板	31.1	是	22.1	32.1	坑外24口

3. 裙房基坑承压水动态控制

裙房区域B3层土方开挖，共开启20口降压井，其中43m深井3口，45m深井13口，55m深井4口；裙房区域B4层土方开挖，共开启24口降压井，其中43m深井4口，45m深井14口，55m深井6口；裙房区域B5层土方开挖，共开启32口降压井，其中43m深井4口，45m深井14口，55m深井14口。裙房基坑减压降水井动态运行计划详见表4-8。

裙房基坑减压降水井动态运行计划　　　　　表4-8

开挖阶段	降压井数量（口）			合计（口）
	43m	45m	55m	
B3层土方开挖	3	13	4	20
B4层土方开挖	4	14	6	24
B5层土方开挖	4	14	14	32

4.6　主楼顺作支护技术

4.6.1　岛式分区开挖技术

1. 岛盆结合开挖方法

上海中心大厦主楼区域施工面积达11500m²，基础挖深31.1m，土方量达35万m³。针对上海地区软土的"时空效应"情况，结合本工程特点，在遵循"分层、分块、对称、平衡、限时"的开挖总原则基础上，最终确定主楼基坑采用优势互补的"岛盆结合"开挖方案，分7层进行基坑开挖。第1～3层土方开挖深度分别为4.1m、5.67m、

6.05m。综合考虑出土效率和变形控制的需求，第1层和第2层土方开挖将采用盆式开挖方法，便于控制基坑的变形。第3层土方开挖则采用岛式开挖。当进入第4～6层土方开挖时，由于开挖深度超过20m，为了保证基坑的变形在可控范围内，我们选择了岛式开挖，以确保施工安全和基坑稳定性。第7层土方开挖位于基础底板的范围内，其中心区域厚度为6m，周边区域厚度为1.8m，我们再次采用盆式开挖方法，以适应底板结构的特点，并确保施工的顺利进行。

2. 土方分层控制技术

基坑开挖方案见表4-9。

基坑开挖方案 表4-9

开挖层数	开挖深度（m）	开挖至标高（m）	挖土方式	备注
1	-4.1	-4.6	以盆式挖土为主	两级放坡，放坡坡度为1：1.5，放坡平台为5m
2	-5.67	-10.27	以盆式开挖为主	待第1道环形围檩达到80%设计强度后，两级放坡开挖环边土体，放坡坡度为1：1.5，放坡平台为5m，及时施工第2道环形围檩，随后开挖环中土方
3	-6.05	-16.32	以岛式开挖为主	待第2道环形围檩混凝土强度已达到80%设计强度，两级放坡开挖第3层环边土方，放坡坡度为1：1.5，放坡平台为5m，及时跟进施工第3道环形围檩。随后开挖环中土方
4	-5	-21.32	以岛式开挖为主	待第3道环形围檩混凝土强度已达到80%设计强度，两级放坡开挖第3层环边土方，放坡坡度为1：1.5，放坡平台为5m，及时跟进施工第4道环形围檩。随后开挖环中土方
5	-4	-25.32	以岛式开挖为主	待第4道环形围檩混凝土强度已达到80%设计强度，两级放坡开挖第3层环边土方，放坡坡度为1：1.5，放坡平台为5m，及时跟进施工第5道环形围檩。随后开挖环中土方
6	-3.88	-29.3	以岛式开挖为主	待第4道环形围檩混凝土强度已达到80%设计强度，一级放坡开挖第3层环边土方，及时跟进施工第6道环形围檩。随后开挖环中土方
7	-2.3	-31.6	以盆式开挖为主	待第6道围檩施工完成后，放坡开挖第7层环中中部土方，放坡坡度为1：1.5，环边留土30m。挖土过程中及时施工底板垫层。待第6道围檩达到80%设计强度后，开挖第7层环边土方
8	-1.5	-33.1	以盆式开挖为主	该层土方随第7层土方一同开挖，及时跟进施工坑中坑底板垫层

3. 分块开挖及栈桥设置

根据"对称、均衡、限时"的挖土原则，将圆形基坑划分为4个扇形分区，每个分区设置一个挖土平台（呈90°角），如图4-29所示。挖土栈桥平台平面尺寸为16.6m×14.5m，栈桥立柱用格构柱式立柱桩，面板为钢筋混凝土梁板结构。为了保证栈桥结构的整体稳

图4-29 主楼顺作区圆形基坑扇形分区及栈桥设置

定性，下方设置4道钢筋混凝土梁式水平支撑以及槽钢剪刀撑。

开挖各层土方时，基坑内布置一定数量反铲挖掘机，4个挖土栈桥平台上分别设置两台挖机或抓斗用于基坑内土方驳运。土方先由坑内的挖机接力驳运至平台下方，随后平台上的挖机驳运将其运出基坑。同时根据每层土方开挖深度变化，随之调整栈桥平台挖机的规格型号，从普通反铲挖掘机、长臂挖掘机、伸缩臂挖掘机逐步过渡到抓斗挖掘机，不仅充分发挥圆形自立式基坑无内支撑的空间优势，也利用了反铲挖掘机出土的灵活性和高效性，加快基坑土方开挖进度。基坑高峰出土量为5000m³/d。现场施工作业如图4-30所示。

（a） （b） （c）

图4-30 长臂挖掘机、加长臂挖掘机及抓斗施工作业
（a）长臂挖掘机；（b）加长臂挖掘机；（c）抓斗

4.6.2 圆形环箍分段施工

主楼的圆形基坑具有121m的内径，而每圈环箍的长度达到380m，构成了一个超长混凝土结构。这种结构不仅会因为地下连续墙的挤压作用而发生压缩变形，同时也会由于混凝土自身的收缩特性而产生额外的变形。通过对圆形环箍进行压应变计算，结果显示最大轴向力位于第4道环箍，最大轴力18000kN。环箍支撑截面1.6m×3mm（C40）、

配筋为108ϕ32，其等效截面积为5.25m^2，在轴向压力18000kN作用下产生的压应变为：

$$\varepsilon = \frac{N}{A_\mathrm{c} E_\mathrm{c}} = 114\mu E$$ 。环箍在受力时的轴向压缩应变小于其早期的收缩应变，这表明早期

收缩变形对支护结构的影响更为显著。如果环箍采用一次性浇筑施工，由于自收缩作用，可能会产生裂缝，这将影响基坑的拱效应。因此，对环箍的施工过程进行有效控制是十分必要的。

1. 分段施工技术

为减轻混凝土早期收缩变形对圆形环箍的不利影响，本工程采纳了分段施工和流水作业的方法。如图4-31所示，根据施工进度，将环箍合理划分为若干段，每段长度大约为50m，以有效预防裂缝的产生。在每一层环边土方开挖完成后，应立即着手环箍的施工工作。在施工过程中，要遵循对称性和均衡性的原则，以确保圆形地墙的拱效应能够充分发挥作用。

图4-31　圆形环箍施工

2. 支模浇筑工艺

为了提升环箍施工的品质，放弃了过去在混凝土垫层上加铺油毡的传统做法，转而采用在混凝土垫层上铺设胶合板作为环箍底模的新方法。在环形围檩的侧模制作上，同样使用胶合板，而内围檩则采用尺寸为50mm×100mm，间距为250mm的木方，外围檩则使用双拼的48mm×5.3mm，间距为600mm的钢管。根据围檩的高度，使用3~4道直径为16mm的对拉螺栓，用这些螺栓与围檩预埋的锚筋进行焊接。

如果环箍钢筋与支撑立柱的缀板发生冲突，可以选择割除缀板，但在割除之前必须先进行焊接补强处理。考虑到第6道环箍的顶面将位于基础底板的表面，且未来不计划拆除，因此我们选择使用混凝土垫层作为其底模。至于第5道环箍，由于它紧贴基础底板，可能会对底板混凝土的浇筑造成不便，因此我们将其下表面设计成斜坡形状，以便于在基础底板混凝土施工过程中进行有效的振捣。

3. 爆破拆除技术

主楼地下室结构施工完成后，圆形环箍根据裙房分块的施工顺序从上往下逐层分段爆破拆除。环箍采用分离爆破法，每道环箍与上层楼板距离为0.8~1.5m，其内侧是建成的塔楼主体结构，由于爆破量受限，每次爆破拆除方量为500~600m^3。爆破时采用控

制爆破分段技术措施，再使用机械破碎、清理装运出碎渣，提高了爆破效果，确保相邻已建成结构的安全。爆破炮孔采用预埋孔方法，浇灌混凝土完成后立即将直径40mm的PVC管插入逐渐凝固的混凝土支撑中，待混凝土固化后形成顺序排列的预埋孔。由于爆破施工时危险性较大，现场根据爆破进程分阶段搭设防护棚，并在主楼侧加强防护，防止飞石飞入主楼结构内。

4.6.3 超大真圆控制技术

上海中心大厦在建筑过程中开创性地采用了超大型的圆形无支撑自立式围护结构，用于主楼的顺作法施工。这座基坑的地下连续墙拥有121m的内径和50m的深度。确保这样一个庞大直径且无内支撑的基坑保持真圆度以满足结构受力的要求，其施工难度极高。实现这种规模基坑安全施工的关键在于：精确控制地下连续墙和环箍的位置，以确保达到所需的真圆度；确保各段地下连续墙之间紧密相连，并且能够有效传递力量。此外，在基坑开挖过程中，需要采取分层、对称和均衡卸载的方法，充分利用圆形基坑类似于"圆桶"的空间效应。这样做可以将地下水和土的压力有效地转化为围护结构的轴向力，从而确保整个主楼基坑地墙在受力上保持均衡，并保证开挖过程的安全性和稳定性。

1. 地墙分幅施工技术

为确保地下墙拼接后形成的圆形结构具有更高的真圆度，并且地墙接口能够平顺地承受力量，塔楼基坑的地墙分幅经过了精心调整。我们采用了内接正多边形的槽幅设计方法。每一段地墙都被设计成折线形状，并且地墙的转折点被合理规划，以确保在地墙分幅的接合处形成平滑的接头，从而实现力量的可靠传递。地墙标准幅段如图4-32所示。

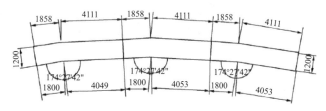

图4-32　地墙标准幅段（mm）

2. 槽段接头的施工技术

为确保地墙及其接头的施工质量，减少围护结构渗漏水情况产生，安装了V形的薄钢板放置在锁口管钢筋笼的端部，并在钢筋笼的外部包覆了止浆帆布，基于此来降低锁口管起拔的难度和防止混凝土绕流问题。此外，在部分地下连续墙中，首次在上海地区采用套铣接头技术来增强围护结构的整体性，确保轴向力在圆形基坑地墙之间顺利传递，从而最大限度地发挥圆拱结构的力学优势。

3. 土方开挖控制技术

主楼基坑设有6道圆形环箍，故将土方开挖共分7层进行，采用"岛盆结合"的挖土方案；同时，考虑圆形的平面特点，将主楼基坑划分为4个扇形分区（图4-33），通过"对称、均衡、限时"的原则对挖土进行控制，确保了开挖过程中的受力均衡及可靠性；此外，在施工计划和机械设备的配置上，我们采取了提高挖土作业效率的措施，以快速构建环箍结构。这使得主楼圆形基坑的每层环边土方开挖到环箍的形成能够在大约10d内完成。通过缩短基坑在没有环箍保护状态下的暴露时间，显著降低了施工风险，对于保持基坑的安全稳定性以及控制基坑的变形具有极其重要的作用。

土方开挖时坑底回弹的有效控制也是确保超大圆形基坑真圆度的措施之一，通过数字化建模分析可知，按照岛盆结合开挖方案开挖至坑底时，主楼坑底土体的回弹量平均值为30~40mm，基坑被动区土体由于承受非常大的剪应力，使被动区土体处于塑性状态而产生了较大的塑性回弹位移，达80~90mm，且该数值沿圆形基坑周长均匀分布，由此可见，主楼基坑开挖至坑底时土体回弹整体上是较为均匀的。主楼开挖至坑底时的土体回弹云图如图4-34所示。

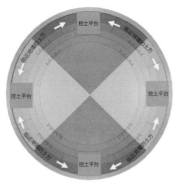 

图4-33　主楼基坑扇形分区示意图　　　图4-34　主楼开挖至坑底时的土体回弹云图

4. 信息化监控及分析

项目建立了远程信息化监测监控平台，以实现对基坑施工全过程的信息化管理和跟踪。该平台能够实时收集和反馈监测数据，允许工程相关方通过现场的网络平台和视频系统，实时监控施工进展。利用这个平台的程序功能，可以对收集到的监测数据进行深入处理，包括进行历史数据的发展趋势分析、不同类别数据之间的对比分析，以及通过三维动态演示来展现施工状态。这些功能的综合运用，有助于确保超大圆形基坑在施工过程中保持所需的真圆度，同时保障基坑开挖工作的安全性和稳定性。主楼圆形基坑真圆度控制内容与控制标准见表4-10。

主楼圆形基坑真圆度控制内容与控制标准

表4-10

控制内容	实测数据	预控值
地墙环向轴力	监控值	由设计计算确定
地墙侧向变形	监控值	由设计计算确定
圆形直径最大径向差	监控值	30mm

此外，考虑到监测技术的局限性和圆形基坑墙所承受的复杂受力状态，基坑内力监测数据可能会出现分散和误差现象，根据基坑开挖监测时围护结构的内力和变形数据，定期进行内力的反向分析。本工程使用实测的变形数据作为目标值，对三维有限元模型的计算参数进行优化调整。通过这种方式，可以反推围护结构的内力，并进行对比分析。这有助于提高信息化监控的精确度，从而更准确地控制基坑的真圆度，确保施工质量和安全。

4.7 裙房逆作支护技术

4.7.1 逆作分层分区施工

上海中心大厦裙房区基坑采用逆作法施工，根据"土方分区同步开挖、结构分块同步施工"的原则，采用各层楼板水平结构先行完成"十字"对撑部分，后续施工四个角部楼板水平结构的方法，每个分区根据变形控制原则确定分区大小，从而减小基坑长边效应，有效控制裙房超长边长围护墙的变形。

1. 首层结构分区施工

裙房首层在主楼尚未出±0.000前，在保证主楼外围一圈重型车道不受影响的前提下，先行施工主楼西侧的楼板，同时在主楼施工B0层阶段，完成主楼南侧及北侧的裙房土方开挖工作，在主楼出±0.000后开始按对称原则组织首层板结构施工。这样不仅缩短了地下室结构施工工期，同时加快了裙房与主楼首层结构的合拢时间，使整个首层结构尽快形成一个支撑体系，有助于围护支撑体系的变形控制。B0层楼板共分为11分块，具体施工顺序为：B0-1→B0-2（2块）→B0-3（2块）→B0-4（3块）→B0-5（2块）→B0-6→B0-7。裙房B0层施工分区平面布置示意如图4-35所示。

2. B1~B4层结构分区施工

裙房B1~B4层结构施工每层均被划分为12块，采用暗挖法。考虑逆作法施工，减少对周边环境影响，施工原则遵循先"十字"对撑部位施工，后四个角部区域施工。具体施工顺序为：Bn-1（4块）→Bn-2（4块）→Bn-3（4块）（n=1~4），分三个阶段进行，每一阶段均有四个分块同步进行。裙房B1~B4层施工分区平面布置示意如图4-36所示。

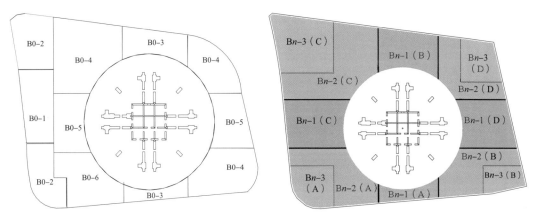

图4-35　裙房B0层施工分区平面布置示意图　　　　图4-36　裙房B1～B4层施工分区平面布置示意图

3. B5层结构分区施工

裙房B5层结构施工划分为9块，采用暗挖法。B5层分块原理同B1～B4层，施工原则遵循先"十字"对撑部位施工，后四个角部区域施工，同时考虑裙房底板防水效果，减少分块数量，增加每个分块的体量，以便起到减少施工缝的目的。具体施工顺序为：B5-1（4块）→B5-2（4块）→B5-3（1块）。

4.7.2　盆式分区开挖技术

上海中心大厦在"主顺裙逆"的主要技术路线下，确定了裙房基坑的"分区抽条、跳仓开挖，结构同步跟进"施工方案，采用科学合理的盆式分区开挖技术，结合系统的基坑监测，实时采集数据、分析工况、安排施工工序，在满足基坑安全的大前提下，提前2个月完成裙房逆作法施工。

1. 分层分块技术

裙房逆作开挖面积21845m²，开挖深度27m，土方量达58万m³。裙房盆式开挖根据基坑的特点分6层进行。第1层土方开挖采用明挖法，第2～6层土方开挖采用暗挖法。本分区土方开挖的条件，应满足本开挖区域上层楼板结构达到100%强度，同时相邻区域上层楼板结构达到50%强度的要求。

（1）首层"明挖法"盆式开挖

首层土方开挖工程采用了传统的明挖法。在确定分块尺寸时，我们综合考虑了以下三个关键因素：1）梁板结构施工需求：鉴于基坑面积庞大，相应的梁板结构也是超大面积的混凝土结构。因此，合理的分块和分期施工策略对于最小化由于收缩和温度变化引起的裂缝至关重要。2）现场施工与运输条件：受到施工场地的限制，主楼结构施工需要充足的作业空间。因此，在确定裙房逆作的分块大小和开挖顺序时，必须充分考虑现场施工场地的实际条件，并根据这些条件进行灵活调整，以确保主楼结构施工的顺利进行。3）挖土的便捷性与变形控制：在进行首层盆式土方开挖时，靠近围护墙的一侧盆边的开挖深度相对较浅，而中心区域的开挖深度则较深。为了便于施工操作，建议在同一分块区域内保持土方开挖深度的一致性，这有助于控制基坑的变形。

（2）其余层"暗挖法"盆式开挖

首层以下各层土方开挖工程将采用暗挖法进行。由于土体的流变特性以及土体塑性变形与围护墙变形之间的密切关系，分块尺寸和施工顺序对围护墙的变形有着显著的影响。因此，我们遵循"分区抽条、跳仓开挖"的施工原则，对盆边土体进行合理规划，实施分块、分段、间隔开挖的施工方法。施工顺序必须保证对称性和平衡性，以减少对围护结构的影响。分段长度的确定，参考了地铁窄基坑的分块尺寸，并结合了规范中对于采用钢支撑的狭长形基坑的建议。根据这些指导原则，建议的分段长度为3~8m。考虑到土方开挖作业面的实际需求，我们在选择分段长度时倾向于选择这一范围内的较大值，以提高施工效率并满足现场作业的需要。

2. 开挖工序要求

为了有效控制地下连续墙和坑外土体的位移，我们采用了盆式土方开挖方案，该方案强调分块、分层、对撑均衡的原则。当土方开挖达到设计标高后，会立即浇筑相应区域的垫层和梁板结构。垫层设计厚度为200mm，使用的混凝土强度等级为C35。针对南侧中间开挖块区域面积较小的特点，我们特别采用了加筋混凝土垫层以增强其承载能力。而在开挖至坑底时，混凝土垫层的厚度增至300mm。此外，每次在主楼侧进行土方开挖并达到一定深度后，会及时拆除主楼区域的圆形地墙和环箍，以确保施工的连续性和结构的稳定性。这些措施共同作用，旨在实现基坑开挖过程中位移的有效控制和施工安全。各开挖工况下基坑监测变形数据显示均满足规范要求，见表4-11。

施工工况 表4-11

工况	施工历时（d）		施工内容
工况1	139		裙房顶圈梁、上翻梁施工；B0层土方盆边留土分块开挖，盆边开挖至-3.85m，盆中开挖至-5.3m或-5.8m；结构分块施工；主楼区圆形地墙机械凿除至-5m
	2010.08.10开始	2010.12.27结束	
工况2	91		B1层土方分块开挖至-9.7m；结构分块施工；主楼区圆形地墙分次爆破拆除至-8.55m
	2010.12.28开始	2011.03.29结束	
工况3	57		B2层土方分块、分层开挖至-15.7m，其中南侧及沉降后浇带部位开挖至-16.3m；结构分块施工；主楼区圆形部分地墙分次爆破拆除至-14.5m
	2011.03.30开始	2011.05.26结束	
工况4	52		B3层土方分块开挖至-19.7m；结构分块施工；从该工况起须降承压水，承压水控制水位埋深14.42m；主楼区圆形地墙分次爆破拆除至-19.5m
	2011.05.27开始	2011.07.18结束	
工况5	68		B4层分块土方开挖至-23.35m；结构分块施工；承压水控制水位埋深20.31m；主楼区圆形地墙分次爆破拆除至-23.15m
	2011.07.19开始	2011.09.25结束	

工况	施工历时（d）		施工内容
工况6	92		开挖至坑底-27.2m，后浇带处及南侧中间块开挖至-29.3m；分块浇筑大底板，坑内承压水位降至-30m；主楼区圆形地墙分次爆破拆除至-29.3m
	2011.09.26开始	2011.12.27结束	
工况7	156		大底板掩护，地下结构补缺
	2011.12.28开始	2012.06.01结束	

3. 取土口设置技术

为给土方施工提供垂直运输通道，减少土方驳运、提高出土效率，须在裙房地下室结构楼板上留置一定数量取土口。本项目取土口的设置主要遵循以下四个原则：第一，保证每个分块施工区域都有一定数量取土口；第二，保证堆土的出土顺畅；第三，考虑上部结构施工的场地布置和交通组织，并且在出土口的设置上采用了两跨开口的并联出土口方式，结合上部结构的施工场地布置及交通路线，使得裙房的出土速度大大加快，支撑的快速形成更有利于基坑围护结构变形控制；第四，对首层楼板取土口、车行道路的设置，除需要满足分区挖土需要外，还要综合考虑上部结构施工需要。结合以上四个方面的考虑，在保证地墙基坑安全稳定的前提下，裙房结构自上而下每层共设置19个取土口，开洞总面积达1600m³，使整个裙房逆作施工期间，做到平均出土量2500m³/d，高峰出土量达3000m³/d，为确保整个裙房逆作法施工工期提供了保障。

4. 场地交通组织

在裙房B0层进行土方开挖和结构施工的同时，主楼正在进行上部钢结构和主体结构的施工。为了保证裙房和主楼的施工能够顺利进行，互不干扰，我们必须精心安排各个施工阶段的交通物流和混凝土浇筑工作。在裙房西侧B0-1开挖时，主楼施工至B1层，主楼周围一圈环形道路，土方车主要从西侧1号门进出，待B0-1结构施工、B0-2开挖时，土方车由西侧环形道路行驶，尽量减少对主楼交通车辆的影响，裙房西侧土方开挖完成，进行结构施工。裙房西侧结构施工完成，主楼施工至±0.000，裙房开始进行对称施工，土方车辆从2号、3号、4号门进出，最后施工B0-6、B0-7，以保证之前分块挖土施工时2号门及4号门能投入使用。

4.7.3 楼板支承结构施工

1. 梁板结构施工

通过融合永久性结构和临时性结构，构建了一个综合的支撑系统，这样做有效减少了传统上仅依赖临时支撑所需的工程量，以及后续支撑拆除的工作量。此外，工程中采用了具有较大刚度的结构梁板系统作为基坑的支撑，这不仅优化了基坑的变形控制，还更有效地保障了周边环境的安全。

（1）支模浇筑方法

裙房梁板结构模板采用胶合板，模板支架采用φ48钢管。模板支撑时采用短排架和高排架相结合的方式，支架基层的垫层亦应达到一定的强度。梁板结构及底板各分区混凝土浇筑采用固定泵，将固定泵停放在首层楼板上，泵管通过主楼与裙房间的后浇带临时板上预留的400mm×300mm的洞口向下布置直至浇筑位置。为防止混凝土向下浇捣出现堵泵现象，混凝土竖向泵管每隔10m增加一个弯管减缓混凝土的冲击力。

（2）局部加强处理技术

为确保水平力的有效传递，对地下室各层楼板处的薄弱位置进行加强处理：1）对地下室梁柱节点位置，采取水平加腋处理，通过构造改善水平力的传递，缓解框架梁柱偏心对节点区的不利影响；2）对局部梁位置，采用粘钢加固施工，以增强构件承载能力及刚度，如图4-37所示。

2. 桩柱差异沉降控制

软土地区深基坑逆作开挖应严格关注楼板立柱的差异隆沉量，上海中心大厦裙房面积超大，如控制措施不利，差异变形将会非常大，为确保裙房施工质量，有必要对差异变形控制技术进行研究。

（1）立柱桩桩长选择及差异隆沉预测分析

上海中心大厦的裙房基坑施工采用了全逆作施工工法，其地下连续墙设计为二墙合一，同时，立柱桩与永久柱网的结合采用了一柱一桩的方式。为了降低单桩的沉降量，进而控制不同桩之间的差异沉降，根据坑底回弹的原理，有效桩长应超过开挖深度的一倍，以确保桩端位于强回弹区之外。考虑到基坑的开挖深度约为26m，工程中选择了26m、31m和36m作为有效桩长。通过数值模拟，对不同工况下出土口边立柱桩的差异隆沉进行了计算，并得出了不同桩长对应的差异隆沉值（图4-38）。模拟结果显示，当桩的有效长度分别为26m、31m和36m时，对应的最大差异隆沉值分别为24.102mm、19.061mm和15.03mm。由此可见，当桩的有效长度达到36m时，差异沉降得到了有效的控制，并且满足规范要求。因此，最终选择了有效桩长为36m的550mm直径钢管立柱，

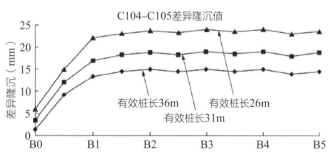

图4-37　框架梁柱节点加腋示意图及现场施工图　　图4-38　不同桩长对应的差异隆沉值

内部灌注高强混凝土，并将其插入直径为1m的钻孔灌注桩中，以此来确保基坑施工的稳定性和安全性。

（2）考虑差异隆沉的梁柱节点构造

根据对基坑立柱桩差异隆沉的分析和预测，最大差异沉降值为15.03mm。考虑到地层分布的不均匀性，立柱桩之间的刚度差异，以及楼板分块施工可能导致的桩顶荷载分布不规律等因素，同时参照相关规范的要求，决定在基坑开挖阶段，将相邻立柱的差异沉降控制在不超过20mm。计算结果表明，当相邻立柱桩的差异沉降达到20mm时，结构将承受较大的附加内力。为了确保结构的安全性，我们对地下室主体结构的梁板节点进行了构造上的优化和配筋上的加强处理。这些措施旨在提高结构的承载能力和稳定性，以应对由于差异沉降可能引起的内力增加。

（3）基于"时空效应"理论的开挖及信息化施工方法

裙房基坑采用分块开挖策略，旨在有效控制每次开挖的卸荷量，减少坑内土体的回弹效应。通过在规定时间内快速构建支撑体系，可以有效降低立柱桩的沉降量，进而减少桩间的差异沉降。此外，整个开挖过程采用信息化管理，实现设计与施工的动态协同。根据前一天的基坑变形监测数据，动态调整后续的挖土流程，严格控制基坑的变形，确保施工现场的安全并保护周边环境。监测报警值设定如下：立柱桩沉降（总20mm，日沉降速率2mm）；相邻立柱桩测点间的差异沉降（总15mm，日差异沉降速率2mm）；地墙与相邻立柱桩的差异沉降（总15mm，日差异沉降速率2mm）；监测频率为每天一次。以B1层的开挖为例，在实际操作中，考虑到取土口附近立柱桩的差异沉降较大，施工首先从中心的十字对称区域开始，快速形成支撑体系，以减少该区域立柱桩的竖向位移。之后，再开挖那些差异沉降较大的区域。表4-12为基坑开挖至坑底后B1层的楼板内力计算值与实测值。图4-39为立柱桩差异隆沉实测数据。

楼板内力计算值与实测值   表4-12

类别	板应力（MPa）	梁轴力（kN）
计算内力	14.3	14300
实测内力	14.03	14000

4.7.4 底板防水构造措施

本工程在27m以上的地层主要为饱和软土，包括粉质黏土、黏土和淤泥质黏土，这些土层具有高含水率、高灵敏度、低强度和高压缩性等不利于工程的地质特性。在地下27m深处，存在⑦层和⑨层的砂性土，它们分别是第一和第二承压含水层，并且这两个含水层是相互连通的，具有充足的水力补给。由于基础底板的位置接近承压水层的上部，承压水的压力对底板施工缝的防水性能提出了极为严格的要求。为了应对这一挑战，我们

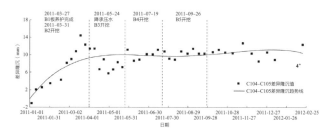

图4-39　立柱桩差异隆沉实测数据

对裙房底板的施工缝、主楼与裙房间的后浇带，以及结合了地墙和筏板的两墙合一结构的施工缝，采取了一系列的防水构造措施，以确保施工缝的防水质量满足高标准要求。

1. 裙房底板施工缝防水构造

裙房底板施工缝的垫层面采用2mm厚水泥基复合柔性防水涂料、巴斯夫S400乳液粘贴麻袋布防水保护层；在施工缝处铺设2m宽的膨润土防水毯；在底板施工缝处设置2道4mm×300mm的止水钢板，其上下各设置2条膨润土膨胀止水条。底板施工缝防水节点如图4-40所示。

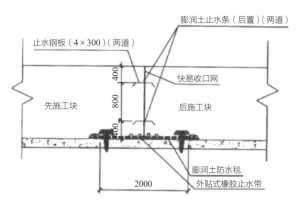

图4-40　底板施工缝防水节点

2. 主楼裙房后浇带防水构造

防止后浇带在封闭前发生渗漏是确保建筑物使用功能的关键。在B0~B5层的后浇带施工中，实施了一系列的防渗漏预控措施，除了在垫层表面涂覆水泥基防水涂料，同时还在环箍处额外铺设膨润土防水毯，防水毯上铺设外贴式橡胶止水带；同时，后浇带的混凝土采用比原设计强度等级高一级的补偿收缩混凝土，以实现自防水。

3. 两墙合一地墙处防水构造

地墙表面涂刷1mm厚水泥基渗透结晶防水涂料，护壁柱处沿分幅线两侧各600mm宽凿毛后涂刷1mm厚水泥基渗透结晶防水涂料，分幅线两侧各设置1条膨润土膨胀止水条（B3层、B4层分幅线两侧增设1根预埋式多次注浆管）。

4.7.5 后浇带的构造措施

1. 后浇带设置

上海中心大厦在主楼区和裙房区结构之间设置沉降后浇带，其内侧边线设置在主楼环形围檩的内侧500mm处，呈环形布置，后浇带外侧设置在主楼临时地下连续墙内侧1000mm处，在裙房区域内，呈齿轮形布置，后浇带的基本宽度为2500mm，为防止部分楼层结构悬挑过大，后浇带位置局部随结构有所调整，且局部悬挑位置均在桩基施工时增设了临时格构柱。

在顺、逆作法结合区域，通过在主楼围护结构中设置后浇带来实现结构连接，这种方法相比传统在地下连续墙接缝处设置后浇带以适应沉降，更能有效地降低施工过程中的风险。在裙房地下室逆作施工中，各层楼板梁结构被用作开挖阶段的水平支撑。

2. 楼板后浇带构造

主楼和裙房楼层结构之间的后浇带水平支撑采用混凝土楼板，在主楼和裙房侧均设置楔口式环梁，待两侧环梁浇筑完成后，采用薄膜隔离后浇筑其中间的混凝土换撑楼板。考虑到裙房南侧地墙与主楼地墙的间距较小，该部位支撑体系则利用裙房及主楼区域的混凝土梁板，主楼裙房混凝土梁板分开浇筑，且钢筋全部断开，在其梁板中间留设一条竖向的沉降缝，采用薄膜断开。B1～B4层后浇带剖面图如图4-41所示。

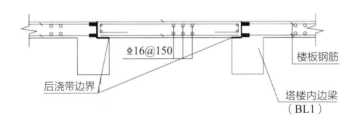

$\Phi16@150$

后浇带边界

楼板钢筋

塔楼内边梁
（BL1）

图4-41　B1～B4层后浇带剖面图

3. 底板后浇带构造

在主楼与裙房底板结构之间规划了一条沉降后浇带，其宽度设定为2000mm。在后浇带与集水井相交的局部区域，根据实际情况对后浇带的位置和宽度进行了适当的调整。在主楼和裙房底板结构之间的后浇带处，水平支撑采用的是H400×400×13×21型号的型钢，而在⑪～⑭轴之间，则使用了2000mm宽、300mm厚的混凝土板作为支撑。在裙房与主楼之间的后浇带附近的地墙需要被凿至裙房基础底板下方的合适位置，以确保地下连续墙不会妨碍后浇带区域基础底板的正常沉降。考虑到在裙房基础底板浇筑完成后，裙房的减压降水井将被封闭且停止运作，因此后浇带区域的构造节点设计必须能够承受地下承压水的压力。后浇带区域还应配备加强垫层，并且该垫层需通过植筋的方式与主楼的第六道环形围檩进行加强连接，以确保结构的稳定性和整体性。

4. 后浇带封闭

（1）封闭条件的确定

在核心筒的中心位置以及东西横向、南北纵向的边缘等关键角部设立观测点，以这些点的沉降数据作为判断后浇带是否可以封闭的依据。通过对实际测量得到的沉降数据进行分析，后浇带两侧的顺、逆作区监测点的变形有所不一致；当逆作区的变形已经趋于稳定时，顺作区的变形仍在缓慢地下沉。同时，根据主楼和裙房的沉降趋势都在减缓，出现异常差异沉降的可能性非常低。在此基础上，我们进一步分析了可能出现的超应力区域，并制定了相应的对策。

（2）施工顺序的安排

在对后浇带封闭前的沉降变形进行综合分析的基础上，同时考虑到深基坑顺逆结合部位后浇带的圆形特点，以及周边环境对变形的敏感程度，我们对后浇带封闭的施工顺序进行了全面的优化。施工顺序的安排如下：

第一步，进行B5层后浇带的施工作业；第二步，依次进行B0层、B1层、B2层、B3层、B4层后浇带的施工，其具体的施工顺序可以参考图4-42的展示。

（3）后浇带封闭关键技术

在B0～B4层的后浇带施工中，采用了错层分块施工方法，其框架柱施工采用跳层施工和自下而上的顺作施工两种方式。在B1和B3层后浇带施工时，由于楼板凿除导致下方缺少框架柱支撑，故在下方增设临时支撑，以确保结构受力转换的顺利进行。当采用自下而上的顺作法施工至楼层标高时，需要在后浇带的临时楼板上开洞，以便插入水平梁的钢筋。

5. 实施效果评估

通过对比分析现场关于后浇带封闭前后的监测数据情况，如图4-43所示，可以发现在后浇带封闭前，裙房的沉降量大于主楼的沉降量，二者之间的最大差异达5.1mm，裙房和主楼之间的沉降相差比较大。但在后浇带封闭后，两者的沉降速率都趋于稳定，沉降量也有所减少。此外，由于后浇带封闭后整个基础结构作为一个整体受力，裙房与主楼之间的差异沉降显著降低，在该期间内最大差异沉降值仅为0.65mm。这表明后浇带的封闭对于减少结构间的不均匀沉降，提高整体结构的稳定性起到了积极作用。

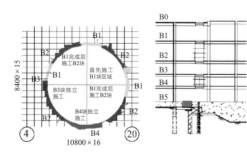

图4-42　后浇带施工顺序

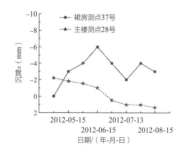

图4-43　后浇带封闭前东侧附近测点沉降

CHAP
5

5.1 概述

随着我国经济快速发展和城市建设不断深入，超高层混凝土结构工程数量持续增加，混凝土输送高度越来越高、浇筑体量越来越大、应用强度等级越来越高，这无疑对混凝土材料性能及其施工技术提出了更高要求，传统混凝土材料及其施工工艺难以满足现代超高层混凝土结构工程建造需要。近年来，随着混凝土材料技术的快速发展，特别是混凝土材料高性能设计技术发展，有效解决了传统配制的高强混凝土脆性高、延性差、工作性能差、收缩大等缺陷，然而为了在超高层混凝土结构工程施工过程中尽可能发挥混凝土本身材料性能优势，仍需要混凝土材料设计技术的持续发展，同时混凝土结构施工技术的不断进步也至关重要。

大体积混凝土在浇筑施工以及后期养护过程中，由于水泥、矿粉等胶凝材料在水泥水化过程中释放出大量的热量，然而混凝土本身的导热较差，水化反应产生的热量未能及时散发，导致混凝土内部温度不断攀升；随着外部混凝土温度下降，内部相对高温的混凝土会约束外部低温混凝土的收缩行为，这种大体量混凝土中的温度梯度会产生较大的应变差，进而产生拉应力并导致混凝土开裂，降低混凝土的物理力学性能，环境中的侵蚀介质容易渗透到混凝土结构内部，从而降低混凝土结构寿命。上述现象在大厚度、大体量的超大型混凝土结构工程中尤为突出。因此，一方面配制具有低水化热、低收缩的高性能混凝土便成为大体积混凝土工程的必要条件；而另一方面大体积混凝土施工工艺和裂缝控制技术也迫切需要突破。

在超高层建筑主体结构特别是核心筒结构设计中，为了达到最佳的综合结构性能，通常会包含钢板混凝土墙体、劲性混凝土结构柱等加强结构部位。这些部位往往包含钢板、钢筋、连接件、混凝土等组件或材料，局部构造十分复杂、施工工艺要求很高；需要攻克钢板吊运、部件组装、混凝土浇筑、裂缝控制、整体变形控制等技术难题。

超高泵送混凝土的高工作性对泵送施工有着至关重要的影响，鉴于混凝土高性能化的发展态势，传统混凝土材料体系已难以满足现代超高泵送混凝土工程需求，随着高效外加剂及功能掺合料等组分的应用，现代混凝土材料体系组成发生了较大的变化，导致现代混凝土拌合物性能，尤其是流变性能也发生了较大的改变。工程实践表明，混凝土拌合物的工作性与坍落度或坍落扩展度并非总是正相关，相比传统评价方法，采用基于流变学理论的流变参数能够更好地从本质上描述混凝土的工作性且物理意义明确，同时，从宏观角度出发，混凝土的摩擦特性也能在一定程度上直观反映出混凝土的可泵性能。因此，配制高工作性超高泵送混凝土，研发相应的混凝土工作性评价方法，大幅提升超高泵送混凝土施工效率，降低堵管、爆管等工程安全事故风险，便成为超高泵送混凝土工程的迫切需求。

为了保障超高层混凝土结构建造效率和安全，主体结构施工往往采用大型爬升式钢平台机械装备，这类集成组装式建造平台装备以大承载力整体爬升钢平台模架作为载体，搭载塔式起重机、混凝土布料机等机械设备，具有移动重型、多类功能设备和模板，钢筋、混凝土多作业集成等特性，能跟随混凝土核心筒竖向结构施工进程共同爬升作业，大幅提高了混凝土结构工程施工安全与效率。然而该平台通常需要支撑在新建成的部分混凝土结构上，当这部分混凝土强度满足要求时，方可顶升平台以便浇筑新一层结构。目前，确定新建混凝土结构强度常用的方法包括同条件养护、回弹法或超声回弹法，但这类方法属于事后评估，存在缺乏时效性、空间局限性及结构破坏性等缺点，为克服这些缺陷，需要深入研究混凝土实体结构强度演化机理及实时评估技术。在超高层混凝土结构建造过程中，由于受到结构自重、施工荷载、风荷载等外部荷载作用，会在不同区域产生不同程度的变形。为了保证主体结构的顺利施工，必须准确评估主要结构部位随施工进程的变形规律，并预先采取有效措施来消除核心筒与外框柱的整体变形及差异变形的不利影响，确保超高层混凝土结构建造质量与安全。

5.2 混凝土施工过程裂缝控制

大体积混凝土由于材料自身特性以及由体量增大带来的特性，给施工带来一定的技术难题，首先混凝土硬化过程中迅速放热，在降温过程中由于混凝土导热性能差，造成外表降温迅速而内部降温缓慢，从而导致温度梯度的增大，在约束条件下温度场的变化最终产生应力场，而混凝土作为一种抗拉性能较弱的材料，加之大体积混凝土较小的配筋率，从而导致裂缝的出现和开展，由于大体积混凝土通常作为大型建筑工程的重要构件，其裂缝的开展直接影响着结构整体的耐久性和安全。

5.2.1 大体积混凝土施工方法

1. 大底板混凝土施工前策划

（1）运输路线选择

大体积混凝土浇筑施工前期，应科学合理布置施工作业，选取最优的混凝土运输路线或运输方式，避免运输道路堵塞情况，减少混凝土运输时间，保证混凝土运输的连续性，防止混凝土因运输等待时间过长而引起混凝土温度升高，保证混凝土入模温度符合要求。同时，浇筑施工现场应提前确定车辆停靠的地点，确保场内混凝土运输车、泵车有序布置，保证浇筑、运输有序开展。

（2）施工设备选择与配置

施工设备选择主要包括连续浇筑布料设备、混凝土振捣设备选用。施工设备配置主要是多设备匹配连续作业。上海中心大厦工程的基础大底板浇筑采用4台臂长56m汽车泵、8台臂长48m汽车泵和6台固定泵共同浇筑施工。考虑到混凝土汽车泵的浇筑范围，以及混凝土的致密性，每台汽车泵配备6只插入式振捣棒进行振捣。上海中心大厦底板采用圆环中心向四周放射状浇筑混凝土，具体而言：首先，使用汽车泵和固定泵集中浇筑大底板的中心，连续作业40h；其次，将汽车泵和固定泵沿环形布设，从大底板的中心向环形四周放射状浇筑混凝土；最后，利用固定泵浇筑局部10m范围，汽车泵浇筑其余部分。

（3）施工平面布置

合理的施工场地内部施工组织布置在保证大体积混凝土浇筑施工质量中起到主导作用。科学地利用工程特点、周边环境进行施工场地布置优化，能确保施工场内工程车辆有序运行，有效提高混凝土浇筑施工效率，保证混凝土浇筑的连续性，进而保障混凝土的施工质量，有效降低大体积混凝土开裂的可能性。上海中心大厦工程充分利用大底板环形特点，如图5-1所示在大底板的环形基坑顶部设置环形路线，在工地西侧设立一个入口，工地南侧设计一个出口，混凝土运输车按次序从西侧入口进入混凝土浇筑现场，沿环线间隔排列卸料，卸料结束后依次绕行环线从南侧出口驶离工地。混凝土无间歇顺利浇筑完成，使得大底板混凝土浇筑质量得以保障。

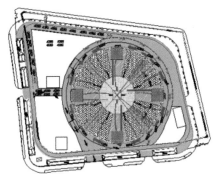 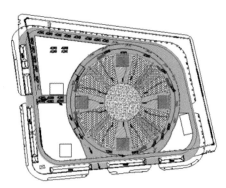

工况一：圆环中心浇捣　　　　　　　工况二：中心向四周退浇

图5-1　大底板混凝土施工场地布置图

2. 混凝土运输

大体积混凝土施工过程中，影响混凝土绝对温升的关键因素是混凝土的入模温度。混凝土的入模温度与混凝土运输过程中的温度变化相关。混凝土运输过程中，搅拌运输车的罐体应保证均速转动，并且罐体转速应符合规范要求，预防混凝土在运输过程中（浇筑前）因较长等待时间引起的混凝土温度升高和入模温度较高的情况出现。混凝土搅拌运输车从出厂到现场的过程中，应严格控制前后两车的发车/到车间隔时间，确保混凝土浇筑施工连续性，每车运输时长一致，尽可能保证每车混凝土在运输过程中的温度变化一致，尽量减小每车混凝土浇筑前的入模温度差值。

3. 大底板混凝土浇筑

根据施工现场的平面布置，上海中心大厦大底板直径121m，深6m，第一道环撑至大底板顶面的直线距离约35m。为了防止固定泵垂直输送混凝土的过程中产生离析，在第三道环撑至第四道环撑中设置2个90°缓冲弯头，泵管弯曲偏移500mm以满足泵管同格构柱间的钢管连接要求。施工现场如图5-2所示。

图5-2 施工现场

大底板混凝土浇筑分为两个阶段：第一阶段，将汽车泵和固定泵集中距离圆环中心的四周连续浇筑混凝土40h；以圆环中心为起点，从圆心向四周以1∶15～1∶12流淌浇筑混凝土，该阶段使圆环中心处混凝土与周边混凝土高差为1.6m，圆环四周的混凝土标高达-27m，如图5-3所示。第二阶段，由圆环中心向四周"分段定点、一个坡度、薄层浇筑、循序推进、一次到顶"进行混凝土浇筑，边浇筑边拆除导管退捣。底板混凝土收头方向采用由东向西逐步推进，最终于西面栈桥处收头浇捣。大底板混凝土浇筑历时60h。

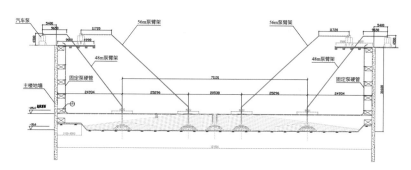

图5-3 流淌浇筑混凝土示意图

在混凝土浇捣过程中，通过控制混凝土流动性和浇筑技术，实现大斜面分层下料和分皮振捣。每层厚度约为50cm，逐渐向四周地下连续墙边后退浇筑。每台汽车泵的浇筑速度平均每小时不少于60m³，每台固定泵平均每小时不少于40m³。为确保混凝土在斜面处不出现冷缝，控制混凝土供应速度大于初凝速度。每辆泵车配备6支插入式振捣棒（备用2支），插入间距不超过60cm，以防止夹心层和冷施工缝的出现。特别关注每个浇筑带顶部和底部钢筋密集部位的振实效果，确保混凝土质量。

4. 大底板混凝土温度监控与裂缝控制

（1）温度监测系统

上海中心大厦大体积混凝土测温系统采用全数字式方式对混凝土水化过程中温度

变化状况进行监测。测量仪器采用LTM-8303。测温原件采用美国达拉斯公司生产的DS18B20数字式温度传感器，包含-55~125℃和-10~85℃范围两种传感器，测温分辨率分别为0.1℃和±0.5℃，具有标定修正功能。所采用的NB-IoT型大体积混凝土温度监测设备具有传输距离远、功耗低等优点。当大体积混凝土温差超限时，该监测系统能够以图形、声音等多媒体报警方式提醒工作人员及时采取相应的保温措施。为保证传感器在安装及测试过程中避免进水、损坏，应由专业人员进行封装。

（2）温度测点布置

1）混凝土基础底板在浇筑过程中共布设80个温度测试点，其中内部各设测点77个，1C测轴处设薄膜布设1个，大气温度测点和室内温度测点分别布设1个。塔楼混凝土测温点布置如图5-4所示。

2）在底板上皮钢筋绑扎完毕后，进行测温点设置施工。测温点设置在8m长的φ18辅助钢筋上，测温点沿辅助钢筋由下向上逐点布置，测温点和辅助钢筋采用

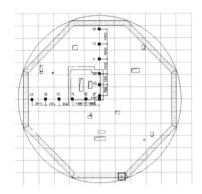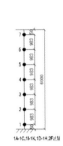

图5-4　塔楼混凝土测温点布置图

胶布固定。φ18辅助钢筋与底板钢筋支架采用钢丝牢固绑扎，并于辅助钢筋顶部上设置警示小旗。

（3）基于温度梯度的大体积混凝土裂缝控制

本项目为保证基础底板高质量浇筑，采用低放热量和低放热率的水泥，同时优化混凝土配合比，并经过对超大体积C50混凝土的水化热、抗压、劈拉、抗折、弹模、收缩和徐变等性能以及测温进行了大量试验研究，以确定最终配合比。采用有限元对大底板进行裂缝控制仿真模拟，并在混凝土制备、运输、泵送、振捣、养护等各个环节进行管控。

在浇筑完成后对混凝土的温度进行实时监测，自混凝土浇捣开始，多点温度微机测量系统在第一时间内采集所有测点的即时温度值，可以根据施工需求0.5h或1h采集一次，工作人员每天在8：30与14：30分别提交当天的2：00和14：00的实时温度数据，为控温防裂提供可靠的第一手资料。施工单位根据浇筑现场温度值的变化进行定量、定性分析。若温度过高，应及时对浇筑方案进行调整。在检测过程中，如温测数据在短时间内发生较大变化，及时提交技术部门，以供技术部门分析原因并采取相应的技术措施。

（4）分析结果

根据实测温度显示：混凝土入模温度视各个监测点的入模时间的气温不同而稍微不同，基本在16~21℃。混凝土水化热快速发展主要集中在约50h内，随后放慢速度升温。混凝土内部温度峰值出现的时间基本上在4月2~6日，随后开始逐步降温。

5. 大底板混凝土养护

混凝土暴露表面的水饱和程度和表层附近混凝土的孔隙结构、渗透特性与混凝土的养护方法密切相关。上海中心大厦大底板共消耗61000m³混凝土，是国内乃至世界罕见的超大体积混凝土浇筑工程。在浇筑初期，大体积混凝土所产生的裂缝，主要集中于表面裂缝。然而，表面裂缝可能会发展为深层或贯穿性裂缝，严重影响结构安全。理论分析与实践经验均表明，表面保温是防止混凝土表面裂缝发展最有效的措施之一。

5.2.2 虚拟仿真裂缝控制技术

1. 材料参数

上海中心大厦的基础大底板采用C50混凝土一次性浇筑方案施工。为了降低底板混凝土开裂风险，控制混凝土的配合比降低混凝土水化热，上海中心大厦底板采用的水泥具有表5-1所示的水化热特性。混凝土的配合比采用表5-2所示比例进行搅拌制作。

普通硅酸盐水泥P·O42.5水化热　　　　　　　　　　　　　表5-1

龄期	6h	12h	1d	2d	3d	7d
水化热（J/g）	18	53	121	190	220	289

C50R90混凝土配合比　　　　　　　　　　　　　表5-2

水（kg）	水泥（kg）	矿粉（kg）	粉煤灰（kg）	黄砂（kg）	石子（kg）	外加剂（kg）
160	240	120	80	760	1030	4.4

2. 混凝土温度场有限元分析

采用优化后的配合比，由计算得绝热温升为49.88℃。底板混凝土预计在3月底浇筑，此时环境大气温度约为15℃。根据以往工程经验，同期混凝土的入模温度略高于气温，按20℃计算。

采用大型有限元软件ABAQUS进行温度场分析。根据对称性，取1/4底板建立分析模型。在底板混凝土周围及底部建立厚度约2m的土体。土体外侧、底部以及顶面均考虑热量流失，其中顶面采用两层薄膜、两层麻袋进行保温保湿养护，其保温系数经计算为8.0kJ/（m²·h·℃）。

取距离两对称面均为2m处的竖轴C上的节点作为温度时程数据采集点，节点编号从底到顶依次为C1～C7，间距约1m。由分析结果可知：中心区域混凝土内部最高温度约69.3℃，峰值出现在第4.5d，持续时间段在第4.5～6d，达到峰值后，混凝土核心区域降温较慢，约0.375℃/d；底板底部温度达到温度峰值约52℃后，基本维持不变；混凝土表面温度约在第3d达到峰值54.9℃，之后下降较快；核心区域与表面最大温差为24.2℃，持续时间在第10～15d。综上所述，在两层薄膜、两层麻袋保温保湿养护措施下，主楼基础底板的核心最高温度和内外温差均在规范可控范围内。

3. 温度应力分析

大体积混凝土的裂缝控制关键是避免混凝土内部产生贯穿性裂缝，而贯穿性裂缝的产生归因于混凝土不同位置的温度差和收缩差引起过大的温度收缩应力而造成的。仿真分析如图5-5所示，根据温度应力计算，综合温差为61.9℃，地基水平阻力系数C_x取0.02N/mm³，考虑桩基影响增大20%。经计算得温度应力为1.846MPa，小于C50混凝土的抗拉强度设计值1.89MPa。

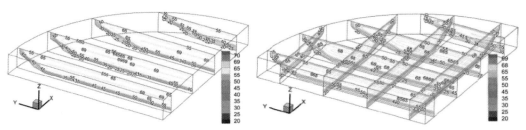

第4.57d时刻整体模型切片温度分布图（℃）　　　第8.34d时刻整体模型正交切片温度分布图（℃）

图5-5　仿真分析

5.2.3　巨型柱混凝土温差的控制

1. 优化材料配合比

上海中心大厦巨型柱混凝土强度等级37层以下为C70；37～83层为C60；83层以上为C50。由于大体积混凝土在浇筑过程中会产生大量的热量，导致混凝土结构产生裂缝。为有效减少裂缝的产生，可以通过辅助性胶凝材料等质量取代水泥，以减小水泥水化热。因此，采用粉煤灰和矿渣活性掺合料，取代部分水泥；采用专用的低碱、中热P·II52.5水泥配置低水化热混凝土。巨型柱13层以下、85层以上各层采用5～20mm精品石子配置的自密实混凝土，14～84层采用5～20mm石子配置的高流态混凝土。

2. 温度、应变监测及控制

巨型柱大体积混凝土表面温度与坍落度、入模温度、环境温度、底板最大厚度密切相关。对于混凝土入模温度，必须严格控制混凝土浇筑时的温度不得超过控制标准，同时避免混凝土浇筑后温度快速升高至最高值。为了控制混凝土心部位置的最高温度，监测浇筑后大体积混凝土内部（中部、表面、底部）的温度和环境气温，并控制混凝土心部位置温度的升温速率。因此，在确保混凝土坍落度的条件下，可以通过调整原材料的温度（如：冰水），以此降低混凝土入模温度。此外，对混凝土搅拌、运输过程中的温度进行监测。

5.3 双层钢板混凝土墙体施工

5.3.1 钢板剪力结构施工方法

1. 钢板施工技术

核心筒内存在多种钢结构形式，19层以下核心筒墙体内暗埋钢板和型钢柱形成钢板剪力墙，施工流程搭接较为复杂。由于核心筒整体顶升钢平台的遮挡，核心筒内结构吊装需采用特殊吊装机具。核心筒墙体与整体顶升钢平台关系密切，钢平台吊装设计时须整体考虑劲性柱与剪力墙内钢板的位置。当剪力墙钢板的分段超过钢平台顶部连系钢梁开挡尺寸时，应采取先断开干涉部位连系钢梁后及时恢复的施工方法，并考虑加固措施，达到钢板安全、顺利吊装的目的。

2. 钢筋施工技术

（1）钢筋布置优化

在墙体的设计上，核心筒剪力墙、翼墙内均埋置有双层钢板剪力墙及钢暗柱。在开始进行钢筋绑扎的过程中，优先将墙体中横向和水平的钢筋按照设计要求临时固定在钢板内侧的栓钉上，然后，绑扎墙体中竖向钢筋，待竖向钢筋完成后，再绑扎墙体中的横向钢筋。

（2）双层钢板剪力墙施工工艺试验模拟

施工前进行了双层钢板剪力墙施工工艺的试验模拟。通过模拟试验，针对最难的翼墙内双层钢板部位的钢筋绑扎找到了最优绑扎顺序：首先绑扎钢暗柱部位的墙体暗柱钢筋，然后绑扎双层钢板间的墙体钢筋，最后绑扎钢板外侧钢筋。

（3）钢筋与钢结构的深化设计

通过对施工难题的分析及施工试验模拟，正式施工前对钢筋与钢结构进行深化设计。为了更好地实现双层钢板内的传递与钢筋的连接，将原有的纵向钢筋焊接改为机械连接，修改后节省了钢筋的下料长度，也利于在双层钢板间传递与连接。

3. 模板施工技术

（1）模板的配模设计

核心筒剪力墙、巨型柱、角柱及翼墙采用散拼散拆的模板方案。为保证模板体系满足承载力与变形要求，对模板体系、双层钢板及受力钢条进行受力分析。建立有限元三维模型，利用计算分析来验证配模方案的合理性。

（2）模板面板的选择

模板面板采用七夹板，整体为钢框木模。选择芬兰维萨板作为面板。使用$\phi15$高强度对拉螺栓。该面板以北欧寒带桦木作为底板，用酚醛树脂对正反两面整体覆膜，符合工程所需强度与挠度。

（3）钢板施工期间的变形控制

在模板工程的布置形式上与常规不同，采用了双层钢板间现场增设传力拉杆的方式。这种方式可以减小双层钢板的变形，可以保证对拉螺栓的连续性，也可以减小模板体系的变形。

4. 混凝土施工技术

（1）钢板流淌孔布置与混凝土浇捣

由于剪力墙钢筋密布，普通的施工方法混凝土流淌困难，且难以振捣，因此选择在钢板上开设流淌孔和浇捣孔。钢板上的流淌孔与楼层标高下的浇捣孔呈梅花形布置，减少因为开孔而造成的截面削弱的影响。同时，对流淌孔与浇捣孔均采取补强措施来保证强度。

（2）混凝土的布料与侧压力的控制

在混凝土浇筑时，为了使钢板两侧布料均匀，本工程采用不同位置的布料机在钢板两侧交叉布料。这种布料方式使钢板两侧混凝土浇筑面均衡上升，平衡两侧压力，减小侧向压力带来的危害，防止钢板变形或偏位。

（3）混凝土分阶段浇捣与强度等级的控制

考虑到本工程采用多种强度等级混凝土的特点，在混凝土浇捣过程中分两个阶段施工。第一阶段采用四台汽车泵和四台固定泵分别进行直接布料和间接布料的方式，将C60高强自密实混凝土浇捣核心筒钢板剪力墙至梁底标高。巨型柱、角柱、翼墙的C70高强自密实混凝土结构采用8台汽车泵依次浇筑至梁底标高。待上述混凝土结构浇捣完成后，将C60和C70高强自密实混凝土分别更换为C60和C70高强低流态混凝土，重复上述施工过程，浇捣至梁顶标高。第二阶段核心筒以外梁板及框架柱的混凝土结构采用12台汽车泵和4台固定泵直接布料C50混凝土，浇捣过程由中心向四周放射式浇捣。

5.3.2 混凝土结构的抗裂措施

1. 混凝土材料的控制

上海中心大厦核心筒外翼墙体使用的是双层钢板混凝土组合剪力墙，其混凝土强度等级达到了C70。上海中心大厦工程所采用的是双层钢板混凝土组合剪力墙，其面临的钢板与混凝土的共同工作抗裂问题需要采取相应措施来解决。

（1）温升控制

要解决钢板剪力墙的裂缝控制问题，最主要的就是减少混凝土的收缩。本工程中，钢板剪力墙所使用的混凝土为C70高强自密实混凝土。本工程由于粉煤灰和矿粉的掺入，水泥的使用量减少，施工过程中产生的水化热相应地也减少，混凝土的温升能够得到控制。除此之外，本工程钢板剪力墙体模板选用钢框木模，其保温性能良好，一定程度上能够避免混凝土早期降温过快而导致的收缩开裂。

（2）中长期收缩

本工程混凝土外加剂同时使用了聚羧酸系减水剂以及减缩剂。掺加减缩剂的混凝土，其早期收缩性能够得到较大的改善。使用减缩剂的混凝土在成型后的前9d，其收缩值可减少50%～90%，而混凝土的抗拉能力有所提高。

2. 钢筋、钢板构造的控制

为了保障钢板剪力墙内的混凝土在与钢筋、钢板共同作用时不产生过大裂缝，本工程在设计上要求配筋合理、受力均匀，避免出现有害裂缝。钢板剪力墙中的钢板构造要合理、混凝土墙厚要均匀，防止钢板产生过大变形，危害结构安全。钢板剪力墙体中使用的钢板，其两侧都设置有栓钉，且墙体内布置的钢筋十分密集。在施工过程中，部分纵向钢筋的焊接接头被改为机械连接，这样既方便了现场施工人员的操作，也缩短了钢筋的下料长度，有利于在钢板内的传递。在双层钢板剪力墙的钢筋绑扎过程中，首先进行两层钢板之间的钢筋绑扎，并临时固定墙体内水平钢筋与钢板栓钉。等待竖向钢筋全部绑扎完成后，再继续向上绑扎水平钢筋，并及时进行墙体拉筋工作的跟进。

3. 混凝土的施工与养护

（1）组合式模板支撑体系

本工程剪力墙体模板采用钢框木模，其保温性能良好，对混凝土的降温收缩控制良好。本工程设计了新型的"对拉螺杆-钢板"组合式模板支撑体系，如图5-6所示。剪力钢板与对拉螺杆之间通过接驳器相连，并且在两道剪力钢板之间与对拉螺杆相同的位置处，沿墙的水平和竖直方向每间隔1m，设置一道14mm×50mm的传力钢板。为了避免传力钢板和抗剪钢板之间产生集中应力，传力钢板与两侧抗剪钢板采用三面围焊的方式使其形成有效的传力体系。在施工现场中，对拉螺杆焊接在墙内的接驳器与钢板和钢柱之间的焊接焊缝所能承受的拉力达到了150～170kN，满足混凝土浇捣时墙、柱模板对撑体系的受力需要。控制好钢板的变形与位移，确保后续钢板剪力墙正常工作时受力合理，裂缝的产生便能够得到有效的控制。

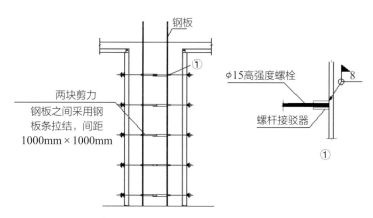

图5-6 双层钢板组合式模板支撑体系

（2）钢板剪力墙混凝土均匀布料

混凝土的布料过程中容易出现布料不均匀的现象：浇筑混凝土时钢板两侧的混凝土高度不一致。对于墙体内抗侧刚度较弱的抗剪钢板而言，不均匀的侧向压力很有可能导致钢板产生变形或是偏位。针对这一现象，本工程中在钢板剪力墙以及钢结构封闭的腔体上开设有直径150mm、间距1500mm的混凝土流淌孔；在楼层位置开设直径250mm的浇捣孔。在钢板剪力墙混凝土的浇筑过程中，本工程采取交叉布料的方式，即利用不同位置的汽车泵在钢板的两侧交替布料，其目的在于防止混凝土只有细骨料流过流淌孔而粗骨料堆积在下料位置，保证混凝土浇筑面均匀上升。

（3）混凝土的振捣与养护

钢板剪力墙体内的钢筋错综复杂、分布密集，尤其是在剪力墙暗柱暗梁的结合部位，因为其钢骨钢筋密集。为改善钢板剪力墙中混凝土内部缺陷的问题，本工程采用了微振捣的方式确保混凝土的均匀性和密实度，在钢骨钢筋密集的部位换用25mm的小直径插入式振捣棒进行作业，保障混凝土的振捣质量。

本工程使用的墙体模板为钢框木模，其优点是导热系数小、保温性能良好。在混凝土的浇筑完成后，需要严格控制拆模时间，避免因为过早拆模而导致混凝土的温度急剧下降，进而导致混凝土降温收缩而开裂。采取带模浇水的养护方式，在模板拆除后继续采用薄膜覆盖，通过洒水养护的方式保持混凝土表面湿润，防止混凝土养护期间因为缺水而导致的强度不足、变形增大。

5.3.3　虚拟仿真裂缝控制技术

1. 模拟分析基本方法

目前，混凝土开裂计算过程中充分考虑混凝土的强度、弹性模量和收缩徐变的变化，采用非线性有限元方法对于双层钢板剪力墙的裂缝随龄期变化进行模拟。目前，钢筋混凝土裂缝的模型主要包括：分离式裂缝模型（又称离散式）、片状裂缝模型（又称分布式）以及断裂力学裂缝模型，其中片状裂缝模型是以弥漫的裂缝来代替离散的裂缝，裂缝出现后仍假定单元是连续的，可利用连续介质的各种力学方法（包括弹性、弹塑性、塑性等）进行运算。对于钢板剪力墙裂缝发展的模拟而言，钢板混凝土剪力墙的混凝土采用动态的施工过程，即逐层浇筑，上层混凝土的浇筑需要下层混凝土浇筑完后方可开始。其具体步骤定义如下：

施工过程的划分为n个阶段，如1阶段：第一层浇筑；2阶段：第二层浇筑；3阶段：第三层浇筑；……；n阶段：全部施工完成。一般而言，仿真计算中单元、荷载、边界的变化均发生在施工阶段的开始步骤，当实际施工过程中产生新的变化时，则需要重新定义为一个新的施工阶段。因此，所定义的施工阶段的数量随着结构变化的增多而逐渐增加。在本次仿真过程中，对于单元、荷载、边界的变化，一般采用激活单元、荷载、边界或钝化单元、荷载、边界来完成施工阶段定义，对于材料参数的变化，主要模拟方法是更换材料性质。

2. 模型推进机制

钢板剪力墙施工是典型的离散系统。仿真推进通常采用事件步长法，其基本思路就是一系列事件发生的过程，采用事件表按顺序记录各个事件发生的时间和类型，仿真钟每次推进到最早发生的事件，当该事件被处理后，就将其从事件表中去除，同时仿真钟继续推进到下一个发生的事件，重复上述过程，直到仿真结束。本方法仿真效率较高，计算时间较短。另一仿真推进法为时间步长法，其基本思路是将整个活动分成许多相等的时间间隔。然后，按照时间的流逝顺序一步步对系统的活动进行仿真，其中时间步长的长度固定不变。该方法仿真编程较为方便，但效率较低。

3. 仿真模拟流程

钢板剪力墙裂缝仿真过程包括原始数据导入、单元模型构建、模型的组合、工况设定、仿真模拟等。材料的属性可以从工程的初始条件中得到。在工况模拟仿真过程中，不应当按各个施工阶段创建独立的分析模型，而是采用累加模型的概念，即各施工阶段只变化因素，并将分析结果按前一阶段分析结果累加。例如，钢板混凝土组合剪力墙在施工中是逐层浇筑的，混凝土在凝结硬化过程中产生的水化热由中心向四周传递，混凝土浇筑的先后容易产生温度梯度，该现象严重影响了混凝土内部的温度应力分布。为了模拟这一点，分析往往会用到"生死单元"，即通过先"杀死"部分单元后再用逐步激活的方法来模拟混凝土逐层浇筑的动态施工过程。

因此，上海中心大厦钢板剪力墙虚拟仿真分析流程如图5-7所示。

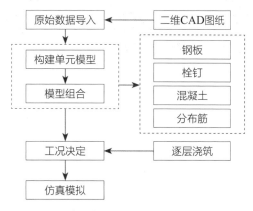

图5-7　上海中心大厦钢板剪力墙虚拟仿真分析流程图

5.4　劲性混凝土结构柱的施工

5.4.1　劲性钢结构施工技术

劲性钢结构施工技术主要由两部分组成：（1）劲性钢骨与钢筋的连接施工技术；（2）劲性钢结构的吊装技术。这里主要介绍核心筒劲性钢结构施工技术，涉及劲性钢柱、劲性钢梁、劲性钢板剪力墙等结构形式。

1. 劲性钢骨与钢筋的连接施工技术

典型节点1（标准梁柱节点）。核心筒钢连梁与钢暗柱通过接驳器以及连接板与土建钢筋相连，如图5-8所示。

典型节点2。核心筒剪力墙水平筋遇到劲性钢板截断，通过钢板开穿筋孔方式处理，如图5-9所示。

典型节点3（桁架层标准节点）。核心筒连梁钢筋遇到桁架牛腿，通过接驳器方式与土建钢筋相连，如图5-10所示。

典型节点4。核心筒墙体水平钢筋遇到桁架牛腿，通过接驳器方式与土建钢筋相连，如图5-11所示。

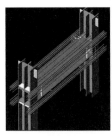

图5-8　典型节点1　　　　　　　　　　　　图5-9　典型节点2

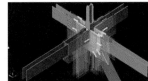

图5-10　典型节点3　　　　　　　　　　　　图5-11　典型节点4

2. 核心筒劲性结构吊装技术

核心筒劲性钢结构安装始终位于钢结构施工作业面最高处，与核心筒墙体和整体顶升钢平台关系密切，核心筒整体顶升钢平台设计时需要统筹考虑劲性柱和剪力墙钢板的位置，做到尽量避让。特殊情况下，当剪力墙钢板分段大小超过钢平台顶部连系钢梁开挡尺寸时，需要采取先断开干涉部位连系钢梁后及时恢复的施工方法，以便钢板顺利吊装，但是这些都要在钢平台设计时全面考虑钢平台连系钢梁短暂断开的安全性和配套的加固措施。核心筒劲性结构吊装、核心筒劲性钢结构连梁吊装临时悬挂固定如图5-12所示。

5.4.2　混凝土结构施工技术

1. 劲性柱钢筋与钢骨节点深化及施工技术

上海中心大厦作为国内第一高楼，结构形式复杂，型钢与钢筋相关的节点数量繁多、形式多样、空间关系复杂。本节以巨型柱为例，对复杂节点连接方式从下述两个方面进行阐述。

图5-12　核心筒劲性结构吊装及固定

（1）巨型柱竖向主筋碰钢梁牛腿上下翼缘

如图5-13所示，巨型柱周侧有多根钢梁牛腿与柱型钢相连，此处柱竖向钢筋被钢梁截断，为尽可能保证柱竖筋的连续性。首先应在规范要求内调整竖筋位置，尽可能地避免竖筋与钢梁的垂直碰撞，减少需要特殊处理的竖筋根数，方便施工。其次在遇到不能避免的柱竖向筋与钢梁的碰撞时，一般有两种处理方式，一是在钢梁翼缘对

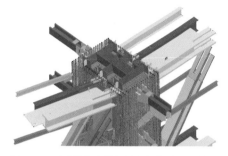

图5-13　巨型柱与多根钢梁牛腿相连3D示意图

应位置处开洞，使柱竖筋不截断穿过洞口，同时须保证孔径对连接件的翼缘总宽削弱程度应控制在30%以内；二是在碰撞钢筋过多或其他原因导致不满足开孔要求时，采用在钢梁上下柱竖向钢筋位置处接驳器连接的处理方式，同时对应位置处钢梁内侧焊接节点板。

（2）巨型柱多肢复合箍碰撞钢梁牛腿腹板

对于劲性节点，钢柱周围的箍筋将不可避免地与钢梁相冲突，由于巨型柱尺寸较大，柱内竖筋布置较多，位置分布广，为达到抗剪要求与约束混凝土的作用，采用多肢箍筋，每根钢梁至少与3肢箍筋发生碰撞，且柱边2肢箍在同一竖直方向。

1）拆分和优化箍筋：由于箍筋与钢筋碰撞，箍筋无法完整从上部套入，只能截断改为两支对拼形式。

2）腹板开孔：当柱一侧箍筋只与一根钢梁发生碰撞时，可采用在钢梁腹板上开孔的方式，解决与钢筋相冲突的问题，在内侧圆形开孔供一肢箍筋穿过，外侧椭圆形开孔可使柱边上下两肢箍同时穿过。

3）充分利用腹板两侧加劲板：在钢梁与钢柱连接时，往往会在节点处钢梁腹板两侧焊接加劲板。当柱一侧箍筋同时与多根钢梁碰撞时，采用箍筋与钢梁加劲板焊接的方式连接箍筋，巨型柱长边侧箍筋同时被2根钢梁截断，为减少削弱钢梁作用，此处不采用腹板开洞的方式，用箍筋与钢梁加劲板焊接的方式连接。同时，为方便现场施工，将

加劲板制作成马牙状与箍筋焊接连接，且内侧加劲板比外侧加劲板宽出一段距离，方便焊接。增设钢板与钢筋焊接连接示意如图5-14所示。

2. 劲性柱模板安装技术

（1）模板对拉螺栓遇钢骨

图5-15所示为巨型柱和角柱的平面示意图，柱内型钢截面占比较大、腹板和翼缘钢板厚度大，不具备穿孔条件，对拉螺栓的布置困难，且混凝土浇筑侧压力大，综合这些因素考虑，采用可调节式长螺杆和固定式短螺杆与钢板连接。

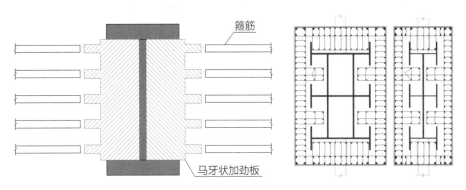

图5-14 增设钢板与钢筋焊接连接示意图　　　　图5-15 巨型柱与角柱平面图

对拉螺栓采用φ15高强度螺栓水平间距1000mm，外侧与双楣槽钢螺母连接，如图5-16所示，在钢板边距较小时，使用固定式短螺杆，在钢板上对应位置焊接接驳器与螺杆连接，在钢板距离柱边较远时，采用可调节式长螺杆，与钢板螺栓连接，墙柱四角腋角部位模板围檩采用转角件拉结件进行加强，防止模板产生较大的变形。

由于存在2道抗剪钢板，为保证对拉螺栓受力连续的问题，防止浇捣混凝土造层钢

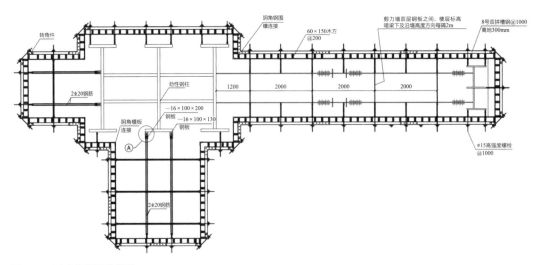

图5-16 巨型柱模板示意图

板变形，双层钢板之间竖向和水平方向每隔1m（与对拉螺栓设置位置相同），设置1道14mm×50mm钢板与两侧钢板焊接，连接钢板条端部与双层钢板采用三面围焊，焊缝高度为8mm，可保证对拉螺栓受力的连续性，对减小钢板和模板体系的变形也较为有利。

（2）模板遇桁架层或钢梁解决方案

巨型柱的模板采用传统的散拼模板加围檩的方法施工，因此在遇到斜柱情况以及外伸劲性节点桁架时，可充分发挥散拼木模板的优势，安装劲性节点处的模板，根据斜柱尺寸制作出标准模板，模板采用18mm厚芬兰维萨胶合板，竖向内楞采用60mm×150mm木方，间距200mm；对拉螺栓采用φ15高强度螺栓，根据巨型柱内钢骨布置，水平间距为450～1070mm；水平围檩采用双榀8号槽钢，离地250mm，竖向间距400～995mm。每一块模板都有固定的编号与位置，可多层重复利用，提高施工效率，在桁架层时，只需在碰撞区域开孔后使用小块模板进行拼配即可。在施工外伸劲性节点桁架模板时，应注重模板的固定和拼缝的严密性。一般采用对拉螺栓加100mm×50mm木方固定模板，采用发泡剂封堵模板拼缝。

3. 劲性柱多腔体混凝土浇捣技术

混凝土浇筑的顺序为：先浇筑巨型柱高强度等级混凝土，待巨型柱混凝土全部浇筑完毕后，再浇筑核心筒外围组合楼板低强度等级混凝土。混凝土浇筑方法采用退浇的方式。

（1）泵管布设

外框混凝土浇筑采用3台混凝土固定泵。本工程共布置三路泵管，每路泵管均包括水平管、水平转垂直管、垂直管三种，由地面通向上部施工作业面，并在适当楼层设置缓冲水平管。进入楼层后，先进行巨型柱的浇捣，如图5-17所示。采用3台固定泵接1号、2号、3号三路泵管进行浇筑：1号泵先浇筑北面，在西面完成浇筑；2号泵先浇筑西面，在南面完成浇筑；3号泵先浇筑东北面，在东南面完成浇筑。

巨型柱浇筑完成后，进行楼面混凝土的浇筑。如图5-18所示为非桁架层楼板混凝土

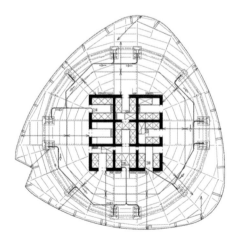

图5-17 巨型柱混凝土浇筑图

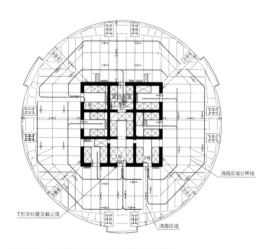

图5-18 非桁架层楼板混凝土浇筑图

浇筑图，混凝土浇筑采用2台固定泵接2号、3号两路泵管进行浇筑。由于主楼组合楼板面积较大，为防止事故冷缝出现，故泵管接入楼层后，使用T字形接头泵管将1路泵管转换成2路泵管，T字头泵管的两端各设置1个泵管分流阀，用于混凝土浇筑转换方向。当混凝土浇筑时，2个分流阀轮流开闭，以便切换控制2路泵管轮流浇筑，从而增大每路混凝土泵管的浇筑范围，切换时间在10～15min，不宜过长。

（2）混凝土下料及振捣

考虑到在巨型柱内有箱形型钢劲性柱以及混凝土浇筑布料过程中可能存在不均匀的现象，采取了在钢结构钢板上开设流淌孔和浇捣孔的技术措施，确保巨型柱封闭腔内混凝土浇捣密实，开孔位置处双侧增设环板补强。在巨型柱箱形型钢长边方向，距离楼层标高500mm或1000mm高处两侧中心各布置一个直径250mm的浇捣孔，浇筑时，将泵管伸入浇筑孔进行浇筑，同时在楼层标高3000mm高处布置两个直径250mm的流淌孔，确保巨型柱封闭腔内混凝土浇捣密实。在巨型柱箱形型钢短边方向处，距离楼层标高上下各1500mm高处，按照梅花形布置方式，分别布置一个直径250mm的流淌孔，确保巨型柱封闭腔内混凝土浇捣密实。

核心筒及巨型柱结构均采用高强度等级混凝土，其质量易受各种微小因素的影响，特别是劲性节点处混凝土的浇捣，应严格遵守混凝土的施工规范和规程，在梁柱接头处和梁型钢翼缘下部等混凝土不易充分填满处，需要仔细浇捣，采用插入式振捣棒反复振捣，以避免钢筋密集处的下料不均匀、石子与浆离析等现象。核心筒结构同一层内的梁、暗柱、剪力墙采用统一强度等级混凝土，因此在浇筑劲性节点处混凝土时，将混凝土从钢骨单侧上口灌入，下料高度高于下翼缘高度，并用插入式振捣棒反复振捣。当混凝土从钢梁下翼缘另一侧溢出时，从梁两侧同时下料。这样可保证节点梁底处混凝土密实。

外围巨型柱混凝土强度等级比楼板混凝土强度等级高，因此，在板面上距离巨型柱一定距离处，采用钢网片将巨型柱与四周楼板隔开。浇捣混凝土时，先在劲性节点钢梁一侧浇捣巨型柱高强度等级混凝土，并仔细振捣；当混凝土从钢梁另一侧溢出后，在梁两侧同时浇捣混凝土，以保证梁底混凝土密实。将高强度等级混凝土浇捣至预留钢网片范围，暂停1h后，浇筑楼板结构低强度等级混凝土。

（3）混凝土养护施工方案

1）巨型柱采用带模养护，模板拆除后立即涂养护液进行养护。

2）组合楼板面混凝土在混凝土终凝后立即洒水养护，并且养护期间应保持混凝土面湿润，混凝土浇水养护时间不少于7d。

3）派专人检查养护情况，督促落实。

5.5 超高结构混凝土输送技术

5.5.1 超高输送混凝土施工机械

1. 千米级超高压混凝土输送泵技术

随着我国经济的快速发展和城市建设规模的不断扩大，超大型混凝土工程朝着泵送高度越来越高、应用强度等级越来越高的方向发展，对混凝土输送泵技术提出了更高要求。上海中心大厦工程总高度为632m，结构高度达580m，现有混凝土输送泵难以满足混凝土的超高泵送施工需求，因此，对混凝土输送泵技术开展了深入的研究与开发，以实现混凝土超高泵送施工目标。

（1）混凝土输送泵数字化样机开发与仿真研究

1）混凝土输送泵的数字化建模与装配

运用大型三维软件Pro/E建立混凝土输送泵三维数字化模型，并在Pro/E和Hypermesh等软件中对整机几何模型进化优化。

①结构件网络模型

在Pro/E和Hypermesh等软件中对整机几何模型进化简化，删除一些对整机分析影响很小的几何特征，例如小孔、小倒角、辅助支架等。对薄板零件进行抽取中面操作，对实体零件进行剖分，对所有几何元素进行拓扑操作，以保证后期划分网格的质量和效率。模型简化前和简化后的截图如图5-19所示。

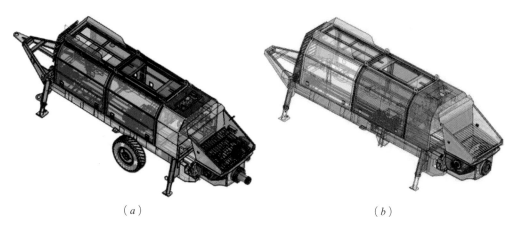

（a）　　　　　　　　　　　　　　　　（b）

图5-19　混凝土输送泵简化前后的模型
（a）简化前的模型；（b）简化后的模型

②泵送系统网格模型

由于泵送系统无法等同于面、壳单元，故需要划分3D网格。划分3D网格的思路为：分析整个3D模型→将3D模型切割成小块→确定网格划分次序及生成方法→生成2D网格→由规整的2D网格依次拉伸、旋转成合格的3D网格。

③料斗、S管及搅拌系统网格模型

在Pro/E中初步简化料斗、S管及搅拌系统的三维模型，再将模型导入Hypermesh，进行几何清理操作，利用Midsurface面板抽取中面，得到料斗、S管及搅拌系统网格划分模型。

④整机模型装配

通过Hypermesh中提供的连接体（Connector），定义部件之间的连接，包括点焊、缝焊、螺栓连接以及粘合。为方便编辑，通常将连接体放于一个或多个单独的组件（Componet）中。典型连接部位截图如图5-20、图5-21所示。

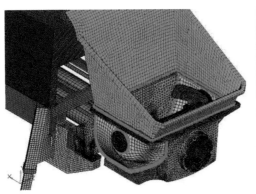

图5-20　料斗上的PENTA（五面体）焊缝连接

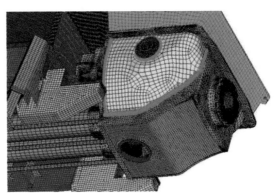

图5-21　底架与料斗的RIGID2螺栓连接

2）混凝土输送泵系统仿真技术研究

机械仿真没有考虑到真实的控制系统和控制载荷，单独的液压仿真没有考虑真实的机构动力和外部载荷，采用Adams、Amesim、Matlab建立机、电、液联合仿真模型得到了拖泵泵送、摆摇系统仿真特性曲线，曲线中的一些不稳定部分，主要是由于摩擦力、惯性等原因引起液压冲击以及运动过程中的一些微小抖动所致。对比分析联合仿真结果与试验结果，可以发现，仿真曲线与试验曲线一致度较高（图5-22～图5-25），误差均

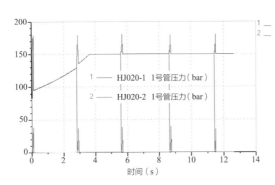

图5-22　摆缸压力仿真曲线

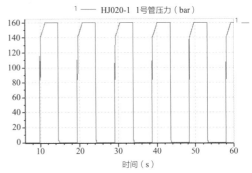

图5-23　摆缸压力试验曲线

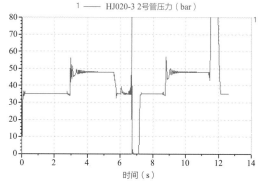

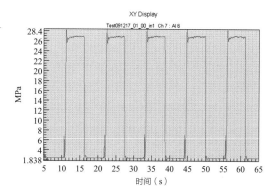

图5-24 主缸压力仿真曲线

图5-25 主油缸有杆腔压力试验曲线

控制在10%以内，有效验证了机电液联合仿真模型的准确性。

针对引起拖泵整机振动的原因，进行系统优化设计，通过机电液联合仿真分析及结构分析计算验证了优化措施的有效性。

①优化泵送回路与分配回路的换向时序，通过将主阀块上的摆缸回油油路通径由15mm改为25mm，使S管换向时间由0.22s变为0.18s，提高换向速度，从而改善了混凝土活塞运动与S管运动的同步性，减小了S管出口、摆缸座及水箱处三个方向的加速度，有效地降低了拖泵整机振动水平。

②通过增加主油缸节流缓冲结构或增加比例阀，降低了主油缸压力变化速度，平缓了主油缸活塞的换向过程，将高压转换低压的时间延长至0.15s，减小了主油缸惯性力引起的换向冲击，减小了S管出口、摆缸座及水箱处三个方向的加速度，从而有效降低了拖泵整机振动，如图5-26所示。

③在主系统进回油管路上添加蓄能器，吸收换向过程中主系统的部分压力冲击，减缓主油缸压力上升和下降速度，从而有效降低液压冲击以及拖泵整机振动，如图5-27所示。

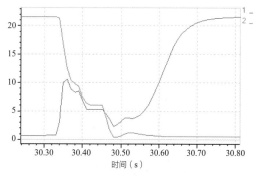

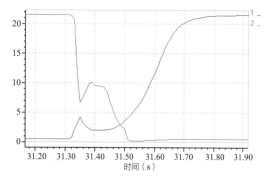

图5-26 增加主油缸换向节流缓冲机构仿真结果
1—主油泵流量；2—主油泵压力

图5-27 主系统进回油添加蓄能器仿真结果
1—主油泵流量；2—主油泵压力

（2）超高压混凝土输送泵核心部件研制与开发

1）双动力合流系统

在混凝土泵送过程中，当泵送设备发生故障、泵送停机时，如不能及时处理，会造成泵送堵管，甚至管道报废事故，对施工工期与质量造成不可估量的影响。

采用两台柴油机分别驱动两套泵组（图5-28），两套泵组可以分别独立工作，也可以同时工作：平时两套泵组同时工作，提升整体的泵送功率和泵送排量；若一套泵出现故障，无法正常工作，那么需要另一套泵能保持50%的排量继续工作，避免混凝土浇筑的突然中断而造成损失。

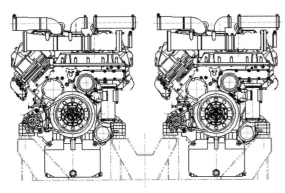

图5-28 双动力合流系统

2）泵送系统

①S管换向系统

混凝土泵在换车待料过程中，容易出现长时间停泵的现象。管道内的混凝土全部作用于拖泵S管，导致拖泵换向时需克服混凝土反向压力。由此，当泵送高度超高500m后，拖泵再次启动时容易出现S管难以换向的问题，导致拖泵启动失败。因此，在不改变泵机摆缸外部尺寸的情况下，通过调整摆缸的进油方式、接触面积、回油速度及蓄能器压力，以及设计带孔搅拌叶片等技术手段，有效提高了拖泵的换向压力，增强了摆缸启动时的瞬间爆发力和克服阻力的能力（图5-29、图5-30），满足千米级超高层泵送的要求。

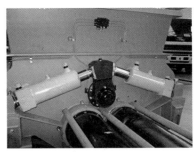

图5-29 S管原理图　　　　　　　　图5-30 摆摇机构

②泵送系统复合连接技术

研制了泵送系统复合连接结构（图5-31），主油缸既有常规的螺钉连接，又有拉杆的复合连接紧固，并对其关键受力部件进行有限元分析，同时采用弧形压板、锥面垫圈、球面垫圈来解决复合连接存在的因装配等误差造成左右中间两根拉杆紧固失败的问题。

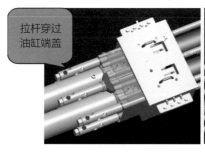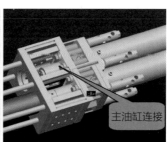

图5-31　复合连接结构

③超高压耐磨眼镜板、切割环

为了提高眼镜板、切割环的使用寿命，研究并应用了真空钎焊L形合金眼镜板、切割环技术。该技术采用优质钢板作眼镜板、切割环基体，将硬质合金做成块状及环状体，采用真空钎焊技术固定在基体上，由于硬质合金硬度高达82～84HRA，具有很高的耐磨性能，同时优质钢板具有良好的韧性，既解决了眼镜板和切割环耐磨问题，又提高了其抗冲击性能，平均使用寿命是输送10万m³以上混凝土。

④增强纤维混凝土活塞

活塞在工作过程中受到高压混凝土频繁的摩擦、挤压、冲击，要求具有很高的耐磨性、耐压性和抗冲击性能。针对这一问题，研发出高耐磨、耐高温弹性增强纤维混凝土活塞，活塞基体采用耐高温、高耐磨进口弹性体，耐温性可以提到140℃以上；采用进口纤维作为骨架，抗压能力在50MPa以上；活塞唇边采用骨架翻边保护结构，延长活塞使用寿命；活塞耐磨性较常规活塞提高3～5倍。

3）液压系统

①主油缸

常规主油缸缸盖采用圆周分布式连接方式，这种连接方式在超高压混凝土泵送系统中会导致两个主油缸之间的中心距较大，会增大S管阀的高度，不利于混凝土的流动，从而增加了混凝土的流动阻力，并使S管阀的摆动阻力增大。鉴于此，研究采用新型的油缸缸盖连接形式（图5-32），从原来的圆周分布转变为矩形上下分布，减小两主油缸的中心距，减小S管阀摆动力矩，并能充分利用空间。

②高低压自动切换技术

针对传统混凝土工作模式切换操作复杂、时间长等缺点，研究开发高低压自动切换

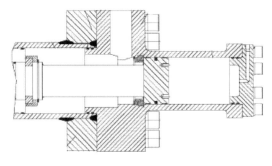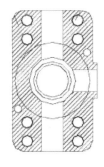

图5-32　矩形分布式油缸结构示意图

技术，采用大通径的插装阀作为逻辑阀。该技术无须停机和拆管、没有任何泄漏。在泵送过程中都可以随意切换，大大方便了拖式混凝土泵的操作。

③混凝土活塞自动退回技术

在超高压超高层泵送过程中，对泵送活塞容易产生严重的磨损。因此，运输泵的维修性直接与活塞更换是否便捷密切相关。鉴于此，采用液压系统直接完成将泵送活塞退回至泵送机构的洗涤室内这一技术，不仅可以快速拆卸、安装泵送活塞，还可以在平时查看泵送活塞磨损和润滑的情况。由此可以更好地维护泵送活塞的性能，延长其使用寿命。

4）润滑系统

针对超高压混凝土输送泵对润滑的要求，研究开发了RHX-B液压同步润滑系统。该润滑系统为采用液压动力的柱塞式增压润滑泵，工作压力由原来的30MPa提升到60MPa，润滑油压力高于混凝土输送压力，能够降低S管的摆动阻力。

5）控制系统

①压差感应换向控制

由于液压系统最大流量达1300L/min，主油缸的速度达1m/s，每分钟换向可达26～27次。这种大流量、快速、频繁的换向会产生很大换向的冲击，不仅影响液压系统的正常工作，还会对结构件造成损伤。鉴于此，研究开发了压差感应换向控制技术，在主油缸后端适当位置开有两个信号口，油缸工作压力通过两个信号口引入压差传感器。当油缸活塞还没进入两信号孔之间时，两信号孔的油压是相同的，一旦活塞进入两信号孔之间，两信号孔的压力出现差异，压差传感器通向PLC发信号，控制电比例主油泵按设定的曲线减小排量，当活塞经过第二个信号口时，油缸的速度已减到一个接近于零的速度，液压系统的流量也达到最小，这时候进行换向，换向冲击基本消除，换向完成后，再将主油泵排量按设定的曲线增大，完成平稳换向，消除了液压系统换向压力尖峰。

②柴油机计算机节能控制

通过柴油机计算机节能控制技术不仅可以自动识别泵送工况，还可以实现自动匹配功率，实时调节柴油机的转速、扭矩与油喷量。该技术与传统控制方式相比，可实现节能20%以上。

③超高压输送泵控制系统

采用通用工程机械运动控制器（SYMC专用控制器）和高性价比的工业显示屏（SYLD液晶显示屏）作为核心控制器，相较于传统的PLC（可编程逻辑控制器）系统，该控制方案具有更快的运行速度、更高的IP防护等级以及更强的抗干扰能力。结合高可靠性的电磁阀，构建了高效的超高压输送泵控制系统。整个系统设计高度集成，实现了生产过程的全自动化和模块化控制。通过先进的信息技术，实现了系统内部的信息交换，同时依靠电子元件反馈精确的参数值，建立了完善的在线状态智能监测和故障诊断分析功能。系统稳定性和抗干扰能力显著提升，确保了运行的可靠性和持续性。

（3）HBT90CH-2150D混凝土输送泵

通过上述关键技术的研究与开发，最终成功研制了HBT90CH-2150D混凝土输送泵（图5-33），混凝土最大理论输送压力达到50MPa（表5-3），创造了理论输送压力世界最大的纪录，有效满足上海中心大厦混凝土垂直输送高度580m的建造需求。

图5-33　HBT90CH-2150D混凝土输送泵

HBT90CH-2150D混凝土输送泵技术参数　　　　　表5-3

技术参数		HBT90CH-2135D	HBT90CH-2150D
整机质量	kg	12000	13500
外形尺寸	mm	7130×2330×2750	7930×2490×2950
理论最大输送量	m³/h	90	90（低压）/50（高压）
理论混凝土输送压力	MPa	22	24（低压）/48（高压）
输送缸直径×行程	mm	φ200×2100	φ180×2100
主油泵排量	cm³/r	190×2	（190+130）×2
柴油机动率	kW	181×2	273×2

（4）HBT9060CH-5M千米级超高压混凝土输送泵

根据上海中心大厦的实际泵送数据推算得出，C60混凝土在管道内流动时，泵送压力为47.4MPa，主要由沿程阻力、弯管和锥管的局部压力损失以及垂直高度方向的重力压力组成。根据泵送施工经验，为应对混凝土泵送过程中可能出现的异常情况，例如混凝土的变化，需要设置较实际需求压力高约22%的最大出口压力。这样做可以增加千米级泵送系统的安全储备，有效预防管道堵塞和爆管等工程事故的发生。

鉴于此，通过对输送泵核心部件的开发与升级，进一步研发出HBT9060CH-5M千米级超高压混凝土输送泵（图5-34），输送泵发动机功率由273kW提升到290kW，主油缸直径由210mm增加到230mm，主油泵流量由1280L/min增加到1520L/min，混凝土最大理论输送压力由50MPa提升到58MPa。经检测，HBT9060CH-5M输送泵出口压力达58.6MPa，再次创造了输送压力世界最大的纪录；安全储备系数达到1.24，有效解决了HBT90CH-2150D输送泵千米级超高压输送时安全储备不足的难题。

图5-34　HBT9060CH-5M千米级超高压混凝土输送泵

2. 千米级耐磨抗爆混凝土输送管研制与开发

在进行混凝土超高层泵送时，输送管道内的最大压力可达50MPa。例如，使用内径为150mm的输送管道，纵向将会产生高达88t的拉力。因此，对于输送管道的耐磨性和抗爆能力有着较高的要求。为满足混凝土千米级超高泵送施工需求，须研制新型混凝土输送管，实现以下目标：①摩阻力：管道内壁摩擦系数小，泵送阻力小；②耐磨性：管道内壁耐磨损性能好，寿命长；③抗爆性：管道本体强度高，不爆管。

（1）复合输送管结构设计

1）复合输送管材料设计

双层复合输送管设计主要表现为内管采用45Mn2材料，外管采用27SiMn材料，其外形尺寸见表5-4。

2）复合输送管连接与密封

复合管连接与密封方式如下：①活动法兰，螺栓连接，O形圈密封；②固定法兰只与外管焊接，内外设置两道焊缝；③法兰面与管端间距2mm，调整热处理内外管伸缩差。采用法兰螺栓连接+O形密封圈的连接形式，该结构因接触面机械加工，能达到相对较高的表面粗糙度，连接通过螺栓紧固，故能达到高压力下的密封效果。输送管密封

复合钢管外形尺寸要求 表5-4

钢管种类	钢管尺寸		尺寸范围和允许偏差（mm）
复合钢管 $\phi169 \times 10/27SiMn/45Mn2$	外管/27SiMn	外径	$\phi169 \pm 0.8$
		壁厚	5 ± 0.25
	内管/45Mn2	内径	$\phi149 \pm 0.8$
		壁厚	5 ± 0.25

方式如图5-35所示。复合输送管采用8个M24螺栓进行连接。

（2）复合输送管制备工艺与性能测试

1）双层复合输送管工艺流程

①下料：直管段下料按下料图纸下料。②除锈：复合管外管两头用砂轮片打磨除锈。③组对：长度500mm及以下直管手工组对，长度500mm以上的直管要求使用组对机组对。④焊接：焊丝采用ER50-6 $\phi1.2$气体保护焊丝；焊机：PANA-AUTO KRⅡ500晶闸管控制二氧化碳弧焊电源+PANASONIC送丝机；混合保护气体：80%氩气20%二氧化碳；内外焊缝焊前须用氧乙炔焰外焰预

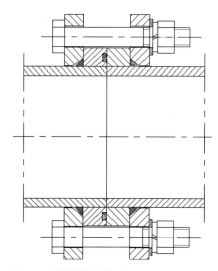

图5-35 输送管密封方式

热到200~250℃，须由通过认证的人员进行焊接。⑤热处理：热处理后内外管错位不超过2mm。⑥成品管尺寸：成品管直线度≤5mm/3m，总长尺寸公差范围：±2mm，法兰端面垂直度偏差不超过1mm。⑦喷砂：表面处理等级达Sa2.5；所有管表面和法兰表面都要喷到；喷后清理干净连接法兰与管缝里的砂粒。

2）复合输送管性能测试

①焊缝拉伸试验

依据现行国家标准《金属材料 拉伸试验 第1部分：室温试验方法》GB/T 228.1进行超高压弯管和直管的焊缝拉伸试验，结果见表5-5。

焊缝拉伸试验 表5-5

试验设备	拉伸试验机
试样1	491MPa（超高压弯管）
试样2	688MPa（超高压弯管）
试样3	796MPa（超高压直管）

②母材拉伸试验

依据现行国家标准《金属材料 拉伸试验 第1部分：室温试验方法》GB/T 228.1进行超高压弯管和直管的母材拉伸试验，结果见表5-6。

母材拉伸试验 表5-6

试验设备	拉伸试验机
试样1	1539MPa（超高压弯管：热处理后）
试样2	1547MPa（超高压弯管：热处理后）
试样3	875MPa（超高管：热处理前）
试样4	869MPa（超高管：热处理前）

③硬度检测

依据现行国家标准《金属材料 洛氏硬度试验 第1部分：试验方法》GB/T 230.1进行硬度检测试验，结果见表5-7～表5-9。

硬度检测结果（母材拉伸样硬度） 表5-7

试验设备	洛氏硬度数据（HRC）
试样1（491MPa）	28.5、29，平均28.7
试样2（688MPa）	31.5、31、31.5、25，平均28.4
试样3（796MPa）	28、28.5、32、30，平均29.6

硬度检测结果（喷砂管拉伸样硬度） 表5-8

试验设备	洛氏硬度数据（HRC）
试样	管体硬度：24.5、27.5、23、29.5、25.5，平均26
	焊缝硬度：15、19、20、20、20、22、24、22.5，平均20.6

硬度检测结果（外管母材拉伸样硬度） 表5-9

试验设备	洛氏硬度数据（HRC）
试样1（1539MPa）	42、44、40.5、43，平均42.4
试样2（1547MPa）	43.5、43.5、39.5、40.5，平均42.3
试样3（875MPa）	21、26.5、21，平均22.8
试样4（869MPa）	23.5、25、21，平均23.2

通过上述关键技术的研究与开发，最终研制得到φ150超高压内管耐磨外管抗爆双层复合输送管（图5-36），使用寿命较常规管道提高约10倍，完全满足混凝土超高层泵送的施工耐磨性和防爆性要求。

图5-36　φ150超高压内管耐磨外管抗爆双层复合输送管

3. 千米级新型混凝土机械化布料装备研发

（1）新型混凝土机械化布料杆研制

1）总体方案设计

在混凝土布料杆总体方案设计及施工图设计过程中，根据千米级超高层建造混凝土布料的要求，综合考虑主要结构受力及整机稳定性，确定新型混凝土布料机的技术参数。为控制整机重量在8t以内，新开发结构内容包括：臂架分体设计；转台结构设计，增加液压泵站及电控柜做配重；液压泵站、电控柜等安装平台设计；回转减速机采用倒装方式，以满足回转角度在720°以上；固定转台设计；液压油箱结构设计；底座及固定座设计；专用安装框架设计。

2）布料杆试制结构与安装

布料杆是特制的移动式28m布料杆（图5-37），主要由臂架、转台、回转机构、特制固定转塔、特制底座连接安装结构以及电控箱、泵站等组成，主要优点在于能方便地选定平面位置施工，布料灵活性高，结构简单能节约成本，安装于爬模或滑模承力骨架上，随爬模爬升。

3）布料杆性能测试

依据企业标准《混凝土布料杆》Q/OKTW 039-2005对布料杆整机技术参数进行测

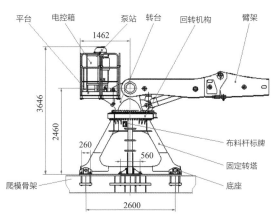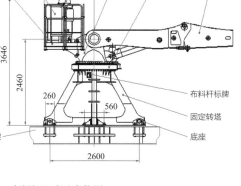

图5-37　布料杆组成及实物图

量，测量工具包括卷尺（100m）、调试车、地磅及秒表等，同时按照臂架长度测量—布料杆重量测量—臂架回转角度与时间测量的测试步骤进行整机性能测试。布料杆控制方式、最大布料半径、整机重量等参数均满足实际要求，布料杆臂架长度测量值与设计值之间的误差控制在0.5%以内，要符合设计要求。

（2）新型混凝土布料机机构运动仿真分析

1）仿真分析总体技术方案

布料机机构运动仿真分析总体技术方案：在三维实体模型的基础上，结合试验进行"机构分析""有限元计算""模态分析""疲劳寿命分析"，计算和绘出各构件的质量、重心、运动速度、加速度、转角、支撑各节臂架的油缸支撑力、各构件间连接处的支反力的曲线图，进行多方案的比较，在保证臂架合理运动情况下，使油缸支撑力和臂架受力较小，臂架运动平稳。根据计算结果，改进各构件的结构、相互位置，调整运动速度，达到优化臂架机械系统的目的。

2）机构运动仿真分析

通过机构运动仿真分析，发现某节臂架油缸收臂架所需的拉力比臂架工作时所需的推力大得多，因此，按最大拉力设计出的油缸，工作时承载能力利用率很低，油缸的结构也过于庞大。通过调整臂架、油缸、连杆之间的相互位置，将油缸拉力降低而推力提高，使油缸结构参数在拉力和承载力之间取得均衡。与调整前的方案相比，油缸缸径尺寸减小18%，油缸重量降低12%。原有设计的最后一节臂架转动速度在常工作区域较慢，布料时臂架转动不灵活；而在非经常工作区域过快，臂架惯性振动大。通过调整油缸运动速度、改进相关构件间的相互位置，使该臂架整个运动速度趋于平稳，臂架转动既灵活，惯性振动又小。

3）模态分析

模态分析主要计算结构的固有频率和振型，考察泵车工作时是否出现共振现象。当出现共振时，可通过改变臂架固有频率或液压系统换向频率，使二者错开。通过臂架模态计算，发现水平工况一阶和二阶固有频率与工作频率比较接近。通过调整臂架箱形梁刚度薄弱处的结构尺寸和各构件之间的连接刚度，调高了臂架的一阶固有频率，同时调低液压系统换向频率，错开了臂架固有频率和液压系统换向频率，避免了共振。

4）有限元静强度计算

通过有限元静强度计算，可获得臂架各部位在不同工况下静应力场，考察臂架各部位是否有足够的静强度。当臂架某部位出现应力过高、分布不均衡、局部峰值应力过大、构件刚性不足、稳定性差等问题时，通过采取改进结构、降低自重、改善载荷作用环境、合理布置输送管、合理选材等措施，降低构件的静应力，满足臂架强度、刚度和稳定性要求。

为了提高臂架承载能力，选用屈服强度达900MPa的高强度焊接钢板。设计中发现，臂架上下翼板静应力远高于左右腹板（最大达1.6倍），左右应力不平衡（最大差30%），在臂架油缸支撑座尾部集中应力为其余部位的两倍。对此，采取了调整臂架截面长宽比、翼板与腹板选用不同板厚、调节臂架上输送管的布置位置和距离、改变油缸支撑座的结构等一系列措施，解决了臂架应力大、分布不均的问题。经测试，优化后臂架应力水平降低了10%，应力峰值降低了30%，臂架重量减轻了20%。

5）有限元动强度计算和疲劳寿命分析

通过有限元动强度计算获得臂架结构在动载荷作用下的应力—时间历程，得到结构的动应力场。由于臂架工作时随液压系统的冲击而摆动，使其产生了较大的动应力，造成臂架的疲劳破坏。在设计时，重点分析了臂架动应力最大的四种工况：臂架水平前伸、水平侧伸、沿后支腿展开方向水平伸直、沿前支腿展开方向水平伸直。计算表明，引起臂架动应力的主要载荷是液压系统换向冲击造成的冲击载荷。

利用静强度分析和动强度分析所得到的应力场及应力—时间历程，计算臂架在不同工况下的疲劳寿命，可预测布料机臂架的疲劳寿命。疲劳寿命分析表明：臂架的静载荷对疲劳寿命的影响很小，实际工作中也发现臂架在静应力比母材低得多时已经破坏，说明臂架疲劳破坏主要由动载荷引起，而液压系统冲击力是引起结构动应力的根本原因。

6）测试验证

为了验证CAE分析结果，采用虚拟仪器（VI）技术、电阻应变测量技术、脉冲激励法，测量臂架的静、动态特性。测出了不同工况下，臂架静态和动态的应力、应力场、应变、加速度、臂架固有频率和振型等，为预测、评价布料机臂架的静、动态工作特性和优化设计提供了试验数据和客观依据。通过上述关键技术的研发与集成，研制出HGY-28混凝土布料杆（图5-38），具备安装方便、移动简单、重量轻等特点，既能安装在建筑物上，又能安装在滑模上的钢平台上，有效满足千米级超高层混凝土泵送施工要求。

图5-38　HGY-28混凝土布料杆

5.5.2 超高输送混凝土技术方法

1. 混凝土输送泵性能参数确定

（1）输送泵出口压力推算

对于超高层建筑超高压泵送，尤其是600m级上海中心大厦工程混凝土泵送，泵的出口压力是泵送施工成功的关键之一。目前，对于特定的泵送高度或泵送距离，一般可根据现行行业标准《混凝土泵送施工技术规程》JGJ/T 10推算泵的出口压力。根据目前已有的同类似的施工经验数据（表5-10、表5-11），以上海中心大厦C60混凝土泵送阻力为依据，摘取2012年2～6月HBT90CH-2150D拖泵现场施工数据来推算C60混凝土的沿途压力损耗。施工现场会布置一条长达110m含4～5个90°弯头，2个45°弯头以及2个截止阀的水平输送管道。

上海中心大厦C60混凝土泵送施工数据　　　　　表5-10

日期	混凝土强度等级	扩展度（mm）	垂直高度（m）	系统压力（MPa）	混凝土压力（MPa）	换向次数（次/min）	泵送方量（m³/h）
2.25	C60	550	243	13.0	17.7	20	65
3.10	C60	550	250	10.0	13.6	20	65
4.26	C60	550	268	14.0	19	19	61
5.1	C60	550	272	10.0	13.6	20	65
5.4	C60	550	277	12.0	16	20	65
5.12	C60	550	299	14.0	19	19	61
5.23	C60	550	295	14.0	19	19	61
5.28	C60	550	299	12.0	16	20	65
6.11	C60	550	304	14.0	19	19	61

上海中心大厦单位长度混凝土管道沿程压力损失　　　　　表5-11

日期	泵送高度（m）	系统压力（MPa）	混凝土压力（MPa）	垂直管道压力损失（MPa）	弯管、锥管、S管阀压力损失（MPa）	沿程压力损失（MPa）	管道总长（m）	单位长度沿程压力损失（MPa）
2.25	243	13.0	17.7	6.0	3.0	8.7	393	0.022
3.10	250	10.0	13.6	6.1	3.0	4.5	400	0.011
4.26	268	14.0	19.1	6.6	3.0	9.5	418	0.023
4.30	272	10.0	13.6	6.7	3.0	3.9	422	0.009
5.4	277	12.0	16.3	6.8	3.0	6.5	427	0.015
5.12	299	14.0	19.1	7.3	3.0	8.7	449	0.019
5.23	295	14.0	19.1	7.2	3.0	8.8	445	0.020
5.28	299	12.0	16.3	7.3	3.0	6.0	449	0.013
6.11	304	14.0	19.1	7.4	3.0	8.6	454	0.019
平均								0.017

由表5-11数据可见，C60混凝土在每单位长度的管道传输中所产生的压力损耗为：$\Delta P_{\mathrm{H}} = 0.017\mathrm{MPa/m}$。

C60混凝土泵送至1000m压力计算：

1）沿程压力损失

$P_1 = L \times \Delta P_{\mathrm{H}} = 1200 \times 0.017 = 20.4\mathrm{MPa}$。

2）各弯管与阀的压力损失：

$P_2 = 26 \times 0.1 + 4 \times 0.05 + 0.2 = 3\mathrm{MPa}$。

3）垂直高度压力损失：

$P_3 = \rho g H = 2450 \times 9.8 \times 1000 \times 10^{-6} = 24\mathrm{MPa}$。

混凝土泵送所需总压力：

$P = P_1 + P_2 + P_3 = 20.4 + 3 + 24 = 47.4\mathrm{MPa}$。

根据现行行业标准《混凝土泵送施工技术规程》JGJ/T 10的规定确定出混凝土泵的最大出口压力。理论上，当泵送距离达到1000m时，普通混凝土的泵送压力需求为37MPa。而实际上海中心大厦使用C60高性能混凝土的泵送数据为47.4MPa。这一数值远超于理论计算值，这主要归因于C60高性能混凝土在其泵送过程中受到的较大的阻力。鉴于此，本设计充分考虑到高性能混凝土对泵送系统提出的特殊要求，以上海中心大厦C60混凝土的实际泵送数据作为参考设计出性能更为优异的混凝土泵。在实践中，为应对混凝土性能变化可能导致的意外情况，通常建议混凝土泵的最大出口压力应预留约22%的安全余量，以防止管道堵塞。结合上述分析，我们决定将泵的最大出口压力设定为58MPa。这一设定不仅确保了充足的压力储备，而且在日常运行状态下，液压系统的实际工作压力将保持在更为安全可靠的30MPa以下，极大地提升了设备的稳定性和使用寿命。这样的设计策略，既满足了高强度混凝土泵送的特殊需求，又兼顾了设备的安全性和使用效率，为复杂工况下的混凝土泵送提供了有力保障。

（2）输送泵出口压力检测

对于HBT9060CH超高压混凝土输送泵，其出口压力是主要参数。混凝土泵送前须进行相关压力检测测试，以确保混凝土泵送施工要求。试验用仪器采用Nocode数据采集仪、KM10压力传感器测量泵送出口压力大小。液压系统出口压力测试结果见表5-12。泵送出口压力达到58.6MPa，能够满足600m级以上超高层建造混凝土输送的需求。

液压系统出口压力测试结果　　　　　　　　　　　　　　　　表5-12

试验项目	技术要求	试验结果
泵送出口压力P（MPa）	≥50MPa	58.6MPa

2. 混凝土材料性能及泵送阻力分析

（1）混凝土材料性能设计

为确保高性能混凝土超高泵送性能，选用精品直径5~20mm石子，该碎石压碎指标值及含泥量极小、针片状极少；水泥则是由海螺水泥厂特配，严格控制水泥标准稠度、比表面积、C3A含量以及抗压强度。另外，对混凝土中不可或缺的一部分外加剂也同样进行了筛选，要求其有较好的流动性、保塌性、包裹性、降黏性以及凝结时间适宜性，来确保超高泵送混凝土的稳定性及抗离析性。不同强度等级、不同泵送高度超高泵送混凝土的配合比设计见表5-13、表5-14。

不同强度等级超高泵送混凝土的配合比设计　　　　　表5-13

强度等级	水胶比	胶凝材料总量（kg）	砂率（%）
C60	0.28	580	42.5
C50	0.32	520	45
C35	0.4	480	44.8

不同泵送高度超高泵送混凝土的配合比设计　　　　　表5-14

泵送高度	水胶比	胶凝材料总量（kg）	砂率（%）	高性能掺合料比例（%）
300m以下	0.29	530	41	32
300~400m	0.29	550	42	33
400~500m	0.28	580	43	33
500m以上	0.28	600	45	35

考虑到混凝土在高泵送过程中产生的高温及泵送塌损现象，在确保混凝土实体强度及水胶比不变的前提下，对不同的泵送高度，进行了扩展度的调整，如泵送高度在300m以下时混凝土的扩展度要求为650mm±50mm，400m则调整至700mm±50mm，500m时为750mm±50mm，最终在600m时将混凝土的扩展度要求调整为800mm±50mm。而对扩展度的调整都须保证混凝土有较好的和易性。考虑到搅拌站的地域因素及上海交通道路情况，对混凝土在25℃的环境下，混凝土的保塌效果进行检验，最长可达到6h，能满足混凝土在运输过程中出现的突发情况。

（2）混凝土泵送阻力分析

泵送混凝土不仅要符合设计所要求的强度、耐久性等性能标准，还必须具备良好的管道输送适应性，即拥有优良的可泵性。可泵性是评判泵送混凝土施工性能的关键指标，它涵盖了多项属性，而其中最为核心的一点，则在于降低混凝土在管道内传输时产生的摩擦阻力。简而言之，混凝土沿管道输送时受到的摩擦阻力越小，所需的泵送压力便越低，混凝土泵及输送管道的磨损越小，施工的难度和经济成本就会越低。

（3）混凝土摩阻系数的计算方法

泵送混凝土是由水泥作为胶凝材料将砂、石等骨料胶结形成的特殊工程材料。在其凝结硬化之前，混凝土为一种复杂的多相流体，必须在持续搅拌下才能维持整体的均匀性，以展现类似一般流体的行为特性。从流体力学的角度看，流体在进行连续运动时遭遇的摩擦力，其大小主要取决于流体的黏度，而非输送介质本身。因此，通过专业设备测定混凝土的黏度后，即可推算出摩擦系数（亦称摩阻系数），进而计算混凝土的摩擦阻力。根据实际施工经验，当混凝土在混凝土泵的推动下沿直管道移动时，其遇到的摩擦阻力与管道的长度L、混凝土的流速v、摩阻系数η成正比关系，同时与管道内径D成反比。为确保混凝土的连续流动，混凝土泵必须提供足够的压力以克服混凝土与管壁间的摩擦阻力。该压力可通过以下公式计算：

$$P_0 = c \times \eta \times \frac{L \times v}{D} \qquad (5-1)$$

式中，c为常系数。实际工况确定时，L、D已知，v由排量Q决定：

$$v = \frac{4Q}{\pi D^2} \qquad (5-2)$$

$$P_0 = c \times \eta \times \frac{4QL}{\pi D^3} \qquad (5-3)$$

根据经验，一般情况下可取$c = 4$，故有：

$$P_0 = \eta \times \frac{16QL}{\pi D^3} \qquad (5-4)$$

上式即摩阻系数与摩擦阻力的关系式。

5.5.3 混凝土虚拟仿真控制技术

近年来混凝土流动行为数值模拟发展较为迅速，出现了多种理论和建模技术。其中一大部分模型可归类于经典的计算流体动力学（CFD）。混凝土拌合物被视为由特定的流变模型（如Bingham模型）描述的单相流体。通过求解Navier-Stokes方程，确定特定区域内的混凝土流动。第二类建模策略侧重于材料异质性的直接体现。离散元方法（DEM）就是这样的建模策略。DEM也被用于混凝土流动的模拟，混凝土中的骨料通过粒子来表示，粒子的运动受牛顿定律的控制。在进行DEM模拟之前，需要将细观模型参数和材料的宏观性质关联起来。本节主要阐述针对新拌混凝土的泵送分析（图5-39）。

1. 混凝土泵送离散元仿真分析

（1）混凝土材料离散元建模

混凝土是一种复杂的异质性材料，由粗骨料（石子）、细骨料（砂）、水泥、水和多种其他添加成分拌合而成。在细观层面，可以将其视作骨料和浆体。DEM模拟的目的在于捕捉骨料运动特征，从而直观反映混凝土拌合物的流动行为；浆体的作用体现为

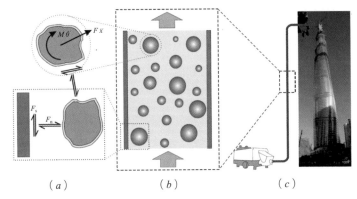

图5-39 混凝土泵送分析概念图
（a）材料细观尺度；（b）局部流动；（c）泵送全程

颗粒—颗粒以及颗粒—边界接触行为。在DEM模型中，一个颗粒就代表一个骨料。具体而言，可以采用简单球体高效计算物体间的位置关系，或采用一些特殊算法生成不规则的颗粒更准确地反映骨料形状影响（图5-40）。泵管、活塞等物理边界系采用静止或运动的刚性墙体来代表。

图5-40 骨料颗粒模板
注：r_{ref}代表参考颗粒的半径。

在DEM模拟中，准确定义接触模型及模型参数是关键步骤之一。采用商用离散元软件PFC 3D 5.0版本中的线性平行粘结模型（linear parallel bond model）开展模拟（图5-41）。

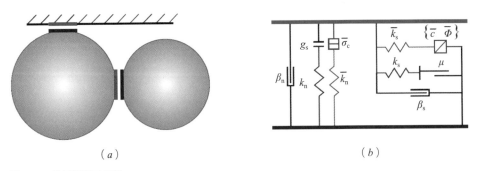

（a）　　　　　　　　　　　　　　　（b）

图5-41 接触模型示意图
（a）颗粒—颗粒以及颗粒—边界接触示意图；（b）线性平行粘结模型

在运行DEM模拟之前，须借助标准试验（例如坍落度）对模型参数进行校准。为进一步检验模型设置，选取V形漏斗试验开展了仿真，结果表明模型能良好反映混凝土塑性黏度这项重要动态指标（图5-42）。

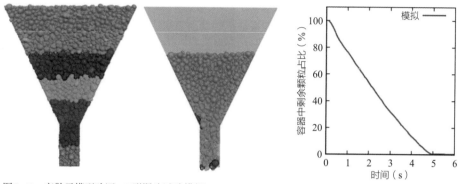

图5-42　离散元模型验证：V形漏斗试验模拟

（2）混凝土泵送局部离散元仿真

选取代表性的泵送局部问题开展离散元模拟，通过一系列的参数化分析研究影响泵送性能和风险的因素及规律。

如图5-43所示，考虑四种泵管单元，即竖向直管（工况A）、水平直管（工况B）、上弯管（工况C）和下弯管（工况D），实际工程中全程泵管基本由这四种泵管单元组成。泵管内径记为d，弯管的弯曲半径记为R，借助跨软件文件接口完成泵管几何建模。通过参数校准完成混凝土的离散元建模。在随后的参数化分析算例中，改变颗粒粒径、形状、刚性簇等参数以便研究这些因素对泵送行为的影响。加载过程分为加速阶段和稳定泵送阶段，稳定泵送阶段，混凝土被沿着泵管轴线以恒定的线速度v向前推动。根据颗粒质量和接触刚度确定时间步临界值，保证动力学计算稳定。基于以上设定，针对三个方面六项参数开展了精细化仿真分析和对比研究。

首先针对泵管几何特征，调研了不同泵管单元、泵管直径和弯曲半径三方面参数的影响。

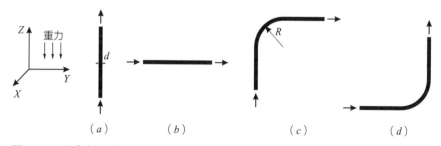

图5-43　四种代表性泵管单元
（a）竖向直管；（b）水平直管；（c）上弯管；（d）下弯管

1）泵管单元

首先针对图5-43所示泵管单元开展离散元模拟。图5-44展示了泵送阶段各泵管单元中的混凝土颗粒运动状态。由图5-44可见不同泵管中混凝土具有不同的运动方式，例如直管中混凝土骨料颗粒以基本一致的速度运动，弯管中外围区域的颗粒速度高于内缘。

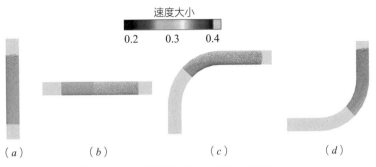

图5-44 离散元模拟结果：不同泵管单元中的混凝土速度值

图5-45显示了这四种工况下的压力—位移曲线。由图5-45可知，在工况A（竖向直管），加速阶段压力上升很快，在大约$u=0.8$m处达到$P=38.93$kPa的峰值；之后曲线走势类似阻尼振动，逐渐收敛于约35kPa的水平。工况B（水平直管）中，曲线走势和工况A相似，但压力值较小，初始峰值仅有$P=15.69$kPa，后续收敛至约12kPa；由计算分析可知，系重力因素导致了工况A和工况B之间的压力差异。工况C（上弯管）中，混凝土先被向上推动，通过弯管之后转为水平移动，因此泵送压力也呈现先升后降的走势。工况D（下弯管）中，混凝土先被水平推动，通过弯管之后变为竖直移动，所以压力值持续升高至工况A的水平。

从该仿真算例结果中还可以发现，混凝土通过弯管单元所受的阻力实际上并没有显

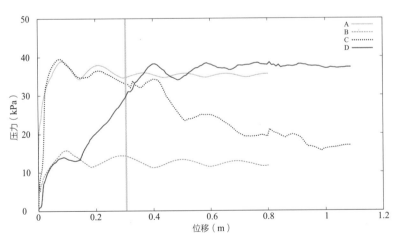

图5-45 不同泵管单元模拟结果：泵送压力—位移曲线

著增加。尽管如此，工程经验表明，堵管等风险往往都是发生在弯管前后。因此选取下弯管（工况D）分别针对泵管直径、弯曲半径、颗粒粒径、颗粒形状、泵送速度和时间效应进一步开展参数化分析。

2）泵管直径

经验表明，泵管直径d越大，泵送效率越高且不容易发生堵塞。为量化分析直径影响，参数分析假设$d\in\{100，125，150，175，200\}$mm五个不同的值。从图5-46、图5-47所示仿真计算结果可知，当$d\geqslant150$mm时，泵送压力差距很小；当$d<150$mm时，随着泵管直径的减小，泵送阻力呈非线性增加（例如当$d=100$mm时，最大压力约为73kPa，是$d=150$mm时的1.9倍）。模拟结果为工程实践对泵管直径的选择提供了很好的支撑。

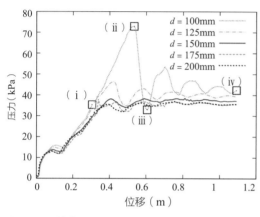

图5-46　泵管直径相关模拟结果：压力—位移曲线　　图5-47　泵送阶段压力平均值及最大值

此外，离散元仿真还为直观理解混凝土在泵管中的真实流动行为提供了极佳的工具，例如图5-48反映$d=100$mm工况下，由于空间狭窄，混凝土颗粒在运动中容易发生碰撞互锁，导致推动过程出现显著振荡。

3）弯曲半径

一般认为，弯管的弯曲半径R越小（曲率越大），混凝土通过时越容易发生堵塞。

图5-48　泵管直径相关模拟结果（$d=100$mm工况下不同时间的颗粒运动状态）

采用离散元分析$R \in \{0.25，0.50，0.75，1.00\}$m四种工况。从图5-49、图5-50所示计算结果可见，较大的弯曲半径小幅减小了泵送难度。尽管弯曲半径对泵送压力影响较小，但是在现场允许的情况下应优先使用半径更大的弯管。

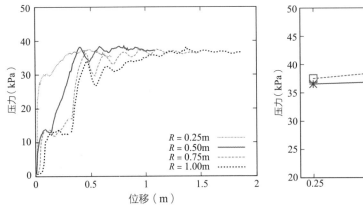

图5-49　弯曲半径相关模拟结果：压力—位移曲线

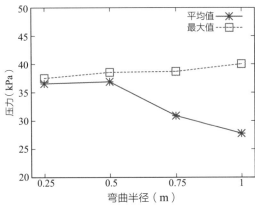

图5-50　泵送阶段压力平均值及最大值

2. 基于虚拟仿真的泵送管控

一方面，精细化数值仿真的主要优势在于揭示局部问题细节，需要建立高精细度的计算模型。另一方面，泵管单元模拟结果也为估算泵送全程压力损失提供了数值基础。根据前文四种代表性泵管单元的模拟，采用公式估算全程压力损失：

$$P = L_H \times P_a + L_V \times P_b + n_c \times P_c + n_d \times P_d + \cdots\cdots \qquad (5-5)$$

式中　L_H——泵送全程中的水平段总长度；

P_a——水平泵管单元测得泵送压力损失；

L_V——泵送全程中的竖直段总长度；

P_b——竖直泵管单元测得泵送压力损失；

n_c——泵送全程中的下弯管个数；

P_c——下弯管单元测得泵送压力损失；

n_d——泵送全程中的上弯管个数；

P_d——上弯管单元测得泵送压力损失。

公式可根据实际情况进行调整。根据上海中心大厦泵送系统布置，估算得全程总压力损失为$P_{tot} \approx 22.17$MPa，相比学术领域研究结果23.4MPa小5%。由上述研究可见，数值仿真分析技术为混凝土超高泵送施工的精细化管控提供了良好的理论支撑。

5.6 整体钢平台模架装备技术

5.6.1 整体模架技术体系

1. 系统组成

针对高达580m的核心筒结构施工难题研发了钢梁与筒架交替支撑式整体钢平台模架，如图5-51所示。该模架采用下置顶升方式，其液压动力装置位于整体钢平台的底部空间。这套整体钢平台模架可细分为五个关键子系统：钢平台主体系统、吊脚手架系统、筒架支撑系统、钢梁爬升系统以及模板系统。

钢梁与筒架交替支撑式整体钢平台模架具有单层作业模式和双层作业模式。新型整体钢平台模架

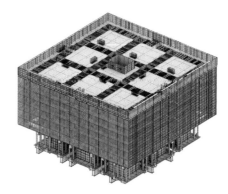

图5-51　上海中心大厦施工模架体系

体系爬升动力系统和功能部件驱动系统全面采用液压油缸驱动方式，智能化控制水平得到全面提升。新型整体钢平台模架体系可以适应人货两用电梯直达整体钢平台模架系统顶部。新型整体钢平台模架体系可与长臂液压混凝土布料机一体化设置，实现核心筒混凝土的智能化浇筑施工。

2. 钢平台主体系统

钢平台主体系统设置在整体钢平台模架顶部，为在结构施工顶面的人员提供作业平台，并提供钢筋和施工设备等的堆放场所。钢平台主体系统主要由纵横布置的主次梁、平台挡板、格栅盖板、围挡以及安全栏杆等构成。

钢平台连系钢梁主要由大截面型钢组成，为适应外挂脚手的需求，部分钢梁只能放置于核心筒翼墙的外侧，同时所有钢梁的上翼缘顶面也必须处在同一水平线上。根据实际施工条件，钢梁上方铺设了由花纹钢板与方管焊接而成的操作平台，形成稳固的工作面。对于未覆盖平台钢板的区域，采用格栅板进行覆盖，必要时可轻松掀开以满足特定的施工需求。在初始搭建阶段，整个钢平台的外围与核心筒剪力墙外墙之间保持着合理的间距，须沿着钢平台的外边界围设一圈高达2m的冲孔板防护墙，可有效防止人员或物品不慎坠落。

3. 吊脚手架系统

吊脚手架系统为施工人员提供上下通道，满足钢筋绑扎和模板安装作业空间需要，吊脚手架系统包括核心筒内吊脚手系统和核心筒外吊脚手系统。

（1）内吊脚手系统

核心筒内部的吊脚手系统由嵌入核心筒内部的独立框架单元构成，放置于核心筒墙体的内侧周边。在这些框架结构中，构架筒内集成了顶升用的液压油缸以及支撑用的牛

腿构件，全部内吊脚手通过吊架立杆顶部的螺栓固定于钢平台框架钢梁的底部。每个构架又分为内构架及外构架两部分。内构架通过油缸缸筒与外部构架的刚性圈梁层紧密相连，为动力系统与内构架支撑结构的承载平面。

（2）外吊脚手系统

外吊脚手系统沿着核心筒外墙周边布置，牢固地安装在整体钢平台系统下部的钢梁底面。外吊脚手架系统可分为角部固定部分和中部可滑移部分。在可滑移部位，外吊脚手架顶部安装滚轮及滑移顶推油缸，油缸固定于钢平台框架钢梁上。外吊脚手共分6层，其中1~6层步高根据内吊脚手高度和施工特点综合布置。上5层的通道板由角钢和钢板网拼装而成。外吊脚手采用冲孔板拼接成的侧挡板进行封闭，确保了作业区域的安全隔离。同时，内立杆脚手管中心与核心筒外墙表面保持着适宜的距离。外吊脚手可设若干楼梯通道，布置在适当部位，楼梯宽度按一人考虑，靠外吊脚手外立杆处布置，楼梯面板采用花纹钢板。

4. 筒架支撑系统

（1）筒架支撑系统

支撑系统作为整个顶升钢平台的承重构件，还是顶升钢平台的导轨。整个钢平台支撑体系由外构架支撑系统与内构架支撑系统两大部分构成。其中内构架支撑系统位于8个构架筒第6~7层，由内构架牛腿制动装置、承重钢梁组成。内构架钢梁采用型钢组成平面受力框架，作为顶升油缸的底部支承。外构架支撑位于构架筒最底层，由外架牛腿制动装置、承重钢梁组成，外构架钢梁采用8根型钢组成平面受力框架。

（2）竖向支撑装置和水平限位装置

竖向支撑装置是整体钢平台模架装备关键的传递荷载装置，也是系统相互连接的装置。支撑牛腿除要求有足够的承载能力以外，还需要能在钢平台顶升过程中可靠地完成伸缩动作，以达到使内外架交替支承钢平台的目的。水平限位装置在功能上承担着双重责任：一是将水平方向的荷载有效传递给混凝土结构；二是严格控制整体钢平台模架设备在横向上的位移幅度。这类水平限位装置通常被集成于筒架支撑系统或模板系统中。具体来说，水平限位装置在整体钢平台模架施工过程中发挥着关键作用，它能够将由风荷载引发的水平力传递给混凝土结构，起到控制整体钢平台模架侧向形变的作用。

5. 钢梁爬升系统

（1）钢梁爬升系统

钢梁爬升系统是整体钢平台模架爬升过程的主要机构，主要由爬升钢梁以及双作用液压油缸动力系统组成。爬升钢梁系统内嵌在筒架支撑系统内侧，由承重钢梁或钢框架以及竖向支撑装置构成，主要承受爬升状态时整体钢平台模架荷载；动力系统的双作用液压油缸内置在爬升系统的内部，下端支撑在爬升钢梁上，上端支撑在筒架支撑系统上，用于实现爬升钢梁与筒架支撑交替支撑爬升的过程。

（2）动力及控制系统

动力设备由集成化控制系统和多台液压泵站以及配套的液压顶升油缸组成。其中，每台液压泵站能驱动4~5个液压顶升油缸。安装于内构架层底部的液压油缸是顶升钢平台不可缺少的动力源部件。顶升液压油缸，活塞杆材料选用40Cr调质，缸筒材料选用加厚钢调质。缸筒油嘴处加液控单向阀，以确保油缸自锁，在进油管处设油管防爆阀，防止油管爆裂。泵站系统：每套泵站控制4个或5个油缸，通过PLC来达到同步。每套系统可控制4个或5个油缸独立工作。PLC控制系统进行测量、传输、设定、控制，实现系统各部分的协调动作，保证顶升的同步性。

6. 大模板系统

大模板系统采用钢框木模，由模板面板、模板背肋、模板围檩、模板对拉螺栓组成。钢框木模的面板采用维萨芬兰板、背肋槽钢竖向布置、围檩双拼槽钢横向布置。本工程核心筒大模板12层核心筒施工时开始使用，模板系统按标准层配置标准模板一套，周转使用到顶，非标准层模板按楼层高度另行布置。大模板采用高强螺杆为拉杆螺栓，间距适中。在每块大型板上均预先安装多个金属吊耳，这些吊耳通过手动捯链与钢平台大梁相连，使其与钢平台可以整体提升。

5.6.2 整体模架施工技术

1. 整体结构设计计算

针对整体钢平台模架结构及其组成部件的承载能力评估，可采用下式进行验算：

$$\gamma_0 S_d \leq R_d \tag{5-6}$$

式中　γ_0 —— 结构的重要性系数，取值不得低于0.9；

$\quad\ \ S_d$ —— 按照基本组合原则确定的作用组合效应设计值；

$\quad\ \ R_d$ —— 结构或构件承载力设计值。

整体钢平台模架结构及构件的变形采用下式进行验算：

$$S_d \leq C \tag{5-7}$$

式中　S_d —— 标准组合确定的作用组合效应设计值；

$\quad C$ —— 结构或构件的允许变形限值。

2. 整体侧向变形控制

临时钢柱和劲性钢柱支撑式整体钢平台模架仅在作业阶段进行变形验算，这是因为在作业阶段钢平台系统与吊脚手架系统的施工活荷载及施工控制风荷载远大于爬升阶段。整体钢平台模架结构通过控制临时钢柱和劲性钢柱的侧向变形来控制整体侧向变形。

钢梁与筒架交替支撑式整体钢平台模架在爬升阶段与作业阶段分别验算整体侧向变形，通过控制钢平台框架顶面的侧向变形来控制整体侧向变形。

钢柱与筒架交替支撑式整体钢平台模架在爬升阶段与作业阶段分别进行整体变形验算。在爬升阶段，整体钢平台模架结构通过控制工具式钢柱的侧向变形来控制整体侧向变形。在作业阶段，整体钢平台模架结构通过控制钢平台框架顶部的侧向变形来控制整体侧向变形。

吊脚手架系统在风荷载作用下，会发生向内、外两个方向的变形。在风吸力作用下，吊脚手架系统向外变形时，容易在防坠挡板与混凝土墙体结构之间形成缝隙，对其变形要加以限制。因此规定，作业阶段整体结构中的吊脚手架系统在风荷载作用下的最大侧向变形不应大于吊脚手架系统总高度的1/250。

3. 构件连接节点设计

整体钢平台模架装备的节点通常采用螺栓、焊接或搁置连接的方式。螺栓连接需要对螺栓强度进行设计计算，焊接连接需要对焊缝强度进行设计计算，搁置连接需要对搁置部位局部承压强度进行设计计算。有些连接部位会采用定制加工的结构件，当结构件构造较为简单时，可通过分析获得结构件的受力状态，基于分析结果对承载力与变形进行设计计算；当结构件较为复杂时，一般采用精细有限元分析的方法进行。

（1）焊接连接承载力计算

对接焊缝的正应力和剪应力按下式计算：

$$\sigma_1 \leqslant f_t^w \text{ 或} f_c^w \tag{5-8}$$

$$\sqrt{3\tau} \leqslant f_t^w \text{ 或} f_c^w \tag{5-9}$$

$$\sqrt{\sigma^2 + 3\tau^2} \leqslant 1.1 f_t^w \tag{5-10}$$

直角角焊缝的强度按下式计算：

$$\sqrt{\left(\frac{\sigma}{\beta_f}\right)^2 + \tau^2} \leqslant f_f^w \tag{5-11}$$

式中 σ——对接焊缝的正应力，或直角角焊缝垂直于直角角焊缝长度方向的应力（按直角角焊缝有效截面计算）（N/mm²）；

       τ——对接焊缝的剪应力，或直角角焊缝沿直角角焊缝长度方向的应力（按直角角焊缝有效截面计算）（N/mm²）；

f_t^w、f_c^w——对接焊缝的受拉、受压强度设计值（N/mm²）；

      f_f^w——角焊缝的强度设计（N/mm²）。

（2）螺栓连接承载力计算

单个普通螺栓的承载力按下式计算：

$$\sqrt{\left(\frac{N_t}{N_t^b}\right)^2 + \left(\frac{N_v}{N_v^b}\right)^2} \leqslant 1 \tag{5-12}$$

$$N_v \leq N_c^b \qquad (5-13)$$

单个摩擦型高强度螺栓的承载力按下式计算:

$$\frac{N_t}{N_t^b} + \frac{N_v}{N_v^b} \leq 1 \qquad (5-14)$$

单个承压型高强度螺栓的承载力按下式计算:

$$N_v \leq N_c^b / 1.2 \qquad (5-15)$$

式中 N_t、N_v ——单个普通螺栓或高强度螺栓所受的拉力和剪力设计值（N）;

N_t^b、N_v^b、N_c^h ——一个普通螺栓或高强度螺栓的受拉、受剪、承压承载力设计值（N）。

（3）复杂连接节点有限元分析

整体钢平台模架结构中也有很多受力状态极为复杂的连接节点，包括构造较为复杂的竖向支撑装置、水平限位装置等。复杂连接一般采用实体单元模型进行线弹性有限元分析。建立复杂连接节点的实体单元有限元模型时，一般将复杂连接节点单独取出作为隔离体，其与周边构件或其他结构的相关关系以边界约束或荷载的形式代替，所以需要准确考虑其边界约束条件，并正确施加荷载。复杂连接节点在设计荷载作用下，其强度的控制准则用下列公式表示:

$$\sigma_{zs} \leq \beta_1 f \qquad (5-16)$$

$$\sigma_{zs} = \sqrt{\frac{1}{2}\left[(\sigma_1 - \sigma_2)^2 + (\sigma_2 - \sigma_3)^2 + (\sigma_3 - \sigma_1)^2\right]} \qquad (5-17)$$

式中 σ_{zs} ——折算应力;

σ_1、σ_2、σ_3 ——计算点处的第一、第二、第三主应力;

β_1 ——计算折算应力的强度值增大系数。当计算点各主应力全部为压应力时，$\beta_1 = 1.2$；当计算点各主应力全部为拉应力时，$\beta_1 = 1.0$，且最大主应力应满足 $\sigma_1 \leq 1.1f$；其他情况时，$\beta_1 = 1.1$。

5.6.3 整体模架虚拟仿真

1. 安装和拆除施工技术

整体钢平台模架装备安装前须完成相应的准备工作，各系统的安装要遵循相应的顺序要求以保证安装工作的顺利进行，安装完成后要进行整体性能调试以确保模架装备满足使用要求，在完成安装质量检验后再正式投入使用。

（1）安装准备工作

1）现场组织机构及施工人员需要符合专项方案的要求。构件及部品进场时，检验规格数量、产品质量证明文件、材质检验报告等。

2）整体钢平台模架装备支撑部位的混凝土结构强度及施工质量须在安装前确保满足支撑要求。

3）现场设置带有防护措施并具有足够承载力的辅助安装平台，现场还需要设置用于整体钢平台模架装备构件堆放和组装的场地平台。

（2）安装顺序

1）在整体钢平台模架安装前，模板系统一般已经附着在混凝土墙体结构上，拆除内外传统脚手架创造安装环境。

2）安装筒架支撑系统爬升节，筒架支撑系统爬升节通过其上设置的竖向支撑装置承力销搁置于混凝土结构支承凹槽。

3）安装钢梁爬升系统的爬升钢梁或爬升钢框，爬升钢梁或爬升钢框借助其上装配的竖向支撑组件承力销，使其可安放并支撑在混凝土结构的特制支承凹槽内。

4）筒架支撑系统标准节须分段安装，其组装在下部筒架支撑系统标准节中的双作用液压油缸动力系统会随筒架支撑系统标准节一同安装。

5）分块安装钢平台系统，钢平台框架支撑于临时支架，确保各分块就位后处于受力稳定状态，然后根据焊接或栓接连接要求形成整体钢平台，安装钢平台盖板及钢平台围挡等。

6）安装吊脚手架系统，按照先脚手吊架，然后脚手走道板，最后进行脚手围挡安装。主结构安装完成，进行脚手楼梯及安全栏杆安装。

7）整体钢平台模架装备安装验收。

（3）安装方法

整体钢平台模架装备各系统进行标准化分块后形成安装单元，各安装单元需要根据受力特点确定安装吊点位置及吊装方式，吊装通常采用4点吊，保证安装单元吊装过程的平稳性与安全性。在进行各系统安装时，需要遵循相应的顺序及规程要求。

（4）性能调试和质量验收

整体钢平台模架装备的电力系统需要进行用电安全性能测试。爬升工艺试验也必不可少。液压系统还需要进行系统调试，确保各项性能参数符合设计要求。整体钢平台模架装备初始安装完成后以及使用过程中结构体型变化后都应该进行质量检查验收，质量检查验收记录保存至工程施工完成。

（5）拆除顺序

1）拆除模板系统。对于钢平台系统下方的较大宽度分块模板可以先行拆除钢平台框架连系梁，以便分块模板可以塔式起重机直接吊运拆除。

2）拆除吊脚手架系统。通常采用单元分块拆除方法，每单元分块大小根据现场实际条件及具体情况确定。

3）拆除钢平台系统。根据钢平台框架安装过程的单元分块确定拆除先后顺序，人货两用电梯区域钢平台系统最后拆除。

4）拆除筒架支撑系统标准节。

5）拆除钢梁爬升系统的爬升钢梁或爬升钢框以及筒架支撑系统的爬升节，采用塔式起重机直接吊运拆除的方法。

6）在地面堆场清点各系统构件，完成拆除工作。

2. 爬升施工技术

整体钢平台模架装备爬升阶段按照施工工序分为爬升准备、爬升过程以及爬升结束三部分分别进行施工控制。根据理论研究与工程实践制定施工过程10min平均风速大于或等于18m/s时，不得进行爬升施工。

（1）爬升装备工作

1）在整体钢平台模架装备爬升前，首先需要对整体钢平台模架装备进行各项检查，确保爬升阶段的安全；2）保证钢梁爬升系统竖向支承装置承力销在混凝土结构支承凹槽上的可靠搁置，搁置长度一般不小于80mm；3）筒架支撑系统的水平限位装置与混凝土结构墙体保持合理的间隙或直接顶紧混凝土结构墙体；4）在爬升之前尚须确保混凝土结构实体抗压强度满足设计要求，承担竖向支撑装置承力销传递的荷载。

（2）标准爬升流程

1）钢梁与筒架交替支撑整体钢平台模架，钢平台系统位于浇筑完成的核心筒混凝土顶面约一层的位置，此时混凝土处于养护期，可以对核心筒上层进行钢筋绑扎作业。

2）在钢平台及脚手架上进行钢筋的绑扎工作；随后，拆卸大模板，并将其固定于悬挂脚手架及内外架支撑系统上。通过小油缸的回收使外架支撑的牛腿构件退至一定距离，以此完成整体钢平台爬升前的准备工作。

3）以核心筒墙体上的内架支撑系统作为稳固的支点，启动液压油缸，驱动整体钢平台及附带的大模板向上爬升至半楼层高度。到达指定位置后，通过小油缸的顶升将外架支撑平稳地安置在核心筒上，实现承载方式的转换。

4）通过液压油缸的回提动作，同步带动内架系统向上提升半层，随后借助小油缸的顶升功能，实现内架系统在核心筒上的支承，完成力的平稳过渡。

5）重复上述3）、4）步骤，整体钢平台完成第二次半层爬升。

6）大模板安装，紧固对拉螺栓，进行工程验收，准备浇筑核心筒墙体混凝土。

7）利用设置在钢平台顶部的液压混凝土布料机，通过设置的固定串筒，进行混凝土浇筑。

8）在混凝土浇筑完成进入养护阶段时，将用于上层核心筒结构的钢筋吊运至钢平台的顶部用于钢筋绑扎作业。

9）进入下一个标准层施工循环。

（3）爬升结束工作

1）爬升结束后，模架与混凝土结构均会因为支点位置变化而发生受力改变，故需要对爬升后的模架状态进行重新检查，只有检查合格后方可进入以后的作业阶段。

2）重点检查整体钢平台模架装备的电源是否有损坏，主要受力构件以及连接节点是否有裂纹、松动以及过大变形等，竖向支撑装置承重销或承力销是否可靠搁置在混凝土结构支承凹槽或钢牛腿支承装置上。检查中发现异常情况，必须及时进行纠正。

3）整体钢平台模架装备爬升后，需要关闭内外吊脚手架系统以及筒架支撑系统的防坠挡板，拧紧防坠挡板限位螺栓，做到防坠挡板与结构墙体相互之间缝隙大小满足施工要求。

4）逐级关闭各路液压泵站电源，关闭液压操作控制系统，保证双作用液压油缸缸体完好无损。对液压油缸进行卸载，确保油管无渗油和无破损等。最后，关闭顶升操控中央控制室，防止设施设备损坏。

3. 作业施工技术

（1）施工控制要点

1）在整个施工作业阶段，务必及时清理整体钢平台模架上积累的废弃物，保持作业区域的整洁与安全。2）在爬升后的作业阶段，必须对吊脚手架系统、筒架支撑系统以及钢梁爬升系统的底部进行全面检查，确保防坠落挡板的完整封闭，同时采取切实可行的措施，防止高空坠物的发生。3）竖向支撑装置承力销支撑在混凝土结构支承凹槽要确保各个点的受力均匀性，混凝土支承凹槽搁置面要控制使其不得出现开裂、塌角、塌边等现象。

（2）施工过程风速控制

整体钢平台模架装备作业遇大风天气时，需要根据风速在吊脚手架系统上设置脚手抗风杆件进行加固。根据理论研究与工程实践制定施工过程10min平均风速大于或等于18m/s时，应在吊脚手上设置脚手抗风杆件，具体要求是在吊脚手架系统上的每两跨、每两步设置一道脚手抗风杆件。为了便于采用扣件连接脚手吊架，通常脚手抗风杆件采用$\phi 48 \times 3.5$钢管制作，并用直角扣件或旋转扣件固定于脚手吊架。脚手抗风杆件与混凝土结构连接时，可以通过混凝土结构墙面预设的H形螺栓直接连接固定，也可通过滚轮直接顶紧固定。在混凝土结构门洞部位处，脚手抗风杆件可根据洞口实际情况灵活加以固定。

（3）支撑部位混凝土强度控制

整体钢平台模架装备作业过程中，一般支撑于混凝土结构墙体顶端或侧面，支撑部位混凝土结构满足承载力要求是整体钢平台模架装备施工安全的重要保证。支撑部位混凝土结构如果出现承载力不足的情况，不仅会使混凝土结构局部破坏，而且可能造成整体钢平台模架装备失去可靠支撑，进而可能引发整体钢平台模架装备的重大事故。为了保证混凝土结构的受力安全，钢柱爬升系统支撑部位混凝土结构实体强度一般不小于10MPa；筒架支撑系统、钢梁爬升系统支撑部位混凝土结构实体强度一般不小于20MPa。

5.6.4 整体模架控制技术

1. 虚拟建造平台系统

为有效管理整体钢平台模架装备的标准模块构件及组件,最大限度实现钢平台模架装备的重复周转使用,同时有效解决钢平台安装及施工中可能出现的各组件碰撞冲突等问题,开发了整体钢平台模架装备虚拟仿真建造平台系统。该系统具有各个子系统参数化建模、模型库管理、装备仿真拼装、装备与钢平台合模的可视化仿真建造等功能,改变了传统工艺手段,实现数字化建造。使整体模架装备仅能适应单一工程需要、不能周转使用的现状得到根本改变,模架装备综合周转率理论上可达90%以上。

整体钢平台模架装备通过模块化设计分为标准构件和非标准构件。标准构件指的是尺寸和规格固定不变的通用构件,通用构件通常根据模数形成产品系列,例如钢平台系统中的跨墙连梁、吊脚手架系统中的走道板及围挡板、筒架支撑系统的标准节及爬升节、钢柱爬升系统中的爬升钢柱及爬升靴组件装置等。非标准构件指的是尺寸和规格随工程变化的非通用构件,例如非标准构件钢平台框架、脚手走道板及围挡板、模板等。

整体钢平台模架装备采用模块化设计方法,在设计、加工制作及施工阶段均能发挥标准化的作用。在设计时,从数字化构件模型库中选取标准构件,如果库中无适用的非标准构件可以根据工程实际设计定制非标准构件,并通过标准构件和非标准构件组装形成整体模架,达到模块化设计整体钢平台模架装备的数字化目的;这种数字化设计方法能够缩短设计周期,提高设计效率,体现工业化建造理念。在进行加工制作时,对于建立了数字化构件模型库,新加工制作的非标准构件将会占很小的比例,可以大大节约工程投入成本;在安装过程中,由于构件标准化程度高,且各系统或构件之间大量采用了螺栓连接方式,安装精度提高,安装速度加快。在施工过程中,通过模架装备局部结构的移位和拆卸就能应对各种复杂体形混凝土结构变化的施工需要,构件出现损坏更换过程也变得更加简单。

以实现整体钢平台模架装备系统单元功能需要为前提,采用模块化拆分的数字化技术方法进行分解,通过对系统单元标准要素的归纳、替代、排除和扩展,将整个模架结构分解成若干模块与子模块,对不同的模块和子模块分别进行数字化设计,可以为构建数字化的整体钢平台模架装备设计、施工软件平台系统打下基础。通过体系化研究,精细化设计,建立数字化构件模型库软件平台系统;通过加工制作导入三维建筑信息模型的方法,进行数字化构件制造;通过标准构件和非标准构件的集成,建立可调用数字化构件模型库进行构件、单元组装的整体模架仿真设计、仿真施工过程的软件平台系统;提高数字化的设计、加工制作以及施工过程控制的技术水平。具体而言,整体钢平台模架装备可分解为钢平台结构部件、吊脚手架结构部件、筒架支撑结构部件、爬升结构部件、标准通用部件等标准模块。

2. 虚拟仿真施工技术

（1）结构体型变换全过程虚拟仿真技术

上海中心大厦核心筒结构体型复杂，墙体厚度经过多次收分，外围翼墙从1200mm减小至500mm，中间腹墙从900mm减小至500mm，核心筒结构体型从九宫格组件变为五宫格，整体钢平台模架装备须跟随结构体型的变换进行空中分体转换，以满足结构施工的需要。

为了适应核心筒体型变化，钢平台模架需要进行外挂脚手架的整体平移、内筒架空中解体转换为外挂脚手架等许多复杂的动作，在钢平台体型转换过程中，其附墙搁置点的位置、数量随结构墙体的变化也会有不同，为了解决钢平台体型变换过程中可能出现的与结构碰撞及安全隐患问题，验证施工方案的合理性，并对施工方案做最优化处理，采用三维模型进行虚拟施工。

（2）特殊结构层虚拟仿真技术

上海中心大厦结构设计中，为了提高结构的抗侧刚度、控制结构侧移，采用了设置结构加强层的方法，在核心筒墙体内设置钢板，在核心筒与外框柱之间共设置了六道穿越核心筒墙体的伸臂桁架。剪力钢板、伸臂桁架构件往往需经由整体钢平台模架的顶部吊装至核心筒内部进行安装，这一操作过程中不可避免地会与钢平台系统的部分跨墙钢梁发生碰撞，因此，核心筒内的剪力钢板与伸臂桁架会严重影响整体钢平台的爬升和使用，为了解决这个问题，上海中心大厦工程在整体钢平台模架系统中设置了标准跨墙连梁，通过采用灵活装拆部分标准跨墙连梁的方式，可满足塔式起重机将剪力钢板、伸臂桁架直接吊运至钢平台下方安装的需要；对于部分因为受力需要不能拆装的跨墙钢梁，则采用在钢平台底部设置滑移轨道和可移动吊点的方式，通过空中接力滑移的方式将剪力钢板或桁架分段安装到位。

下面结合上海中心大厦伸臂桁架的施工案例，具体介绍钢平台拆装与伸臂桁架安装的施工仿真流程。上海中心大厦的伸臂桁架位于九宫格的纵横向中间两道腹墙内，高度为两个层高，其施工流程为：

1）拆除钢平台系统中间宫格的东西方向跨墙连梁，吊装南北方向中间宫格的伸臂桁架下弦杆，吊装完成后恢复跨墙连梁。

2）拆除钢平台系统中间宫格的南北方向跨墙连梁，吊装东西方向中间宫格的伸臂桁架下弦杆，吊装完成后恢复跨墙连梁。

3）拆除钢平台系统外围宫格中间部位的跨墙连梁，吊装伸臂桁架下弦杆，吊装完成后恢复跨墙连梁，由此完成伸臂桁架下弦杆安装。

4）施工一层核心筒混凝土结构，整体钢平台模架爬升一层，安装伸臂桁架腹杆和上弦杆。

5）按照安装步骤1）和2），分次拆除钢平台系统中间宫格的纵横向跨墙连梁，吊装中间宫格部位的伸臂桁架腹杆和上弦杆，吊装完成后恢复跨墙连梁，完成中间宫格的伸臂桁架施工。

6）拆除钢平台系统外围宫格中间部位的跨墙连梁，吊装外围伸臂桁架腹杆和上弦杆，吊装完成后恢复跨墙连梁，由此完成伸臂桁架安装，实现整体钢平台模架穿越桁架层施工。

5.6.5 模架监控与可视化

1. 模架监控内容及方法

（1）模架监控对象

整体钢平台模架的监控对象主要是其关键受力系统构件以及影响模架装备施工的作业环境两方面，钢梁筒架交替支撑式整体钢平台模架装备关键受力系统包括钢平台系统、筒架支撑系统、爬升系统、吊脚手架系统、模板系统。其中，钢平台系统、筒架支撑系统、爬升系统以及作业环境是重点监控对象，吊脚手架系统及模板系统为辅助监控对象。

（2）模架监测原则及内容

监测原则：针对风险较大的区域进行重点监测，包括钢平台系统、支撑系统、爬升系统；针对风险较小的区域进行辅助监测，包括吊脚手架系统、模板系统；同时对风速风向等环境进行监测。

（3）模架监测方法

传感器选型和布设是爬升模架设备安全监测的重要环节，直接影响监测的可靠性。监测爬升模架设备应变的传感器，动态环境建议选择光纤光栅式，可实现高频采集，静态环境建议选择振弦式。监测点传感器布置应综合考虑钢平台框架作业阶段和爬升阶段的工况变化，位置根据有限元分析计算结果进行布设，选择应力最大位置和应力变化幅度最大的位置。

1）钢平台系统监测

钢平台水平度监测主要内容包括爬升和作业阶段，在模架装备爬升阶段，监测钢平台框架竖向差异变形，实现水平度数据与液压爬升同步控制系统的协同联动；在模架装备作业阶段，对模架装备的堆载进行评估。水平度可采用静力水准仪进行监测，监测点位置通常布设在钢平台框架4个角点的钢梁下翼缘部位。钢平台应力通常采用光纤光栅式应变计或振弦式应变传感器等。测点的布设位置，须根据有限单元数值分析计算结果确定。钢平台系统作业舒适度监测可选用加速度传感器进行监测。测点可布设在钢平台框架主梁的底部，数量通常为若干个，以全面观察钢平台不同部位的振动情况。

2）筒架支撑系统监测

竖向型钢杆件应力监测通常采用光纤光栅式应变计或振弦式应变传感器监测应力，

测点的布设位置须根据有限单元数值分析计算结果确定，布设于竖向型钢杆件合适的位置。筒架垂直度监测通常可采用倾角计监测垂直度，测点位置布设于筒架竖向型钢杆件的合适部位。结构混凝土强度监测手段主要包括实体结构强度演化测定法等。承力销压力和承力销位移监测采用智能支撑装置。承力销搁置状态监测采用视频监控技术进行监测。筒架底部封闭性状态监测采用图像识别技术进行监测。

3）爬升系统监测

爬升钢梁水平度监测可选用静力水准仪监测，测点位置布设于爬升钢梁的侧向。爬升油缸压力监测通常采用油压传感器实时监测，并通过液压控制系统进行控制。爬升油缸位移监测通常采用内置磁环式位移传感器实时监测，并通过液压控制系统进行实时控制。爬升速度和爬升位移的监测均可以通过可编程逻辑控制器实现。

4）吊脚手架系统监测

吊脚手架系统的监测采用静力水准仪监测，该监测内容是可选项。

5）模板系统监测

模板系统监测采用压力传感器监测浇筑侧压力，测点位置可布设在侧面模板的底部。该监测内容也是可选项。

6）作业环境监测

作业环境监测的内容包括风速风向和施工作业情况，选测的内容包括风压、温湿度、模架封闭性和爬升障碍物。环境风的监测包括风速风向和风压。风速风向的监测目的是实时监测模架装备顶部的风速风向，保障在安全的环境下进行高空施工作业。可采用机械式或超声波式风速风向仪进行监测，传感器测点位置可布设在模架装备的顶层施工操作面周边角部，数量为1或2台。风压监测可采用风压传感器。环境温湿度监测主要用于对现场工作条件进行评估。温湿度监测可采用一体式温湿度测量仪。

2. 监控数据传输与处理

（1）监控数据采集技术

整体钢平台模架装备监测传感器主要包括应变传感器、加速度传感器、风速风向传感器、压力传感器、静力水准传感器、倾角仪、位移传感器等。上述传感器可根据采集原理划分为数字输出传感器、电流输出传感器、电压输出传感器以及光纤光栅传感器等。针对数字输出传感器，可直接通过RS485/RS232模块进行数据接收和解析；针对电流输出传感器，可通过电流型采集仪转换为数字输出后，通过RS485/RS232模块进行数据接收和解析；针对光纤光栅传感器，可通过光纤光栅解调仪进行同步采集；针对视频数据，可通过NVR等网络录像机进行数据采集，如图5-52所示。

实际应用应合理设计数据采集方法、数据采集频率和数据传输路径，确保数据采集准确，数据传输延时小于200ms，使得安全控制滞后时间在有效范围内。

（a） （b）

图5-52 数据采集设备
（a）光纤光栅采集；（b）视频监控采集

（2）监控数据传输技术

根据不同的监测场景条件以及不同类型传感器的特点，采用不同的数据传输技术，数据传输可采用总线式数据传输、无线式数据传输、有线与无线融合的数据传输等。针对模架装备常规监测数据（不涉及控制）采用无线传输技术。监测传感器至爬升模架设备爬升作业监控室之间由于距离较近采用常规有线传输，通常采用RS485/RS232总线式传输技术。常规监测数据至云平台采用无线传输。由于爬升模架设备距离项目现场监控中心较远（通常大于500m），涉及控制的数据，采用光纤有线传输。针对无线传输，目前局域网数据传输主要采用ZigBee、LoRa和NB-IoT等，远程数据传输主要采用小型大功率无线电台、低压电力线载波、Wi-Fi、GPRS/3G/4G等。用于爬升模架设备监测的无线数据技术包括ZigBee、LoRa、3G/4G等技术。其中，ZigBee与LoRa用于现场局域数据无线传输，将数据从采集端传输至现场工控机或3G/4G模块；3G/4G技术用于远程数据无线传输，将数据从现场传输至远程服务器，其网络拓扑图如图5-53所示。为了保证数据传输的同步性，静态采集时，数据同步间隔差应小于1s，采样周期设定在1s~10min；动态采集时，数据同步间隔差应小于100ms，采样周期设定在10ms~1s。

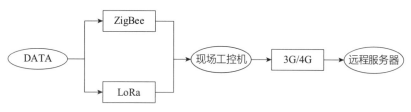

图5-53 无线传输网络拓扑图

（3）监控数据处理技术

整体钢平台模架装备数字监测平台系统上可呈现整体钢平台模架装备的三维建筑信息模型，管理人员可以从任意视角选择查看各个测点的监测数据。信息监测平台系统自动对数据进行分析处理，还原整体钢平台模架装备在各个时刻下的空间受力状态。信息监测平台系统可以定制具有辅助施工现场管理工作功能的移动端。用户可在移动端通过连接部署在云服务器上的数据库快速查看各个检测点的数据。移动端远程监测系统同时具有安全预警功能，实现基于移动端的预警问题迅速处理。

3. 模架状态可视化控制

（1）液压系统设计

动力系统核心由一套集成的控制系统和多台液压泵站以及配套的液压油缸构成。其中，每台液压泵站能够驱动4~5个液压油缸工作。液压顶升油缸作为驱动整体钢平台实现爬升的重要动力来源，被牢固地安装于内构架层的底部位置。此外，由于本工程墙体厚度变化次数较多，墙体厚度变化量大，因此还要求支撑牛腿的承力销有足够的长度并能灵活地调整外伸长度，设置牛腿顶推油缸完成牛腿外伸与收缩动作。

1）顶升油缸

顶升油缸活塞杆材料选用40Cr调质，缸筒材料选用加厚钢并经过调质处理。活塞杆端部设计成0°~5°可调结构。缸筒油嘴处加液控单向阀，以确保油缸自锁，在进油管处设油管防爆阀，防止油管爆裂。顶升油缸的活塞杆头部设计有万向球头，以减少油缸的侧向力，有效地保护了油缸，提高整个系统的安全性和可靠性。

2）牛腿顶推油缸

牛腿顶推油缸额度工作荷载2t，油缸行程430mm，缸筒外径65mm，最大工作压力12MPa，每个牛腿承力销的尾部均设置1个牛腿顶推油缸，可实现牛腿伸缩动作的全自动化，安全可靠，动作时间短。

3）泵站系统

根据整个体系的载荷分布情况及其机构特点，同时考虑现场施工工况的复杂性，管路的连接采用快速接头，更换使用快速方便，整个泵站系统选用若干套专用泵站，每套泵站控制4个或5个油缸，通过PLC来达到同步。每套系统可控制4个或5个油缸独立工作。

4）液压控制总体方案

液压基站控制采用"高性能工控机+PLC（Programmable Logic Controller）可编程逻辑控制器+组态监控软件+液压泵站+双作用液压油缸+传感装置"方案。高性能工控机实现对控制器参数变量设置，可编程逻辑控制器进行逻辑运算处理，液压泵站为双作用液压缸顶升和回缩提供动力，双作用液压油缸作为执行机构完成具体操作，传感装置监测双作用液压缸的位移和压力数据，并及时反馈给可编程逻辑控制器。顶升油缸液压基站与牛腿顶推液压基站架构图如图5-54所示。

5）液压泵站回路设计

爬升模架设备液压顶升系统包括8个液压泵站，36组顶升油缸。每个液压站系统为单泵、定量、开式系统，包含的基本回路有：采用电磁换向阀实现液压油不同方向的流入、流出，单向阀防止液压缸或者垂直工件因自重而出现下滑，节流阀改变回路中流量，达到执行元件速度的目的，调速阀可以提高回路的速度刚度，改善速度—负载特

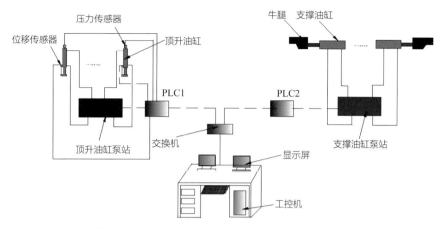

图5-54　顶升油缸液压基站与牛腿顶推液压基站架构

性，提高速度的稳定性。

爬升模架设备牛腿顶推液压系统回路设计如图5-55所示，当二位二通电磁阀6-1/6-2为关闭状态时，液压缸8保持静止；当二位二通电磁阀6-1、电磁球阀7-2阀口打开且二位二通电磁阀6-2、电磁球阀7-1关闭时，液压油进入液压缸8左腔，右腔液压油经过电磁球阀7-2流回油箱1，液压缸8柱塞杆伸出，联动支撑牛腿伸出到达指定位置。反之，当二位二通电磁阀6-1、电磁球阀7-2阀口关闭且二位二通电磁阀6-2、电磁球阀7-1打开时，液压油进入液压缸8右腔，左腔液压油经过电磁球阀7-1流回油箱1，油缸柱塞杆完成缩回动作，联动支撑牛腿缩回整体钢平台安全区域。

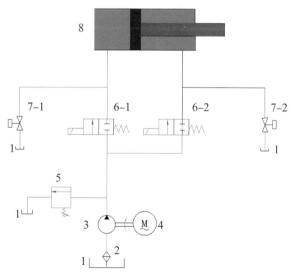

图5-55　爬升模架设备牛腿顶推液压系统回路设计
1—牛腿泵站油箱；2—油液过滤器；3—液压泵；4—泵站电机；
5—溢流阀；6—二位二通电磁阀；7—电磁球阀；8—牛腿驱动油缸

6）液压泵站硬件选择

顶升油缸泵站电机采用1.5kW的交流电动机，牛腿泵站电机采用750W的交流电动机。顶升油缸液压泵站及牛腿液压泵站均使用二位二通式电磁换向阀及调速阀、溢流阀、单向阀组合控制油路流入、流出；在泵站上安压力表监测泵站系统压力，每一根油路上连接相应的油路压力传感器监测每一条液压油路的压力大小。

（2）反馈控制电气系统设计

1）系统的硬件方案设计

反馈控制系统硬件主要包括现场工控机、PLC控制器、液压泵站、油缸及压力、位移传感器。工控机实现对控制器参数变量设置，PLC控制进行逻辑运算处理，液压泵站为牛腿伸缩及油缸顶升提供动力，油缸作为执行机构完成具体要求，传感器元件监测油缸数据、支撑压力，并及时反馈给控制器PLC，图5-56为系统硬件方案设计。

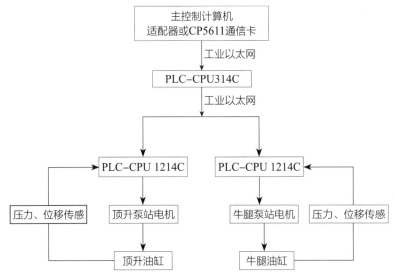

图5-56　系统硬件方案设计

工控机应具有高抗振性和抗冲击性，并应设置在配有温度控制系统的环境中，使工作温度处于安全范围之内，从而确保提高监控系统的稳定性。组态软件通过数据采集卡来实现工控机与工业总线的连接和采集总线上的数据，从而使操作人员控制整个系统，并可实时记录系统的运行状态。触摸屏用于输出整个同步顶升系统控制指令。同时，触摸屏还具有监测功能，可实时动态显示各液压油缸位置处的压力和位移数据（图5-57）。

2）控制流程

控制系统工作主要流程为：压力传感器采集油缸顶升压力数据及牛腿顶推油缸压力数据，位移传感器监测顶升油缸伸缩位移及支撑油缸伸缩位移，传感器监测信号传输给PLC控制系统，控制系统将对采集数据与设定位移、压力值进行比较，并立刻输出下一

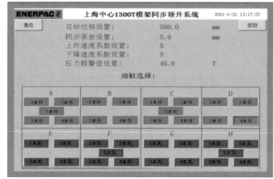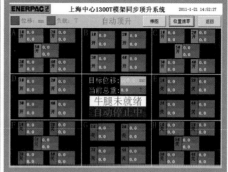

图5-57　整体钢平台模架同步顶升界面

步执行信号，通过控制液压泵站电磁阀，利用压力油流入、流出特性驱动油缸活塞杆伸出或者缩回，通过监测反馈控制实现油缸同步顶升及牛腿顶推的伸缩要求。

3）电路设计

爬升模架设备控制系统电路设计包括爬升模架设备顶升控制系统电路及牛腿顶推控制系统电路，控制系统电路由各类电源开关、接触器、保护器、电动机、油缸电磁阀、传感器、控制器等模块连接组成。PLC控制器的数字量输入模块连接开关、电磁阀、接触器，控制器的数字量输出模块连接设备及仪表的电阻元件，模拟量模块连接位移、压力传感器信号线。

（3）爬升状态控制系统设计

整体钢平台模架装备的智能化控制包括爬升阶段控制和作业阶段控制，如图5-58所示。

爬升阶段是整体钢平台模架装备监控的关键环节。由于施工堆载等因素的影响，整体钢平台模架装备负载分布不均，产生了油缸负载分布不均的问题。在爬升过程中，整体钢平台模架装备框架容易出现爬升不同步现象，为了防止爬升模架装备的水平度差异较大，需要严格控制水平度在合理范围之内。

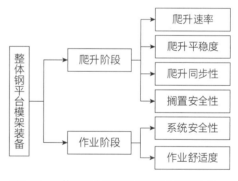

图5-58　整体钢平台模架装备智能化控制技术

1）闭环控制逻辑

爬升模架设备在顶升过程中，庞大的爬升模架设备框架容易出现顶升不同步现象，需要对油缸压力及位移严格监控，控制爬升模架设备水平度在一定范围之内。因此顶升油缸安装拉线式位移传感器，并通过单个油缸位移数据实时采集并进行比较，若其中某两个油缸顶升位移差到达报警值，系统便将位移值最大的油路电磁阀断电。此外，油缸的负载具有一定的限度，需要对油缸压力负载进行监控，并与油缸负载设定值作比较，当油缸负载达到设定值，便断开此油路的电磁阀。

2）程序执行周期循环

PLC编程语言采用梯形图语言，编程软件将写好的控制程序写入PLC中。整个爬升系统的自动控制核心主要包括位移差判断、油缸负载判断、爬升位移判断三个程序，根据各程序的状态判断进行电磁阀得电与断电控制。

3）组态软件程序开发

爬升模架设备爬升控制系统主要由PLC控制器实现逻辑运算处理，通过PLC控制程序编辑，PC机通过通信电缆将控制程序下载到PLC中，接通电路后，执行机构按照控制器内的程序进行运行。除了PLC控制器的逻辑运算可以实现油缸的反馈控制外，利用组态软件与传感器相互配合，也能实现油缸同步顶升。根据顶升的具体要求，结合监测数据采集元件，通过组态软件编写脚本程序，也能实现油缸同步顶升控制。

（4）可视化监控平台

整体钢平台模架在施工过程中通过整体模架实时监测与可视化监控系统（图5-59）来实现对发放控制指令、信号实时显示、运行状态监测和通信联络的综合控制。在控制过程中，既可以根据预定参数进行自动控制，也能通过实时监测数据进行手动控制。整体钢平台模架的可视化控制主要有位移控制、荷载控制、位移和荷载双向控制、监测控制和数据分析控制等类型。

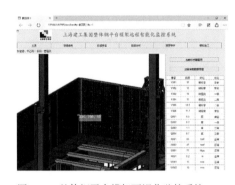

图5-59　整体钢平台模架可视化监控系统

基于BIM、WebGL和Html5技术，实现钢平台、检测信息、施工工况等信息的集成，在浏览器端显示钢平台和监测系统的BIM模型，支撑管理人员随时随地查看钢平台各个测点的监测数据，便于分析和管理。

通过整体钢平台实时监测与可视化监控系统，能够对整体钢平台模架体系进行实时监测，实时掌握模架体系的运行状态，确保其安全受控。基于位移、荷载、检测、数据分析以及综合调控补偿等控制技术，实现多点动力系统的有效协同控制，使整体钢平台按设定指令自动平稳爬升。通过模架施工过程实时监测与可视化控制系统，可以真实和直观地展现整体钢平台模架的应用情况、各个子系统的运行情况及出现的异常情况，通过人性化的人机交互界面，能够使用户直接浏览到分布在前端的设备的运行状态和数据，并对前端设备进行控制，及时发现和处理模架运行出现的异常情况，从而大幅提高工作效率，降低人员管理成本。

5.6.6　特殊结构工艺方法

1.　墙体收分、体型转换施工技术

根据上海中心大厦的受力特点，混凝土结构核心筒厚度会随着建筑高度的增加而逐渐变薄，墙体收分会导致吊脚手架系统及筒架支撑系统与墙体的间距逐渐增大。对于混凝土结构核心筒内部墙面，由于电梯井的原因，通常内部墙面不采用结构收分设计，只有部分工程会采用结构收分设计，但总体而言内墙面收分尺寸较小，故吊脚手架系统及筒架支撑系统一般采用补缺走道板的方法解决。

（1）脚手滑移施工技术

对于超高混凝土结构核心筒外部墙面收分，由于结构收分设计一般比较大，采用吊脚手架补缺走道板的方法往往还不能彻底解决问题，故吊脚手架系统还会采用整体滑移的施工方法。整体滑移通常有吊脚手架系统单独整体滑移和钢平台系统与吊脚手架系统整体滑移的施工方法。

（2）施工流程

1）钢梁与筒架交替支撑式整体钢平台模架首次调整

核心筒墙体由2区向3区过渡时，翼墙由外侧向内侧收进200mm，墙体厚度由1200mm变化至1000mm，腹墙由两侧向中间各收进50mm，墙体厚度由900mm变成800mm。待23层核心筒施工完成后，拆除外挂脚手架临时补缺部分，利用布置在脚手架系统顶部的DX469603型小油缸，推动外挂脚手架可移动部分向墙体内侧移动200mm，移动完成后，对外侧挡板和架体移动后造成的空隙进行补缺。内架系统由于腹墙的收分较小，无须整体滑移，只须对架体底部防倾覆滚轮和防坠闸板进行微调，满足施工安全需要。

2）钢梁与筒架交替支撑式整体钢平台模架第二次调整

核心筒墙体由3区向4区过渡时，翼墙由外侧向内侧收进200mm，墙体厚度由1000mm变化至800mm，腹墙由两侧向中间各收进50mm，墙体厚度由800mm变成700mm。待第38层核心筒施工完成后，脚手架系统开始第二次滑移，滑移方法同首次滑移。

3）钢梁与筒架交替支撑式整体钢平台模架第三次调整

核心筒墙体由4区向5区过渡时，翼墙由外侧向内侧收进100mm，墙体厚度由800mm变化至700mm，腹墙由两侧向中间各收进25mm，墙体厚度由700mm变成650mm。同时52层墙体四个角部逐步向两边收进，其中⑱和⑫两道轴线处腹墙由两侧各向中间收进4320mm，其中⑩⑦和⑬⑶两道轴线处腹墙由北侧向南侧收进6250mm，由南侧向北侧收进6770mm。完成第53层核心筒混凝土施工后，对跳爬式液压顶升钢平台脚手模板系统进行调整。

4）钢梁与筒架交替支撑式整体钢平台模架第四次调整

核心筒墙体由5区向6区过渡时，翼墙由外侧向内侧收进100mm，墙体厚度由700mm

变化至600mm，腹墙由两侧向中间各收进25mm，墙体厚度由650mm变成600mm。同时墙体四个角部进一步向两边收进。完成第69层核心筒混凝土后，对跳爬式液压顶升钢平台脚手模板系统进行调整。

5）钢梁与筒架交替支撑式整体钢平台模架第五次调整

核心筒墙体由6区向7区过渡时，翼墙厚度保持不变，腹墙由两侧向中间各收进50mm，墙体厚度由600mm变成500mm。同时核心筒四个角部墙体四个角部收完。核心筒在84层变成5宫格筒体。完成第84层核心筒混凝土后，对跳爬式液压顶升钢平台脚手模板系统进行调整。

2. 劲性桁架层施工技术

上海中心大厦因为整体性要求，在不同的高度设置若干劲性桁架层，将外围钢框架与内部混凝土核心筒连接为共同作用的整体结构。在整体钢平台模架装备早期发展中，劲性桁架层施工采用了作业简单，但危险性相对较大的空中分体组合施工技术。随着施工技术的发展，采用钢平台框架跨墙连梁可拆装式施工技术是普遍采用的方法，这种方法解决了钢平台系统阻挡劲性桁架钢构件吊装的问题，安全性和施工效率大大提高。

（1）连梁拆装施工技术

劲性桁架钢构件最简便的方法就是从钢平台系统上方直接吊入进行安装，所以只需解决钢平台框架跨墙钢梁部分相碰的技术问题，因此在平面上只要协调好劲性桁架钢构件吊装与钢平台框架跨墙钢梁的相互关系即可。上海中心大厦采用钢梁与筒架交替支撑式整体钢平台模架装备，其跨墙连梁拆卸与安装的施工方法如下。

（2）施工流程

1）在确保标准层钢平台已爬升至目标位置后，将继续爬升至半层高度，以支持桁架层下一层核心筒的施工。此次，钢平台的半层爬升，大模板将保持在原有位置，不随整体钢平台一同上升。

2）拆除钢平台东西方向中部连系钢梁，吊装南北方向中部伸臂桁架下弦杆，重新安装钢平台东西方向中部连系钢梁；拆除钢平台南北方向中部连系钢梁，吊装东西方向中部伸臂桁架下弦杆，重新安装钢平台南北方向中部连系钢梁；完成井字形中部伸臂桁架下弦杆安装。

3）拆除钢平台井字形外部连系钢梁，吊装井字形外部伸臂桁架下弦杆，重新安装钢平台井字形外部连系钢梁，完成伸臂桁架下弦杆安装。

4）在钢平台系统与脚手架系统上，进行$n+1$层的钢筋绑扎工作；随后，拆除大模板，并将其固定于悬挂脚手架及内外架支撑系统上，整体钢平台准备爬升。

5）以核心筒墙体上的内架支撑系统作为支点，利用液压油缸使整体钢平台和大模板同步爬升，整体钢平台外架系统支承于核心筒上，进行受力转换。

6）液压油缸回提，带动内架系统同步提升半层，并支承于核心筒上，进行受力转换。

7）重复5）、6）步骤，整体钢平台完成第二次半层爬升。

8）大模板安装，紧固对拉螺栓，进行工程验收，准备浇筑核心筒墙体混凝土。

9）利用设置在钢平台顶部的液压混凝土布料机，通过设置的固定串筒，进行$n+1$层混凝土浇筑，并及时养护。

10）依照先前的第5）、6）步骤操作流程，整体钢平台将连续完成两次半层的爬升动作，为伸臂桁架腹杆和上弦杆安装作业做好全面准备。

11）拆除钢平台东西方向中部连系钢梁，吊装南北方向中部伸臂桁架腹杆和上弦杆，重新安装钢平台东西方向中部连系钢梁；拆除钢平台南北方向中部连系钢梁，吊装东西方向中部伸臂桁架腹杆和上弦杆，重新安装钢平台南北方向中部连系钢梁；完成井字形中部伸臂桁架腹杆和上弦杆安装。

12）拆除钢平台井字形外部连系钢梁，吊装井字形外部伸臂桁架腹杆和上弦杆，重新安装钢平台井字形外部连系钢梁，完成安装伸臂桁架腹杆和上弦杆。

13）在钢平台系统和脚手架系统上绑扎$n+2$层钢筋，进行大模板安装，浇筑核心筒混凝土，并进行养护；随后，绑扎$n+3$层钢筋，准备钢平台爬升工作。

14）重复第5）、6）步骤流程，整体钢平台完成一次半层爬升。

15）大模板安装，紧固对拉螺栓，进行工程验收，准备$n+3$层核心筒墙体混凝土的浇筑工作。

16）利用设置在钢平台顶部的液压混凝土布料机，通过设置的固定串筒，进行$n+3$层混凝土浇筑，并进行养护，以完成伸臂桁架层施工。

17）待伸臂桁架层施工完成后，重复5）、6）步骤，直至$n+6$层混凝土施工完成，进入下一个标准层爬升循环。

3. 劲性钢板层施工技术

随着建筑高度的不断增加，为了提高混凝土结构核心筒的延性，设置劲性钢板的方法逐渐增多，具体是劲性钢板通过栓接或焊接进行分块连接，形成混凝土结构核心筒的劲性钢板剪力墙层。施工的关键同样在于劲性钢板与整体钢平台模架装备在平面及立面的关系协调、空间位置避让等。就平面位置关系而言，劲性钢板构件从钢平台系统上方吊装进入，安装就位受钢平台框架跨墙连梁的影响和制约；就立面位置关系而言，劲性钢板构件的竖向分节对整体钢平台模架装备的爬升高度也会带来一定的影响。针对以上问题，上海中心大厦采用钢平台框架跨墙连梁装拆施工技术，实现劲性钢板层的安全高效施工。

（1）连梁拆装施工技术

对于混凝土结构核心筒设置劲性钢板的层数较少或劲性钢板在结构墙体分布较少的情况，一般采用跨墙连梁拆卸与安装交替进行的施工方法。基于整体钢平台模架装备标准模块化的设计特点，根据劲性钢板分布位置在钢平台框架中采用可拆卸跨墙连梁的设计方法，跨墙连梁通过螺栓连接于钢平台框架主梁上。施工过程根据劲性钢板安装顺序依次拆除与劲性钢板吊装单元相碰的跨墙连梁，利用塔式起重机直接吊运至钢平台框架下方进行安装就位。

劲性钢板层施工，跨墙连梁拆装施工具体方法与劲性桁架层跨墙连梁拆装施工方法类同，技术关键在于合理设置可拆卸跨墙连梁。劲性钢板进行分段后，根据分段长度在钢板分布位置设置可拆卸跨墙连梁，每块劲性钢板对应位置均须设置可拆卸跨墙连梁，这样在吊装的每个位置都能形成吊装空间，使劲性钢板构件能够直接安装就位。

（2）施工流程

上海中心大厦采用钢梁与筒架交替支撑式整体钢平台模架装备，其跨墙连梁拆卸与安装的施工流程如下。

1）在13~18层核心筒施工时，须先拆除剪力钢板所在位置钢平台部分连系钢梁，剪力钢板完成吊装后，再重新安装该部分连系钢梁，从而进入钢梁与筒架交替支撑式整体钢平台模架非伸臂桁架层段爬升流程。

2）在23~34层核心筒施工时，已在钢平台设计阶段将连系钢梁避开剪力钢板所处位置，钢梁与筒架交替支撑式整体钢平台模架在正常使用和爬升过程中，剪力钢板的吊装对其均不造成影响，其爬升方案可参照非伸臂桁架层的爬升。

3）在50~51层核心筒施工时，钢梁与筒架交替支撑式整体钢平台模架正好处于伸臂桁架层爬升状态，剪力钢板吊装时，先拆除剪力钢板所在位置钢平台部分连系钢梁，剪力钢板完成吊装后，再重新安装该部分连系钢梁，从而进入钢平台体系伸臂桁架层段爬升流程。

5.7 超高结构预变形控制技术

5.7.1 竖向变形仿真分析

在超高层建筑的施工过程中，其结构受到自重、风力、施工荷载（塔式起重机等）等外界因素作用引发整体形态发生变化。因此，为了保证主体结构的顺利施工，必须采取有效措施来减小核心筒与外框柱的整体变形及差异变形，超高结构竖向变形仿真分析技术是实现这一目标的基础性工作。

1. 超高结构竖向变形特征

（1）不考虑施工期间误差消除的结构变形

传统结构设计往往侧重于竣工后整体结构的加载设计分析，而较少关注施工阶段结构所受的影响。实际上，在建筑结构的施工过程中，其真实的受力状态与一次加载存在显著差异，在超高层建筑领域尤为突出。由于超高层建筑的施工周期较长，施工过程中会因为结构时变、材料时变、荷载时变等因素对结构的受力性能产生影响。

（2）考虑施工期间误差消除的结构变形

通过分析考虑施工期间误差的结构变形曲线特征，可发现结构平差对框架与核心筒不均匀变形产生重要影响，须在结构施工过程中对竖向变形进行适当调整，以施工找平的方式确保每个施工段的标高达到设计标准，从而有效控制结构的竖向变形及差异变形。同时根据图纸及现场实际情况与设计沟通确定的预抛高值，补偿适当的结构标高，以应对结构整体竖向变形的影响。

2. 超高结构的竖向变形仿真分析

（1）变形计算的分析方法

目前可用于超高结构竖向变形仿真分析的主要方法为有限单元法，主流的计算软件主要有ETABS、SAP2000、MIDAS、ANSYS等，依托不同平台很多学者开展了大量研究。在上海中心大厦工程中，采用MIDAS平台建立钢结构部分（巨型框架和伸臂桁架）和混凝土结构部分（核心筒）模型，开展竖向变形仿真计算。结构建模中，巨型柱混凝土部分采用板单元模拟，钢骨采用梁单元模拟；核心筒采用墙单元模拟，其余结构均采用梁单元模拟。巨型柱混凝土板单元与钢骨梁单元通过节点耦合的方式协同工作，底部约束考虑深基础效应从而设为固定端约束。

（2）变形计算的结构建模

施工流程遵循核心筒、外框架、筒外楼板的先后顺序。其中，外框架巨型柱施工进度相比核心筒滞后6～9层，而混凝土楼板浇筑则比巨型柱施工慢4～7层。施工进度从低区到高区，施工速度由8d/层减至4d/层。当结构施工达到至总高度的1/3高度时，开始安装幕墙，但幕墙的施工进度一直滞后于楼层施工。数值模拟中须考虑竖向荷载及混凝土收缩徐变影响，其中竖向荷载包括自重荷载、附加恒载、幕墙荷载以及施工阶段的活载（$1kN/m^2$）。

（3）建造过程变形模拟

超高结构的竖向变形主要包括弹性变形、徐变变形、收缩变形，计算步的选择取决于对建造过程的数值实现，进而决定了模型计算结果的精度控制。混凝土材料的时变主要为收缩徐变，鉴于混凝土徐变与加荷龄期、环境相对湿度、构件尺寸、钢筋的约束效应等多种因素有关。因此，本书采用波特兰水泥协会提出的PCA模型和美国混凝土协会提出的ACI模型以全面评估混凝土徐变对结构性能的影响。此外，采用欧洲标准规范提出的CEB-FIP模型进一步考察混凝土抗压强度随时间变化的影响。

针对结构主要施工阶段的划分，在核心筒结构和框架结构上设置生死单元，根据当前的工程进展，构建相应的有限元模型，并对每个模型进行单独求解。在每个阶段的模型构建中，新增加的楼层以及荷载会被叠加到上一阶段的计算模型上，以此来体现施工过程中结构时变以及荷载时变。在仿真计算分析中，通过控制生死单元的激活与关闭，保证模拟各施工工序的计算模型的一致性，从而确保竖向变形计算结果的可靠性。

5.7.2 预变形控制分析

对施工进程的实际工况进行施工全过程模拟分析，可以得出外框结构和核心筒结构的施工预变形调整值，并通过对每个施工段进行标高补偿调整，确保结构完成状态满足设计和规范的要求。上海中心大厦的施工模拟分析模型如图5-60所示，主体结构体系为"巨型柱+核心筒+伸臂桁架"，共计有9个结构分区，每个分区12~15个楼面。

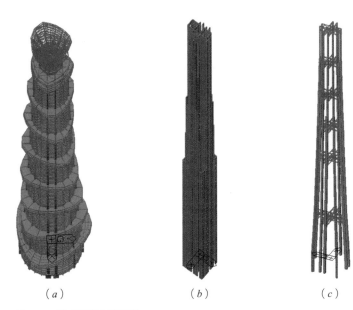

图5-60　施工模拟分析模型
（a）整体模型；（b）核心筒模型；（c）巨型柱及伸臂桁架模型

根据材料参数、施工方案和环境特征等实际情况，采用了如下计算假定：（1）收缩徐变计算模型考虑巨型柱配筋率和劲性结构的影响；（2）核心筒剪力墙和巨型柱中使用快硬高强水泥；（3）环境湿度设为70%；（4）巨型柱和核心筒剪力墙的加载龄期均设置为5d，施工速度设置为5d/层；（5）核心筒施工设置领先楼面钢结构12~20层，楼板浇筑设置落后楼面钢结构6~8层；（6）待楼层施工到第2层伸臂桁架层时再把第1层伸臂桁架终固。

1. 主要施工阶段竖向变形分析

（1）主要施工阶段介绍

施工阶段1：核心筒施工到23层，外框楼层钢梁施工到14层，外围混凝土结构施工到5层，总体量约为32万t。施工阶段2：核心筒施工到53层，外框楼层钢梁施工到37层（3区桁架层），外围混凝土结构施工到27层，总体量约为46万t。施工阶段3：核心筒施工到68层，外框楼层钢梁施工到52层（4区桁架层），外围混凝土结构施工到42层，总体量约为55万t。施工阶段4：核心筒施工到83层，外框楼层钢梁施工到68层（5区桁架层），外围混凝土结构施工到58层，总体量约为61万t。施工阶段5：核心筒施工到99

层，外框楼层钢梁施工到84层（6区桁架层），外围混凝土结构施工到74层，总体量约为66万t。施工阶段6：核心筒施工到116层，外框楼层钢梁施工到101层（7区桁架层），外围混凝土结构施工到91层，总体量约为71万t。施工阶段7：核心筒施工到124层，外框楼层钢梁施工到118层（8区桁架层），外围混凝土结构施工到108层，总体量约为74万t。

（2）施工阶段1计算结果

考虑到结构基本对称，加之巨型柱与核心筒的竖向变形的最大值与平均值间差异不大，所以核心筒的竖向位移选取核心筒8个角点位移数据的平均值，而巨型柱的竖向位移取8个巨型柱（SRC1）的平均值，如图5-61～图5-63所示。

2. 预变形控制分析

通过全过程施工模拟分析，结构封顶1年后，施工全过程模拟分析结果如图5-64、图5-65所示，巨型柱和核心筒各自的竖向变形均呈现鱼腹式形态，最大值位于70层左右，巨型柱与核心筒竖向变形差异位于第7道桁架层附近，数值达到30mm左右。

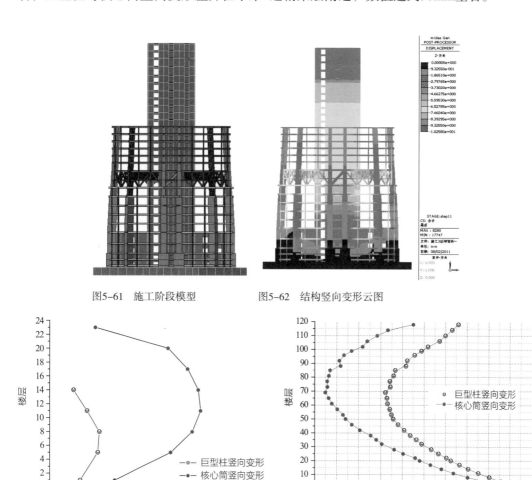

图5-61　施工阶段模型　　　　图5-62　结构竖向变形云图

图5-63　巨型柱与核心筒竖向变形　　　　图5-64　巨型柱与核心筒竖向变形

各个结构分区标高调整数值如图5-66所示，巨型柱的累计标高补偿值为185mm，核心筒的累计标高补偿值为255mm，见表5-15。

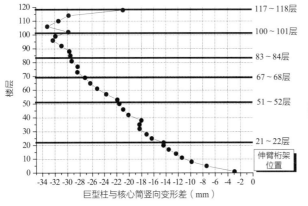

图5-65 巨型柱与核心筒竖向变形差　　　　　　图5-66 核心筒标高调整数值

主体结构标高补偿数值（m）　　　　　　表5-15

各区标高补偿总值	核心筒		巨型柱	
	理论数值	执行数值	理论数值	执行数值
地下室	10	10	10	10
1区	15	15	9	10
2区	40	40	30	30
3区	35	35	28	30
4区	35	35	28	30
5区	32	30	24	25
6区	28	30	20	20
7区	33	30	15	15
8区	24	25	13	15
9区	6	5	—	—
总补偿值	258	255	177	185

5.7.3 预变形技术方法

在超高层建筑的建造进程中，由于结构自重、外界荷载等因素的综合作用，竖向构件不可避免地会发生竖向变形与变形差。因此为缓解超高层建筑中因变形而引发的一系列问题，所以须充分考虑施工阶段所造成的各种结构变形，并采用合适的施工技术妥善处理变形，消除有害内力，保证建筑总高度。

1. 巨型柱与核心筒间协调变形控制技术

（1）巨型柱与核心筒的变形差值

超高层建筑的竖向变形主要由重力荷载作用引起的弹性压缩变形和混凝土收缩徐变

引起的非弹性变形组成，当内筒外框竖向变形过大时会产生一系列问题。不同内力大小决定了不同的变形，本工程核心筒竖向变形大于外框柱，为有助于减小内筒外框的竖向变形差，采取核心筒适当提前施工的方式来调整竖向变形差。上海中心大厦工程地下5层，地上121层，建筑总高度632m，采用"巨型框架+核心筒+伸臂桁架"混合结构体系，设置了6道两层高的伸臂桁架。采用核心筒率先施工，随后外框紧跟，水平结构依次展开，最终实现各部位结构的同步施工作业。运用不等高同步攀升施工法，核心筒施工进度超前于外框5～9层。在施工后期，核心筒领先外框10～15层，而楼板混凝土施工则滞后于外围钢框架6～12层。

（2）巨型柱与核心筒的变形控制

自重作用下主体结构的弹性压缩、收缩及徐变变形较大，要求巨型柱在建造周期内对主体结构标高进行分区段补偿，以减小核心筒与外框的变形差异。从控制混合结构桁架层间允许内力的角度，分析上海中心大厦工程内桁架层间竖向变形值，同时综合考虑底板变形、结构竖向变形及桁架层的封闭时间等重要因素，从而确定了巨型柱、桁架层各区段的补偿值，主楼各区段巨型柱、核心筒的竖向变形补偿量分析流程如图5-67所示。为实现桁架层内贮存的内应力最小，使结构受力处于安全状态，在整个超高层混合结构施工期间，桁架层封闭时机的优先选择以及核心筒、巨型柱竖向变形补偿值的设定对结构内力的控制相当重要。

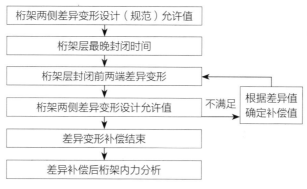

图5-67 竖向变形补偿量分析流程

上海中心大厦工程主楼共有9个分区，首先以区为单元进行核心筒、巨型柱的竖向补偿值分析。根据规范要求及结构设计内力控制要求，确定核心筒、巨型柱竖向差异变形允许值。综合考虑混凝土强度、筒体刚度、结构整体稳定性、建筑物施工工艺要求及安全性等因素，确定桁架层最迟封闭时间。

结构施工相对标高立模时，结构各楼层竖向变形随高度越来越大；绝对标高立模时，结构各楼层竖向变形随高度呈现中间大、两头小的趋势。不考虑底板变形不均及施工标高自然补偿的影响，遵循结构施工工序，采用有限元数值模拟方式对结构施工过程进行模拟，计算桁架封闭时间以及结构竣工时的构筑物竖向变形值。

结构施工采用相对标高立模时，从控制混合结构桁架层间允许内力的角度，竖向构件变形补偿量值主要是桁架封闭前区段的竖向变形量。桁架封闭后的竖向构件差异变形引起的次应力是无法释放的。另外，基于相应区段结构标高的考虑，可将区段桁架层封闭至结构完成时，区段内巨型柱与核心筒压缩变形相等的部分考虑进去。

结构施工采用绝对标高立模时，在构件鱼腹式变形拐点以下部分，竖向构件变形补偿量值考虑桁架封闭前区段的竖向变形量；鱼腹式变形拐点以上部分，竖向构件变形补偿量值可通过相应区段桁架层两侧巨型柱、核心筒的差异变形量予以控制，从而使混合结构桁架层间内力控制在允许范围内。

最后进行区段补偿后桁架内应力分析。通过合理分析确定核心筒、巨型柱各区段的补偿值，并对施工已完成的结构进行过程中监测，收集控制参数，对比理论计算结果与实际测量数据，修正施工过程中产生的偏差，确保结构的位置、变形及内力始终处于精确可控的状态。这对确保上海中心大厦结构的施工质量和工期，保证在施工过程与运营状态的安全性具有重要意义。

2. 伸臂桁架终固及变形控制技术

（1）巨型框架变形控制技术

超高层随着建筑高度的攀升，通常在顶部设置一道或是沿竖向设置多道加强桁架来增加抗侧刚度，以抵抗风、地震等水平荷载作用。加强桁架一般由框架钢柱、外伸臂桁架、环带桁架等部分组成。环带桁架为两层高的弧形内外双层空间桁架，最大跨度约20m，两端与巨型柱连接，作为区间结构柱的基础，也可减小巨型框架变形。主体结构的楼面为钢结构梁＋组合楼板，楼面梁与核心筒间为铰接型式，以协调楼面与核心筒之间的差异变形。

（2）伸臂桁架终固技术

桁架封闭的延迟，使得外框与内筒的竖向变形更趋稳定，进而桁架与核心筒间产生的额外应力越小。伸臂桁架与巨型柱连接时一次成型，翼缘与核心筒也是一次成型。伸臂桁架的腹杆与核心筒连接时二次成型：初次安装时，与巨型柱连接端先焊接固定，与核心筒外伸牛腿连接端采用长圆孔连接板临时固定，待施工完成上道加强桁架层后再进行焊接终固。

5.8 混凝土实体结构强度演化

混凝土在高层和超高层建筑施工中的强度演化规律至关重要。在大体积混凝土浇筑过程中，温度变化对混凝土强度发展及结构裂缝的形成具有重要影响。随着温度时间积累（度时积）的增加，混凝土的抗压强度也呈现出增长趋势。随着成熟度方法的提出，为混凝土裂缝控制提供了一种综合考虑时间和温度影响的新技术，为实时评估混凝土结构强度提供了简单有效的评估手段。

5.8.1 混凝土实体结构强度演化评估方法

新建混凝土结构强度发展对工程施工质量、进度与安全至关重要，传统的混凝土强度检测方法包括现场同条件养护试块法、回弹法和钻芯取样法等，但这些方法通常在混凝土结构浇筑后28d才进行，属于事后评估，无法科学反映混凝土实体结构强度发展状态，缺乏时效性和代表性，难以满足现代混凝土结构施工需要。而混凝土结构强度实时监测技术以学术界普遍认可的成熟度理论为基础，通过揭示养护条件与龄期匹配的混凝土实体结构强度演化规律，如图5-68所示，结合现代高性能混凝土材料及结构工程发展特性，建立不同强度等级及不同配合比设计的混凝土实体结构强度预测方程，形成了一套科学的混凝土实体结构强度演化评估方法，如图5-69所示。

5.8.2 混凝土实体结构强度数字化评估系统

通过系统的软硬件设计，研究开发了基于NB-IoT技术的穿透力强、传输距离大、稳定性高、超长续航能力的混凝土温度无线传输系统，如图5-70所示，确保混凝土内部温度监测的可靠性与实时性，有效解决传统温度监测数据采集实时性、可靠性及完整性不理想等问题。

以混凝土温度无线传输技术为基础，结合混凝土结构强度演化评估方法，研发了基于窄带物联网、云计算等新一代信息技术的混凝土实体结构强度数字化评估系统，如图5-71所示，通过该系统，可有效实现不同龄期混凝土结构强度的可视化、实时在线精确评估，从根本解决传统混凝土强度检测方法效率低、实时性差等问题，满足超高层建筑工程安全、快速、高质量建设需求。

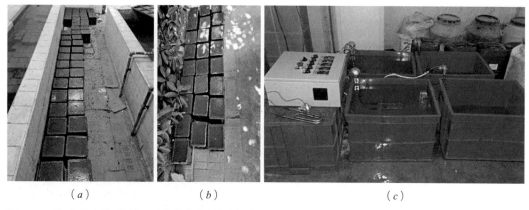

(a) (b) (c)

图5-68 不同养护条件下混凝土实体结构强度演化规律试验
（a）标准养护；（b）同条件室外养护；（c）高温水浴养护

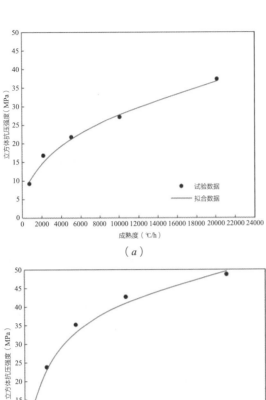

（ a ）

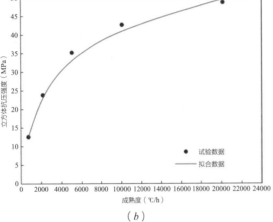

（ b ）

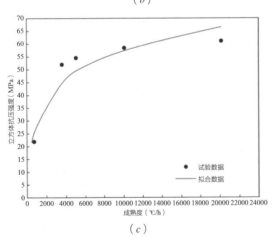

（ c ）

图5-69　不同强度等级混凝土实体结构强度演化评估方法
（ a ）C30；（ b ）C40；（ c ）C60

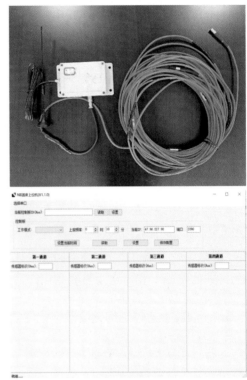

图5-70　基于NB-IoT技术的混凝土温度无线传输系统

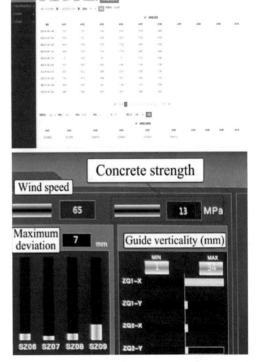

图5-71　混凝土实体结构强度数字化评估系统

5.8.3 混凝土实体结构强度数字化评估技术应用

混凝土实体结构强度数字化评估技术在本超高层建筑工程中得到了成功试点应用。通过与施工现场同条件试块检测结果对比分析，如图5-72所示，混凝土实体结构强度评估技术的准确率可达到85%以上，有效保障了本工程施工质量与安全，大幅缩短了工程施工工期。

图5-72 混凝土实体结构强度数字化评估技术工程应用
（a）现场同条件养护试块；（b）实体结构测温设备安装；（c）龄期与抗压强度关系

第 6 章

内刚外柔一体化钢结构技术

6.1 概述

上海中心大厦钢结构采用内刚外柔一体化钢结构体系（图6-1），主楼采用"核心筒+巨型柱+加强桁架"结构形式。按照结构类型主要分为：核心筒钢结构、刚性外围钢结构、塔冠钢结构、柔性悬挂钢结构等。

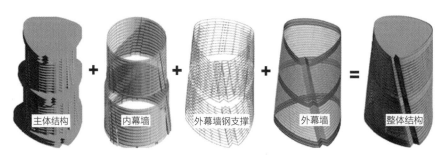

图6-1 内刚外柔一体化钢结构体系

1. 核心筒钢构

19层以下核心筒墙体内暗埋钢板和型钢柱形成钢板剪力墙，19层以上内埋型钢柱；在加强桁架层的核心筒墙体内暗埋贯通伸臂桁架，通过筒外伸臂桁架与巨型柱连接，如图6-2及图6-3所示。

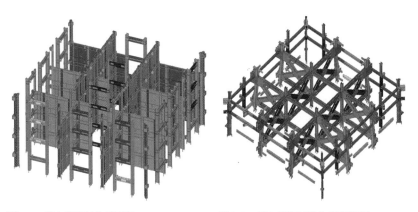

图6-2 核心筒钢结构标准层　　　　　图6-3 核心筒钢结构加强桁架层

2. 刚性外围钢构

（1）巨型钢柱

沿高度向建筑中心倾斜，由8根超级柱SC1和4根角柱SC2组成，SC1柱延伸至547m高度，SC2延伸至319m高度，如图6-4所示。钢柱为异型箱形截面结构，由型钢和连接钢板焊接构成，用SCI和SC2表示；钢柱设置于柱和角柱之间，用于承担结构分区的一部分楼面荷载。

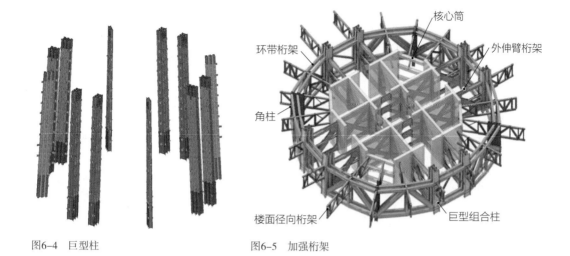

图6-4 巨型柱

图6-5 加强桁架

（2）加强桁架

双层空间钢结构桁架层设施于各结构分区顶部，整个塔楼共设有8道加强桁架层，其中1区和3区桁架层仅设有楼面桁架和环带桁架，2区、4~8区桁架层设有伸臂桁架、楼面桁架、环带桁架。核心筒与矩形柱之间依靠伸臂桁架进行连接，构成高效可靠的主塔楼抗侧结构体系，如图6-5所示。

3. 塔冠钢结构

塔冠钢结构分为内、外两部分结构，其底部经由转换层结构与8区桁架层顶部连接。框架支撑结构体系组成内部结构，该体系主要由外八角框架、内八角框架、阻尼器吊挂桁架等结构组成；空间桁架结构体系组成外部结构，该体系主要由环梁、径向支撑及25榀空间倾斜平面桁架等结构组成，其主要作用是支撑大型设备（包括风力发电机、擦窗机、外幕墙板块等）的重量，如图6-6及图6-7所示。

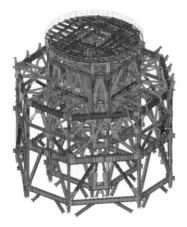

图6-6 内外八角框架

图6-7 鳍状桁架

4. 柔性悬挂钢结构

在各结构分区中，柔性悬挂钢支撑结构体系是外幕墙单元的承重结构，该体系采用25组钢棒悬挂在各结构分区加强桁架层悬挑桁架的下部，如图6-8及图6-9所示。

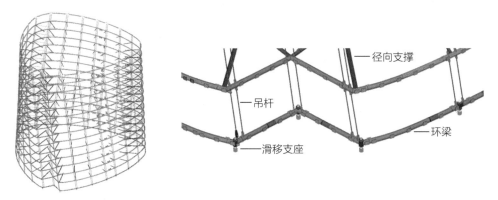

图6-8 外幕墙钢支撑1   图6-9 外幕墙钢支撑2

6.2 起重机械选型及其施工

6.2.1 起重机械使用选型

结合"对称分区，性能覆盖、高效有序"的布置原则，并运用信息化模拟技术进行超前的工艺和工况模拟，最终确定了最优的大型机械及布置。主要吊装机械8台，辅助机械4台，大型机械选型及布置区域详见表6-1。

大型机械选型及布置区域

表6-1

分类	型号	类型	数量	性能参数	施工区域
主吊机械	M1280D	动臂塔式起重机	3	2450t·m	主楼
	ZSL2700	动臂塔式起重机	1	2700t·m	主楼
	M900D	动臂塔式起重机	1	1250t·m	裙房和塔冠结构
	QD10	行走塔式起重机	3	100t·m	外幕墙钢支撑结构
	LR1300	履带起重机	1	300t	主楼地下结构
辅助机械	LR1300	履带起重机	2	300t	主楼
	LTM1160	汽车式起重机	1	160t	主楼和裙房
	XCT80	汽车式起重机	1	80t	主楼

地下钢结构工程，设置1台300t履带式起重机和2台M1280D塔式起重机。地上钢结构工程，在核心筒外侧十字对称布置3台M1280D和1台ZSL2700大型塔式起重机；2台300t履带式起重机停靠在大型架空平台上；3台QD10行走式塔式起重机布置在每区加强桁架层的顶部悬挑楼面上；M900D大型塔式起重机先安装于首层楼面进行裙房钢结构吊装，随后转移至塔冠130层楼面。

6.2.2　起重机械爬升工艺

对于复杂的超高层建筑往往需要多个循环的排设，方能最终确定每次爬升距离和爬升工况，并结合爬升支架的设计确定核心筒上预埋件的位置和尺寸大小。上海中心大厦塔式起重机采取外挂内爬工艺技术，从-25.4（大底板）~573m，塔式起重机共爬升27次。塔式起重机第1次爬升-25.4~-1m，在大底板基础和-1m的搁置横梁间进行。塔式起重机第2~27次的爬升在两道外挂爬升框间进行，爬升间距根据塔式起重机的结构性能控制在20~28m（图6-10）。

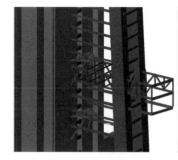

图6-10　信息化模拟技术辅助确定塔式起重机爬升方案

6.2.3　起重机械爬升程序

塔式起重机依靠两道爬升框进行支承，下道框主要承担竖向荷载和水平荷载，上道框承担部分水平荷载。塔式起重机进行一次爬升，须完成上下两道框的安装，塔式起重机机械爬升系统安装和爬升流程如图6-11所示。

6.2.4　爬升机构构造分析

根据钢结构工程技术路线和大型机械选型，主楼施工选用四台大型塔式起重机，并采用自主研发的爬升支架通过十字对称的方式外挂在核心筒墙体外侧。在爬升支架系统设计时对核心筒外墙进行加固处理。改进后爬升支架平面示意如图6-12所示。塔式起重机外挂爬升支架工作现场如图6-13所示。

1. 外挂爬升支架结构体系

外挂爬升框架采取"下撑上拉式"的

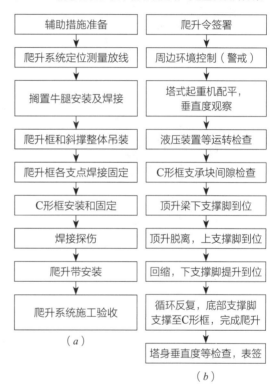

图6-11　塔式起重机机械爬升系统安装和爬升流程图
（a）爬升系统安装流程；（b）塔式起重机爬升流程

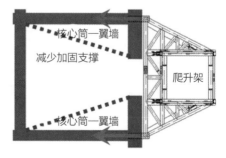

图6-12　改进后爬升支架平面示意

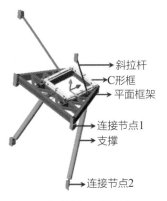

图6-14 爬升支架三维图示

图6-13 塔式起重机外挂爬升
支架工作现场

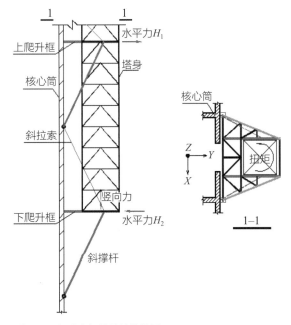

图6-15 爬升支架设计计算简图

结构体系,由平面框架、支撑杆、斜拉杆三部分组成。爬升支架三维图示如图6-14所示。

2. 外挂爬升支架结构验算

设计计算考虑支撑杆单独支承爬升框架工况,两根斜拉杆各施加30t预应力起增加安全储备的作用,计算简图如图6-15所示。承载能力计算荷载组合作用下,构件的组合应力(弯矩+轴力)最大应力比为0.70,位于支撑与爬升框连接节点区域,构件的最大应力为200MPa,构件应力如图6-16所示。标准荷载组合下,结构的三向位移如图6-17所示,X向最大位移为5mm,Y向最大位移为2mm,Z向最大位移为10mm。塔式起重机工作状态时,塔架四个支撑点变形差为3.7mm<$[L/1000]$=4.0mm,满足塔架工作状态时的刚度要求。

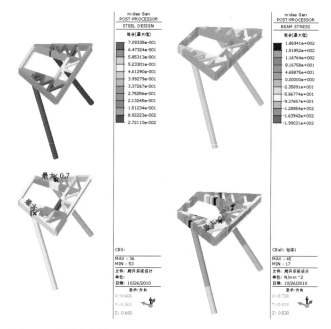

图6-16　构件应力情况

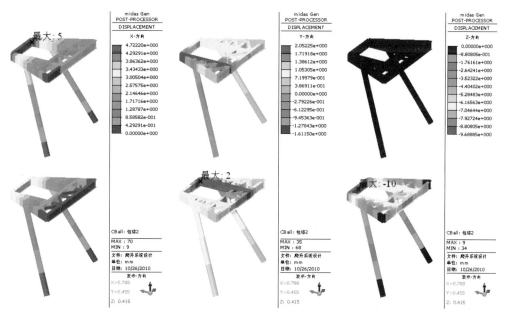

图6-17　塔式起重机工作状态下爬升支架位移云图
（依次为X向位移，Y向位移，Z向位移）

6.3　刚性外围钢结构系统安装

6.3.1　柱梁结构系统安装

1. 施工流程

（1）外框架竖向安装流水段按巨型钢柱分段进行划分，水平安装流水段以角柱为界，均衡划分为4个区域，由SC1巨型钢柱起始对称吊装。

（2）采用"竖向钢柱先形成、逐框组装主次梁"的施工方法，主楼外框架结构吊装，即依次按照巨型柱、普通柱、柱间框架梁、连接核心筒主梁、梁间次梁进行安装，且四个区域各自施工，按照框架形成的原则逐框施工。

（3）钢结构安装领先压型钢板铺设3层，组合楼板混凝土施工落后压型钢板铺设3层。

2. 巨型柱安装

（1）巨型柱类型。上海中心大厦巨型钢柱分为SC1和SC2两种类型，其中1～6区SC1巨型钢柱为3个H型钢与4块钢板组成的双箱全焊接截面构件，7区截面变化为"日"字形；8区进一步变化为单箱截面。SC2巨型钢柱为3个H型钢与2块钢板组成的"王"字形焊接截面，最大截面为3250mm×1400mm×850mm×50mm×30mm×50mm，净重约4.17t/m。巨型柱类型如图6-18所示。

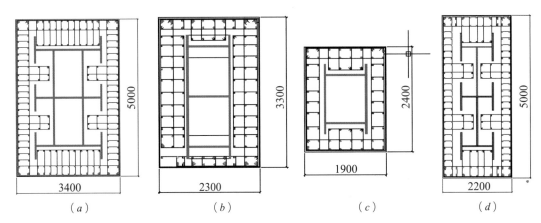

图6-18　巨型柱类型
（a）1～6区SC1柱；（b）7区SC1柱；（c）8区SC1柱；（d）SC2型钢柱

（2）巨型柱吊装

1）一区钢柱分段重量超过单台塔式起重机的起重能力，综合考虑塔式起重机效能和高空焊接工作量，采取双机台吊作业，即双机卸车和双机吊装。

2）二区及以上钢柱相对1区钢柱较轻，采取2层或3层一节吊装，单件重量在91t以内；3区以上则采取3层一节吊装，单件重量均在80t以内。

3）二区以上结构施工时，1区桁架层结构边线的影响扩大了塔式起重机吊装半径，单机吊装无法满足吊重要求，为此采用了相邻塔式起重机双机抬吊回直、单机就位的施工工艺，如图6-19所示。

3. 钢梁安装技术

（1）楼面钢梁进场后利用大型塔式起重机进行卸车，根据吊装位置就近分类堆放于首层钢平台堆场上。

图6-19　超重巨型柱双机抬吊　　　　　　　　　　　图6-20　外围楼面梁结构安装

（2）钢梁吊装主要采用吊装孔和吊耳两种方式，吊装耳板应与钢梁腹板在同一竖平面，防止钢梁侧向偏心引起耳板的失稳；翼缘上开设的吊装孔离开钢梁上翼缘边至少50mm。

（3）主梁的起吊一般采用两点吊装，一根一吊；另外在起重性能范围内，对较小的次梁可以采取多头吊索进行串吊的方式，钢梁之间的间隔距离不小于1m。外围楼面梁结构安装如图6-20所示。

6.3.2　加强桁架结构安装

1. 结构特征与施工难点

（1）结构特征。随着建筑高度的提升，超高层通常在结构顶部或沿竖向设置1道或多道加强桁架来增加抗侧刚度，以抵抗风、地震等水平荷载作用。加强桁架一般由框架钢柱、外伸臂桁架、环带桁架、楼面钢梁等部分组成，有些建筑甚至在环带桁架外侧设置悬挑桁架实现外立面造型或特有建筑功能。

上海中心大厦沿高度共设置8道加强桁架，分别位于8个结构分区的顶部，由巨型柱、外伸臂桁架、环形桁架和楼面桁架等结构组成。伸臂桁架贯通整个核心筒腹墙，呈井字形，共有6道，分别设置在2区、4区、5区、6区、8区。环带状桁架为两层高的弧形内外双层空间桁架，最大跨度约20m，两端与巨型柱连接。径向楼面桁架为一层高度，分环内和环外两部分，呈放射状布置，环外为悬挑径向桁架，最大悬挑长度约15m，悬挑径向桁架下部吊挂各区外幕墙系统。

加强桁架空间关系复杂、截面大、节点构造异常复杂，采用高强度螺栓连接与焊接两种连接形式。高强度螺栓群节点对安装精度要求极高，需要采用特殊工艺确保其一次穿孔率。高强度厚板焊接节点焊接量巨大，对高空焊接工艺和焊接环境要求极高。加强钢桁架结构体系如图6-21所示。

（2）施工难点分析。加强桁架构件体量庞大、自

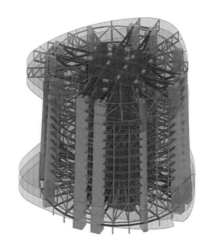

图6-21　加强钢桁架结构体系

重大，吊装和精度控制难度大；连接节点处劲板多、细部构造复杂，钢结构与钢筋空间定位及协调难度大；超厚板焊接和密集高强度螺栓群施工难度大；工厂加工制作精度要求高，深化、加工与施工一体化管控难度大。

为有效解决上述难题，从以下几个方面着手进行了深入研究。

1）采用信息化模型技术来协调和解决深化设计和专业配合问题；

2）采用计算机模拟预拼装技术代替传统的实物预拼装，解决工厂制作精度问题；

3）加强桁架分段及吊装合拢专项施工工艺确保结构受力和精度要求。

2. 加强钢桁架施工技术

（1）加强钢桁架结构分段

加强钢桁架的分段以"便于吊装就位、构件单元尽量完整、焊接量相对较少"为基本原则，同时兼顾施工措施设置和结构受力转换等多个因素。巨型柱分段采用一层一节；伸臂桁架采用"上弦杆、下弦杆和腹杆"的分段；环带桁架根据结构分布形式和重量，采用"单元件划分"和"竖向划分"两种方法，"单元件划分"指环带桁架拆分为"上弦杆、下弦杆、腹杆"等单独单元构件，"竖向划分"指通过切断环带桁架上下

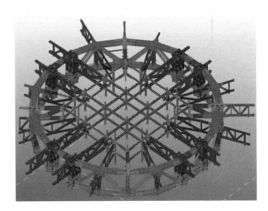

图6-22　加强桁架分段示意

弦杆，使整榀两层高的桁架拆分为两个桁架单元；环带桁架外悬挑桁架采用整体吊装，无须进行构件分段。加强桁架分段示意如图6-22所示。

（2）加强钢桁架吊装技术

根据加强桁架的特点采用分段吊装和整体吊装相结合的施工方法。另外，按照机械起重性能，吊装分为单机吊装和双机抬吊两种形式，其中同步性控制与塔式起重机受力分配是双机抬吊吊装安全的重要因素。

环带桁架吊装：1区环带桁架吊装时采用钢管临时支撑；2~5区环带桁架采用自行设计的T形连接件作为吊装就位的临时搁置支撑；6区以上的环带桁架吊装相对复杂，由于SC2巨型柱到6区已经结束，环带桁架的跨度增大，拼装时采用设置在巨型柱上的悬挑三角支撑作为构件就位的临时搁置支撑。

环带桁架分段吊装完成后，通过"先焊接后连接高强度螺栓"的节点施工顺序来消除焊接收缩对高强度螺栓节点内形成的附加应力，一般将上下弦杆两端或中间的高强度螺栓连接节点作为最终合拢点，如图6-23~图6-25所示。

外伸臂桁架吊装：结构由"上弦杆+斜腹杆+下弦杆"组成，采用散件吊装方式，按照"下弦杆→斜腹杆→上弦杆"的顺序进行，斜腹杆初次安装时，与巨型柱连接端先焊

接固定，与核心筒外伸牛腿连接端采用长圆孔连接板临时固定，待施工完成上道加强桁架层后再进行焊接终固，如图6-26所示。

图6-23　1区环带桁架吊装

图6-24　2~5区环带桁架吊装

图6-25　6~8区环带桁架吊装

图6-26　外伸臂桁架吊装

悬挑桁架吊装：环带桁架内钢结构施工完成后，方可开始悬挑桁架的吊装。由于悬挑桁架下部吊挂一个区外幕墙系统的重量，所以需要综合分析外幕墙系统吊挂点位的变形差异，确定安装标准和预变形数值。具体施工方法如下：悬挑桁架地面立拼，并预先搭设安全操作脚手架；然后整体吊装就位，并按照预变形要求测量定位；最后对悬挑根部进行焊接固定（图6-27）。

图6-27　悬挑桁架吊装

（3）节点施工质量控制

1）焊接质量控制。加强钢桁架焊接节点具有焊缝长、钢板厚、焊缝集中、操作空间狭小等特点，其中伸臂桁架腹杆焊接节点板材厚达140mm，单条焊缝长达3700mm。主要应对措施为：采用焊接专业工程师管控工业设计与质量检测；通过X形焊接剖口避免焊接量和焊接应力；利用高质量超低氢药芯焊丝焊接；提前进行针对各类剖口形式和焊接位置在施工前的焊工考试和工艺评定；对构件验收严格控制，检查出厂构件厚板节点处的母材表面裂纹。

2）高强度螺栓施工质量控制。加强钢桁架连接节点采用高强度螺栓连接，高强度螺栓数量最多的节点达800余套，螺杆最长达340mm。为确保桁架节点高强度螺栓的施工质量，主要采取的施工操作为：按规范进行试验确定钢板摩擦面抗滑移系数；入库管理进场高强度螺栓，采用干燥环境下的分规格存放；出厂前贴膜保护构件摩擦面；对螺栓初拧、复拧和终拧采用专人负责检查；施工工艺采取由中间向四周扩散的方式；采取"现场跟踪测量、数据反馈、工厂联动"的一体化施工方法。大型高强度螺栓群施工如图6-28所示。

图6-28 加强桁架大型高强度螺栓群施工

6.4 柔性悬挂钢结构系统安装

6.4.1 变形预控制分析及应用

1. 计算假定及模型

为确保外幕墙板块及其钢支撑结构施工的顺利实施，对外幕墙施工全过程进行模拟分析并给予结构预变形数值，确保钢支撑结构施工完成后的精度达到幕墙板块的施工要求。计算假定如下：幕墙体系安装落后主体结构2个区域进行施工，幕墙钢支撑体系由上向下逐层安装，幕墙板块由下向上逐层安装。

本书仅给出了2区的钢支撑结构计算分析，其余各区与2区计算方法类似，但是由于结构体系和施工工况的差异，计算结果不同，总体数值呈现减小的趋势，经过计算统计2~6区钢支撑环梁的预变形数值基本呈现每区递减5mm的趋势，7区和8区基本无须进行结构预变形调整。

外幕墙系统分区及整体结构分析模型如图6-29所示，各区分析模型如图6-30所示。

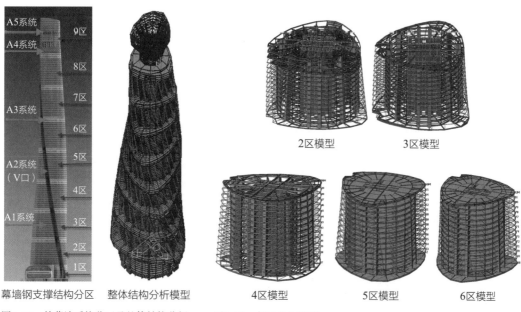

图6-29　外幕墙系统分区及整体结构分析模型

图6-30　各区分析模型

2. 幕墙系统变形组成

幕墙系统与主体结构相互关系如图6-31所示，各层幕墙在施工中的竖向变形包括三部分：由悬挂结构施加的竖向变形、所依附主体结构产生的竖向变形、幕墙系统自身竖向变形。其中，由主体结构产生的竖向变形对幕墙系统的影响较小。重点对其余两个变形进行分析研究，并进行施工变形控制，确保质量和安全。

3. 施工预变形控制分析

2区外幕墙钢支撑结构施工中会产生两部分变形：分别为钢拉棒伸长变形以及

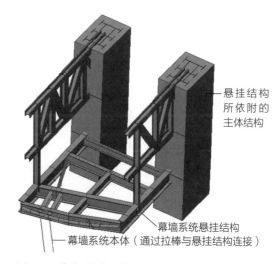

图6-31　幕墙系统与主体结构相互关系图示

幕墙支撑钢拉棒顶部悬挂点位竖向变形，在施工时分别根据两部分变形的数值进行预变形控制。

悬挂点位预调整原则：每层钢支撑结构的环梁安装时，均根据预抬高钢支撑外圈环梁的安装标高，保证幕墙板块25个吊点水平度在施工完成时满足设计要求。施工过程中实时跟踪测试25个悬挂点变形数值，对比理论计算值后，从而确定悬挂楼面梁体系实际的竖向"弹簧"刚度，并动态调整实际刚度对施工过程中的各个极端理论值，同时为3区以上的计算假定和分析提供参考依据。

2区幕墙钢支撑结构的楼层及吊挂点位编号如图6-32所示。

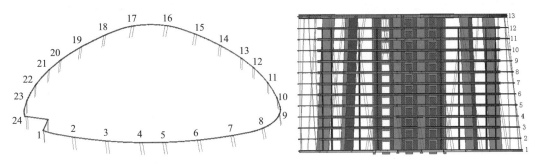

图6-32 2区幕墙钢支撑结构的楼层及吊挂点位编号

（1）顶部悬挂点位变形预调整

通过对整体结构进行施工全过程模拟计算，图6-33和图6-34给出了施工各个阶段环梁吊点预变形数值，由两部分组成：幕墙钢支撑结构施工引起的吊点预变形（图6-33）、外幕墙板块施工引起的吊点预变形（图6-34），从图中可以看出9号、16号、24号点位变形最大，与吊挂点位主体结构悬挑长度的实际工况相吻合。

图6-35中给出了钢支撑及幕墙板块自重累加引起的吊点变形在整个施工过程中的规律曲线，从图中可以看出，钢支撑及幕墙板块自重累加引起的吊点变形基本呈现线性增加，说明吊挂点位悬挑桁架层提供的"弹簧"刚度始终处于弹性范围内。

（2）钢拉棒变形调整

在施工过程中，随着幕墙钢支撑结构及幕墙板块自重荷载的累加，钢拉棒将不断伸长，为确保整体结构施工完成后楼层标高达到设计要求，亦需要对此部分变形进行预调整。

在整个施工过程中，钢拉棒伸长引起的各层竖向变形由两部分组成：钢支撑施工引起的竖向变形和幕墙板块施工引起的竖向变形。在钢支撑结构施工阶段，由于结构逐层累加，需要考虑施工找平的影响，所以在整个结构施工完成后，各层竖向变形呈现鱼腹状变化趋势，与主体结构竖向变形类似，如图6-36所示；在幕墙板块施工阶段，由于钢支撑结构体系已经完成，各层竖向变形基本呈现曲线增大趋势，但是速率趋缓，如图6-37所示。

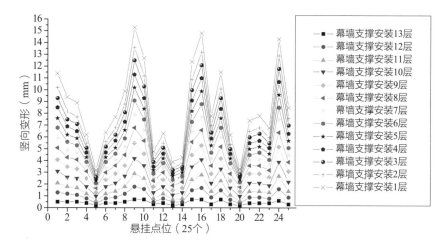

图6-33 钢支撑结构施工引起的吊点预变形

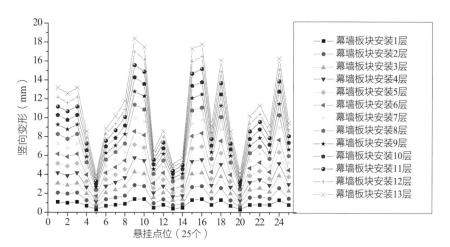

图6-34 外幕墙板块施工引起的吊点预变形

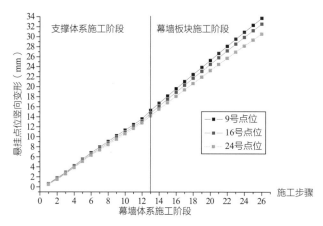

图6-35 钢支撑及幕墙板块自重累加引起的变形曲线（变形最大的3个点位：9、16、24）

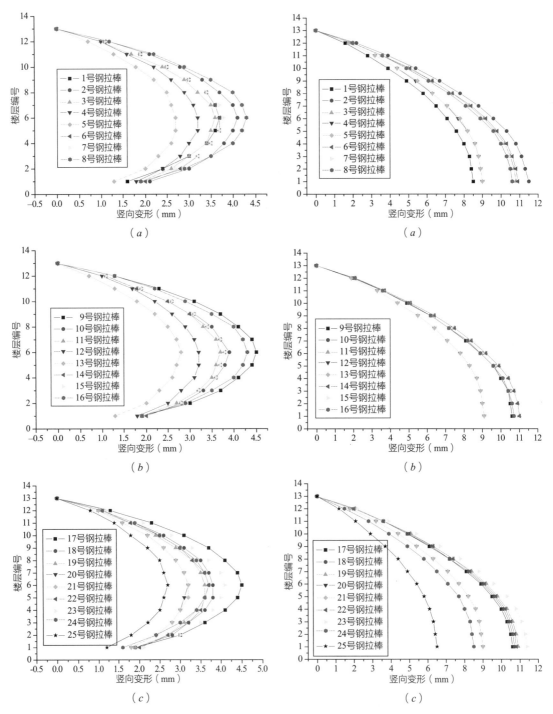

图6-36 钢支撑引起的钢拉棒竖向变形云图
（a）各楼层竖向变形（1~8号钢拉棒楼层节点处）；
（b）各楼层竖向变形（9~16号钢拉棒楼层节点处）；
（c）各楼层竖向变形（17~25号钢拉棒楼层节点处）

图6-37 幕墙板块引起的钢拉棒竖向变形
（a）各楼层竖向变形（1~8号钢拉棒楼层节点处）；
（b）各楼层竖向变形（9~16号钢拉棒楼层节点处）；
（c）各楼层竖向变形（17~25号钢拉棒楼层节点处）

所以，最终钢拉棒伸长引起的各层标高预调整数值为上面两部分数值叠加，最终预变形调整数值如图6-38所示。

（3）施工安装过程综合预调整值

对钢拉棒伸长引起的预变形和悬挂点位竖向变形进行综合考虑，将每层环梁在吊点位置的预变形数值进行叠加，如图6-39所示。

考虑施工测量的可操作性，将如上预变形数值进行规整（5mm之内四舍五入），现场实际施工时标高依照该数值进行预调整，当幕墙板块安装完成时，各层环梁吊点位置均基本保持水平。

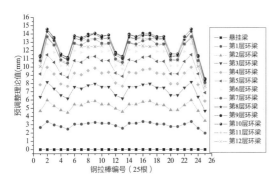

图6-38　钢拉棒伸长引起的竖向预变形调整图　　　　图6-39　钢支撑结构施工过程中竖向预变形调整图

4. 钢支撑结构施工预变形监测及比较

为验证理论计算数值的正确性，在2区钢支撑施工完成后，在8层环梁下竖向滑移支座处设置测量监测点（25个，分别对应25组钢拉棒位置，编号与上面一致），并在2区幕墙板块完成时，后续跟踪3次测量数值，具体的测量数据见表6-2。

2区幕墙钢支撑系统底部竖向变形监测统计表　　　　　　　　　表6-2

2区幕墙系统竖向变形监测数值（mm）						
测量工况		2区钢支撑安装完成	3区幕墙安装完成	5区幕墙安装完成	6区幕墙安装完成	7区幕墙安装完成
测量时间		2012年8月	2012年10月	2013年8月	2013年10月	2014年1月
测量温度		28℃	26℃	34℃	26℃	10℃
8层钢支撑竖向变形测点编号	1	110	131	135	136	131
	2	129	149	150	152	147
	3	126	151	157	154	146
	4	134	154	160	152	146
	5	135	149	156	150	139
	6	134	154	156	148	139
	7	126	146	153	140	143

2区幕墙系统竖向变形监测数值（mm）					
	8	133	150	164	156	153
	9	123	148	161	159	141
	10	120	142	153	153	141
	11	134	148	154	153	144
	12	134	149	151	152	145
	13	137	150	157	155	146
	14	127	141	154	148	140
8层钢支撑竖向变形测点编号	15	126	153	149	146	138
	16	124	152	150	153	142
	17	128	153	158	155	142
	18	116	146	148	145	140
	19	123	147	150	145	141
	20	127	145	152	146	141
	21	131	151	153	153	141
	22	137	158	160	154	144
	23	131	152	150	153	141
	24	114	142	141	132	130
	25	111	129	136	130	127

　　为了量化比较，将表6-2中的绝对变形值换算成相对变形值，并按照测量时的温度，相应扣除温度所影响的变形数值，最终将4次实测数值与理论数值进行了比较，如图6-40所示。从图中可以看出，四次实测数值与理论数值基本保持一致，数值吻合较好，两者数值差基本控制在10mm以内。当然，这些偏差值是多方面的，如：测量时温度分布不均匀、2区主体结构竖向压缩变形的影响、钢支撑预变形施工的测量误差、监

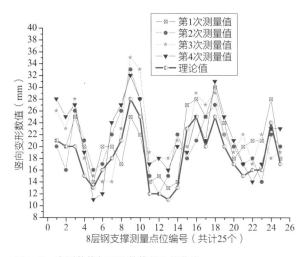

图6-40　实测数值与理论数值的比较曲线

测的测量误差等多方面的因素。总之，采用理论计算值对钢支撑竖向预变形调整是可行的，且能够基本吻合实际工况。

6.4.2 弯轨行走式起重机施工

1. 施工分析

由于主楼核心筒外挂的4台大型塔式起重机无法同时满足主体钢结构和外幕墙钢支撑结构的施工进度要求，通过方案分析和论证，最后确定在2~8区设备层的顶层（即大堂休闲层）外挑楼层区域布置3台弯轨行走式塔式起重机，进行每个分区外幕墙钢支撑结构的吊装施工（图6-41、图6-42）。

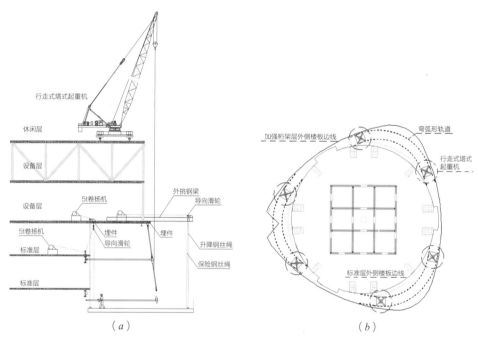

图6-41 弯轨行走式塔式起重机布置图示
（a）行走式塔式起重机立面布置图示；（b）行走式塔式起重机平面布置图示

图6-42 弯轨行走式塔式起重机现场施工

2. 塔式起重机选型

根据吊装性能要求和弯轨布置情况，综合确定采用QD10B动臂式塔式起重机，其最大起重量为9t，大臂长度约21m，行走机构的轴距和轨距均为4m。塔式起重机的最大单点支座压力为20t，每个支点下设3个行走轮，轮距为1.3m（图6-43）。

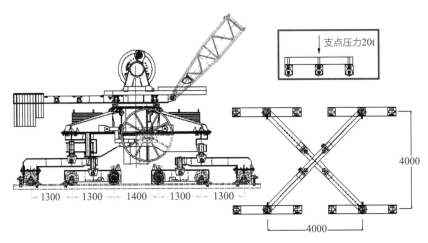

图6-43　QD10B行走式塔式起重机

6.4.3　模块化整体升降式平台

根据吊挂受力的结构特性，采用"自上而下"的逆作法顺序进行施工，可行性研究各种施工方案：（1）采用满堂脚手架搭设施工方案，具有质量控制难、施工危险性较大、施工工期长的缺陷；（2）采用吊篮和挂脚手施工方案，会产生施工作业面无法完全覆盖，精度控制难以实施等缺陷，且施工效率低，无法满足工程需求；（3）采用覆盖全作业面的整体升降式平台方案，具有施工安全可控，能够有效保证施工测量和精度，并能提高施工效率。最终选择采用模块化整体升降式平台实施方案（图6-44）。

图6-44　整体式升降平台现场施工

1. 升降平台系统设计

（1）桁架式钢平台本体

基于8个分区外幕墙钢支撑体系旋转内收特征，采用模块化设计思路进行升降平台设计，在确保平台施工安全情况下，尽可能统一8个分区钢支撑的施工要求，提高施工效率，节约施工成本。

平台本体由"主结构+子结构"的结构形式组成，采用"主结构"和不同"子结构"的组合，形成上海中心大厦2～8分区外幕墙钢支撑安装要求的施工平台。2区整体式升降平台本体模块化组成如图6-45所示，2区升降平台三维示意如图6-46所示，2～8区升降平台本体模块化演变如图6-47所示。

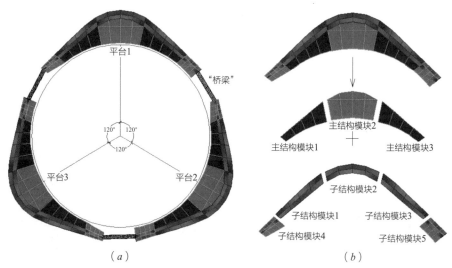

（a）　　　　　　　　　　　　　　　（b）

图6-45　2区整体式升降平台本体模块化组成图示
（a）平台平面布置；（b）平台本体模块组成

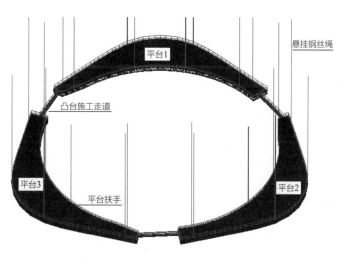

图6-46　2区升降平台三维图示

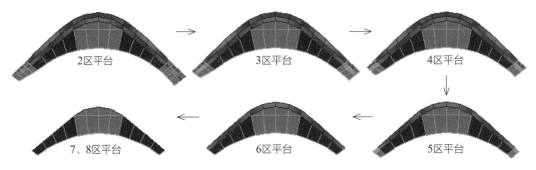

图6-47　2~8区升降平台本体模块化演变图

（2）外挑钢梁吊挂系统

因平台的投影外包线超出顶部悬挑桁架层的外包线，故须设置基于桁架层上的外挑钢梁用来吊挂整个平台结构。根据荷载以及跳出尺寸长度的不同，外挑钢梁可分为双点吊挂外挑梁A和四点吊挂外挑梁B，结构形式如图6-48所示。外挑梁A上前后各设置1只升降平台悬吊点，外挑梁B上前后各设置2只升降平台悬吊点。外挑梁平面编号如图6-49所示，其中1~6为外挑梁B，7~12为外挑梁A。

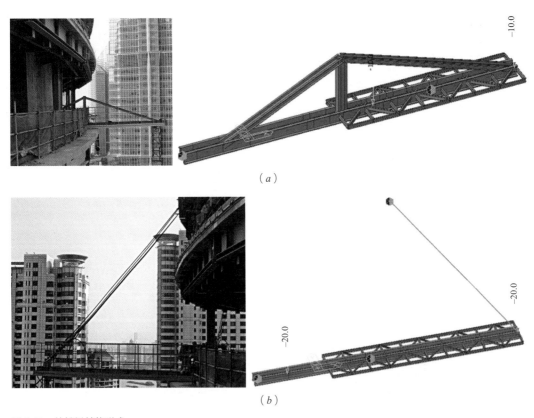

图6-48　外挑梁结构形式
（a）双点吊挂外挑梁A；（b）四点吊挂外挑梁B

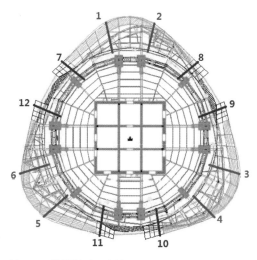

图6-49 外挑梁平面编号

（3）升降动力系统

根据平台的设计情况，每个小平台设置4个提升卷扬机进行提升和下降，4个卷扬机的协作确保平台平稳安全。整个平台共需要36台卷扬机，动力系统设计如图6-50所示。

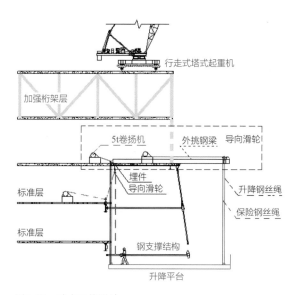

图6-50 动力系统设计

（4）电器控制系统

电器控制系统主要分为变频柜、总控箱、拉力传感器、卷扬机钢丝绳行程传感器和电路系统等部件，卷扬机钢丝绳行程传感器用来控制平台升降的同步性，将拉力传感器与理论数值进行差异对比对平台本体的结构安全性进行控制。

整个平台系统通过采用分块控制的方法来保证平台控制系统的同步性要求。将整个平台分成9个小块进行控制，每个小块由4台卷扬机、4台变频柜和1个总控箱组成。其中，总控箱控制4台变频柜，变频柜与卷扬机相对应；所有电器控制均通过人机交互操作系统进行（图6-51、图6-52）。

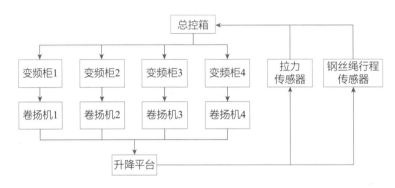

图6-51　单块平台电器控制系统总组成网络图

图6-52　电器控制系统人机界面

2. 升降式平台施工技术

整体升降式平台通过外挑钢梁悬挂于每区桁架层的外挑区域底部，在下一区域加强桁架顶部悬挑楼面区域进行组装，组装完毕后提升约一个分区高度后进行本区首层钢支撑结构施工，并逐层下降操作以配合完成钢支撑的"逆作法"施工任务。后翻设平台至上区，继续按照此操作流程进行施工，直至完成所有分区的施工任务。施工流程如图6-53所示。

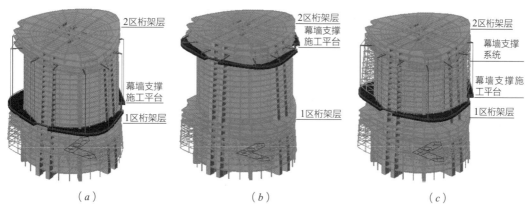

（a）　　　　　　　　　　　　（b）　　　　　　　　　　　　（c）

图6-53　整体升降式平台施工流程
（a）步骤1：加强桁架顶部悬挑楼面组装平台；（b）步骤2：整体提升至顶层外幕墙钢支撑安装位置；
（c）步骤3：从上而下进行外幕墙钢支撑结构施工

6.4.4　悬挂式钢结构安装技术

外幕墙柔性悬挂钢支撑结构施工是外幕墙板块施工的前道工序，在工程实施过程中，借助信息化模型与模拟技术，以钢结构幕墙一体化施工技术为核心开展各项工作，将支撑结构与幕墙板块系统进行"一体化深化设计、一体化加工制作、一体化施工管理"，确保整体工程在各个施工阶段质量和进度的完美统一（图6-54）。

1. 顶部吊挂节点安装技术

（1）结构形式

从工程全局出发，对钢支撑体系安全最为关键的顶部吊挂节点与主体钢结构进行一体化深化设计和整体加工制作，确保工程质量和精度。吊点梁、节点如图6-55、图6-56所示。

图6-54　钢支撑结构施工

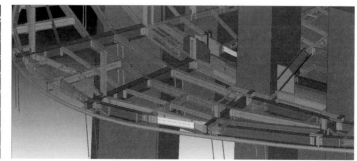

图6-55　钢支撑结构吊点梁三维布置图

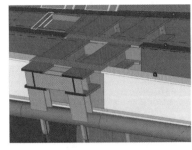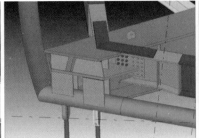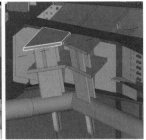

图6-56　钢支撑结构吊挂节点三维图

（2）顶部吊挂节点施工控制

考虑到吊点梁是幕墙钢支撑结构安装的基础，吊点梁安装精度控制对后续步骤相当重要，所以吊点梁的施工顺序安排在整个主结构安装完形成稳定体系后进行。

由于吊点梁的分段构件上带有一段钢支撑环梁，所以精度控制较为严格。安装时严格控制好环梁的标高和环梁两端口的平面位置。为了便于现场的测量控制，事先在工厂设置好测量控制点。外吊点梁环梁上设置有5个定位眼，且所带钢梁上设置有5个定位眼，安装时主要控制好构件上定位眼位置，具体定位眼分布情况如图6-57所示。

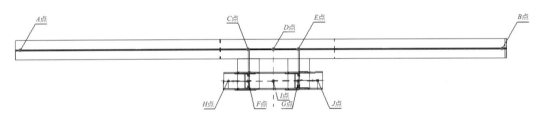

图6-57　定位眼分布图

2. 钢拉棒安装技术

（1）钢拉棒结构形式

为了调节钢环梁的安装标高和平面位置，将钢拉棒设计成可调长度的构造形式，调节长度为±75mm，同时在钢拉棒的两端设置卡口便于扳手进行长度调节。

（2）钢拉棒安装

为了减少施工吊数，且由于每组钢拉棒均设置于径向支撑和环梁的交叉处，因此在环梁起吊之前将吊杆结构用销轴与之连接。另外，在安装完钢拉棒后，将会与平台发生干涉，需要采用捯链临时将钢拉棒与上层径向支撑固定的施工方式，待升降平台下降到下层后再将捯链放下钢拉棒。具体安装流程如图6-58、图6-59所示。

3. 凸台箱梁结构安装技术

凸台箱梁结构上的牛腿卡口形式与幕墙钢支撑环梁上的竖向滑移支座相连，对幕墙

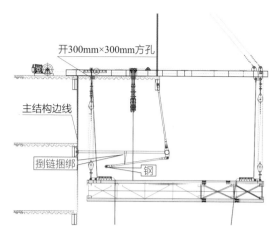

图6-58　安装吊杆工况1（用捯链将钢拉棒与径向支撑临时固定）

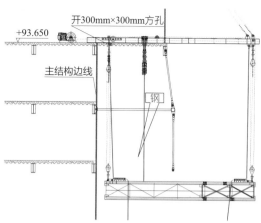

图6-59　安装吊杆工况2（等平台降到下一层再将钢拉棒放松）

支撑起切向约束作用。凸台箱梁牛腿与滑移支座间隙仅为单边1mm，大尺寸的支座要现场嵌入卡口中，对施工精度要求极高。具体构造形式如图6-60所示。

凸台箱梁在主结构完成后即可利用主楼4台大型外挂塔式起重机进行吊装，吊装利用凸台梁上自带的吊耳进行，同时配备两根21.5mm×6m的钢丝绳和两个10t的卸甲进行吊装。

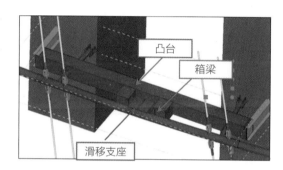

图6-60　凸台箱梁结构示意

由于凸台箱梁为外幕墙钢支撑滑移支座基础，为了满足高精度滑移支座的要求，凸台箱梁安装完毕后牛腿的两块100mm厚度钢板垂直度需要严格控制在1mm以内，否则将会无法满足整个支撑系统的滑移性能要求，采取如下施工控制技术：工厂加工制作阶段，在凸台箱梁整体组装完毕后，将牛腿100mm厚度板放置机床进行精加工，其板间隙及垂直度控制在0.2mm以内；现场施工阶段，通过全站仪测量箱梁两端的4个样冲眼位置和牛腿与梁相交中心线位置（样冲眼在工厂进行精确测量定位并设置，加工过程严格保护）对精度进行严格控制，具体点的设置情况如图6-61所示。

4. 水平支撑安装技术

水平支撑的吊装和控制是外幕墙钢结构支撑施工的一大难点，主要由于其吊装时被上部已经吊装好的构件覆盖，因此进档至目标位置相当困难。交叉支撑的详细吊装步骤如下：

（1）交叉支撑在桁架层拼装完成后，利用设置在桁架层顶层的QD10B塔式起重机将构件起吊至相应设计安装高度。

（2）先用塔式起重机把支撑结构吊至最靠近主体结构的位置，然后施工人员站在升

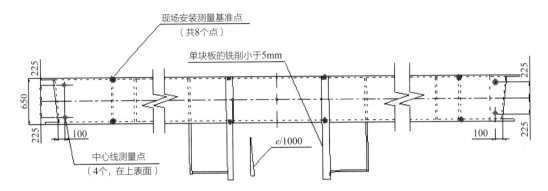

图6-61 凸台梁测量定位和控制图

降式平台上将辅助就位的卷扬机钢丝绳连接至径向支撑与主体结构连接端。

（3）利用卷扬机慢慢收紧拖拉构件至安装位置并进行临时固定。

（4）对构件进行精调，观测构件上的测量控制点，构件到设计位置后，将构件与拉杆连接。此时塔式起重机方可松钩，最后将构件上的临时连接支撑拆除（图6-62）。

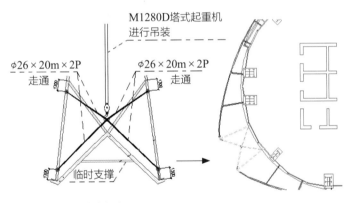

图6-62 交叉支撑吊点设置
注：2P为一根钢丝绳走通。

6.5 塔冠钢结构系统的安装

塔冠涵盖了546～632m高度范围，其外观延续了主塔楼旋转收缩上升的建筑形态，共有4个建筑功能分区：塔楼观光层、机电设备层、阻尼器观光层、鳍状钢桁架幕墙系统。塔冠钢结构由核心筒八角框架结构、119～121层转换层结构、外幕墙鳍状桁架支撑结构组成。塔冠功能分布和结构组成如图6-63所示。

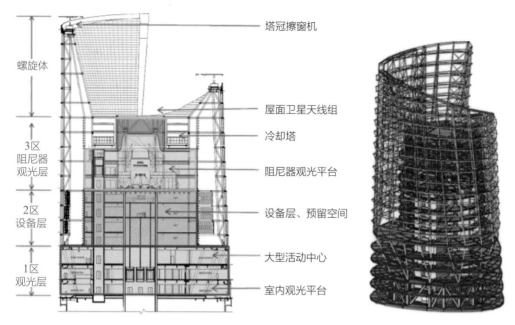

图6-63　塔冠功能分布和结构组成

（左侧标注，自上而下）螺旋体；3区阻尼器观光层；2区设备层；1区观光层

（右侧标注，自上而下）塔冠擦窗机；屋面卫星天线组；冷却塔；阻尼器观光平台；设备层、预留空间；大型活动中心；室内观光平台

6.5.1　塔冠钢结构底座安装

为了支撑塔冠鳍状桁架钢结构体系，在8区加强桁架环带桁架上设置了3层转换层钢结构作为塔冠钢结构的底座，位于119～121层，由斜圆管钢柱和水平隅撑、楼面钢梁和悬挑楼面梁构成。

1. 施工流程分析

综合考虑结构成型顺序、扭转变形和应力水平控制、大型机械拆除及补缺、虚拟施工分析结果等因素，最终施工流程为：

（1）126～128层内核八角钢框架结构施工；

（2）129～132层内核八角钢框架结构施工，同时穿插施工119～121层转换层南北两侧非塔式起重机影响区域的钢结构和压型板；

（3）在东塔和西塔拆除后，进行119～121层转换层东西两侧钢结构和压型板施工，以及122～128层悬挑楼面补缺；

（4）从119～121层依次进行转换层楼面混凝土的浇筑；

（5）待转换层楼面混凝土强度养护达到设计规定的强度后，进行鳍状钢结构施工。

转换层结构水平变形如图6-64所示。施工工况分析结果显示：塔冠结构整体施工的转换层水平扭转变形，仅由119层的2.8mm发展至121层的10.2mm，基本控制在10mm左右，达到设计控制要求。

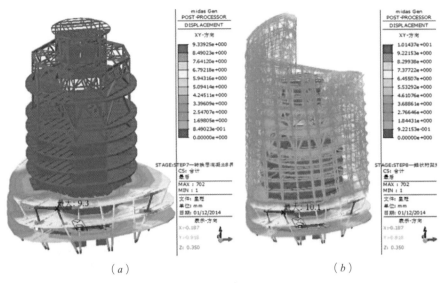

（a）　　　　　　　　　　　　　　　　　　　　（b）

图6-64　转换层结构水平变形分析
（a）转换层混凝土浇筑完成工况；（b）鳍状钢桁架施工完成工况

2. 安装技术

转换层斜钢管柱共分一节，圆管柱截面为$\phi 600 \times 30$，单根长度达14m，重约19t。根据施工模拟分析结果，先对南北两侧斜钢管柱及楼面钢梁进行安装，后对东西两侧（塔式起重机影响区域）斜钢管柱及楼面钢梁进行补缺施工（图6-65）。

图6-65　119～121层施工顺序图

由于斜钢管柱长度达14m，且向外倾斜，吊装及精度控制难度较大，如图6-66所示。吊装时，先以1台塔式起重机安装圆管柱，临时就位后用两根缆风钢丝绳临时固定，同时用另一台塔式起重机负责安装斜钢管柱与核心筒的连接钢结构主梁，待钢梁临时连接完毕且揽风钢丝绳拉设到位后，吊装斜钢柱的塔式起重机方可松钩。

图6-66 转换层斜钢管柱安装图

6.5.2 塔冠鳍状钢结构安装

鳍状桁架钢结构系统支承在转换层顶部，由25榀立面鳍状桁架结构、径向支撑结构、水平杆件结构和外幕墙环梁结构组成。

鳍状桁架钢结构分段原则：25榀立面桁架以单榀形式整体分段，径向支撑和水平杆件结构采用散件分段。立面桁架分段最多为8段，分段长度控制在8m以内，分段重量控制在15t以下。

立面桁架单榀分段吊装就位后立即安装与核心筒间的径向支撑，随后安装相邻的立面桁架分段，接着安装立面桁架分段之间的连系杆件，使两榀桁架组合成空间稳定的结构体系，然后依次向外扩展安装。每一段的鳍状桁架形成环状封闭后再开始下一段的流水施工。鳍状桁架结构施工工程图如图6-67所示。

图6-67 鳍状桁架结构施工工程图

第 7 章

塔冠电涡流阻尼器安装技术

7.1 概述

超高层建筑对风振和地震响应敏感，通常的解决方法是设置调谐质量阻尼器等装置进行控制。上海中心大厦工程中塔冠内首次应用了一种新型的具有高效、环保及免维护的阻尼器——电涡流调谐质量阻尼器，该阻尼器由电涡流系统、质量箱系统、吊索和锚固系统、协调框架等组成。其中，电涡流系统位于125层楼面上，由铜板组件、磁钢组件、轨道支架、限位环组件等组成；质量箱系统重约1000t，通过吊索锚固在131层阻尼器钢桁架顶部；位于阻尼器桁架上的协调框架用于对吊索长度进行调整，以使阻尼器的自振频率与主体结构一致。电涡流阻尼器系统组成如图7-1所示。该电涡流调谐质量阻尼器的基本工作原理为：当结构在风或地震作用下发生摆动时，吊挂在结构顶部的质量箱系统带动电涡流系统中的磁钢组件在铜板上发生相对移动，将结构振动的能量转化为热能。

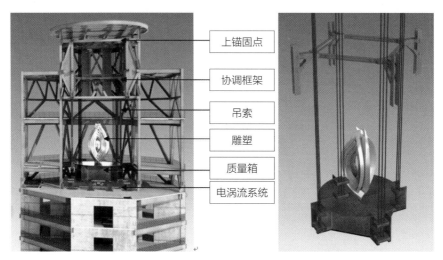

上锚固点
协调框架
吊索
雕塑
质量箱
电涡流系统

图7-1 电涡流阻尼器系统组成

7.2 总体施工技术

电涡流调谐质量阻尼器与传统的调谐质量阻尼器相比，有其使用功能上的优点，但也对施工过程提出了更高、更难的要求。一般传统的液体阻尼杆调谐质量阻尼器施工较为便利，其施工方法为：先在质量箱底部支承楼面上设置简易的拼装胎架，然后在胎架上拼装质量箱系统，接着施工吊索及锚固系统，最后在质量箱系统四周安装液体阻尼杆并拆除胎架，完成阻尼器安装。

电涡流调谐质量阻尼器的施工过程则要复杂许多：首先，为确保电涡流调谐质量阻尼器的使用性能，对电涡流系统和质量箱系统施工的精度要求均非常高；其次，需要有足够合适的施工环境能够在空间上进行分离施工，要提供较大的分隔面和承载面，保证电涡流系统与质量箱体系统能够各自独立组装；最后，吊索系统设计和施工需要协同考虑，并确保电涡流和质量箱系统安全精确对接。通过对结构体系、施工工况、精度控制和工期要求等进行综合研究，确定了如图7-2所示的施工技术路线并形成了包括转换平台施工技术、电涡流系统施工技术、质量箱系统拼装技术、电涡流系统与质量箱系统对接施工技术在内的主要专项施工技术。

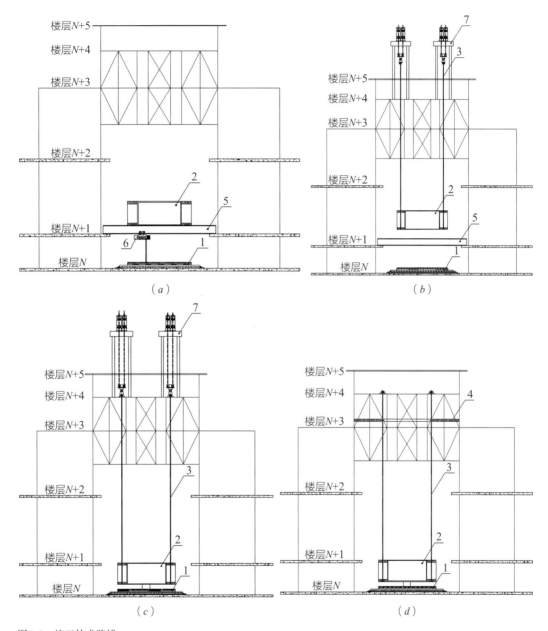

图7-2　施工技术路线
（a）设置转换平台同步进行质量箱和电涡流施工；（b）设置提升装置，提升质量箱系统，拆除转换平台；（c）下降质量箱系统完成与电涡流系统对接；（d）拆除提升装置，施工完成
1—电涡流系统；2—质量箱体系；3—吊索；4—协调框架；5—转换平台；6—电涡流系统吊装机具；7—提升装置

7.3 转换平台施工技术

转换平台从其功能作用上分析，首先要起到承载的作用，即能够承托质量箱体1000t的荷载；其次有适应装配的作用，即能够在构造上满足临时限位、平整搁置等要求。

7.3.1 结构选型

搁置平台承重结构主要由4根15m长、截面尺寸为□980×800×20×40的钢箱梁组成，钢箱梁两端搁置在126层的内八角框架梁上；钢箱梁下翼缘南北布置3根H600×400×16×30型钢。在承重箱梁上翼缘处布置6根H350×350×10×21钢梁，组成拼装胎架。在整个结构的中央焊接由H400型钢梁、30mm厚钢板组成的限位轴托架，起到对限位轴底部限位的作用（图7-3、图7-4）。

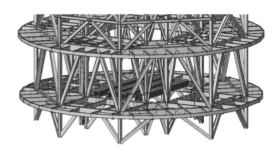

图7-3 转换平台与主结构关系

7.3.2 结构分析

1. 传力路径分析

阻尼器结构安装期间，主体结构核心筒内的八角框架钢结构从126～131层处于基本完成状态。全部阻尼器荷载（1000t）通过转换箱梁传递至126层上位于10.7轴和13.3轴的内八角框架楼面主弦杆上。

2. 强度验算

在恒载及阻尼器施工阶段荷载组合作用下，转换箱梁结构的应力如图7-5所示，箱梁最大应力为193MPa，位于中间两根箱梁的跨中位置，满足规范要求。主

图7-4 转换平台平面示意图

体结构应力比结果如图7-6所示，八角框架构件最大应力比为0.26，位于内八角框架斜腹杆上，满足规范要求，且具有较大的安全冗余度。

3. 变形验算

质量箱底板施工阶段，在恒载及阻尼器荷载组合作用下转换箱梁的相对变形最大

值为4mm（图7-7）。质量箱立板施工阶段，在恒载及阻尼器荷载组合作用下转换箱梁的相对变形最大值为7mm，搁置点相对变形小于1mm（图7-8）。质量箱质量配重块施工阶段，在恒载及阻尼器荷载组合作用下转换箱梁的相对变形最大值为32mm，搁置点相对变形约为4mm（图7-9）。转换梁刚度能够满足施工精度控制要求。

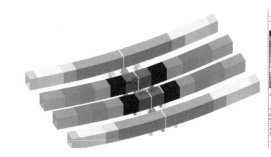

图7-5　转换箱梁结构应力结果

图7-6　应力比结果

7.4　电涡流系统施工技术

电涡流系统组装流程和工艺如下：（1）在125层楼面上进行基础底板的安装，精度控制在±5mm；（2）导轨系统在基础底板上完成组装，精度控制在±2mm；（3）铜板系统通过铝合金骨架在基础底板上进行安装，精度控制在±2mm；（4）磁钢系统架空后进行组装，然后下降至导轨支架上；（5）在铜板与磁钢系统上组装限位环系统，包括限位环、支撑臂、水平阻尼杆。电涡流系统组装流程如图7-10~图7-15所示。

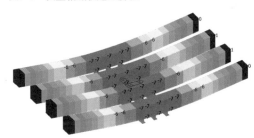

图7-7　质量箱底板施工阶段

7.5　质量箱系统施工技术

质量箱系统由底板、限位轴、立板、配重块、圆形顶板等部分构成，高度为2955mm，对角线长度为10800mm，总质量约985t，总体质量误差±5t。质量箱系统主要的组

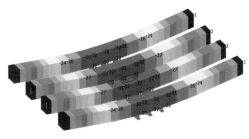

图7-8　质量箱立板施工阶段

图7-9　质量箱质量配重块施工阶段

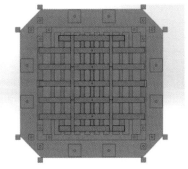

图7-10 基础底板安装　　　　　图7-11 轨道系统安装

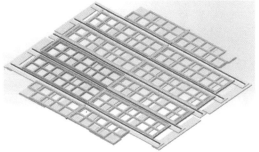

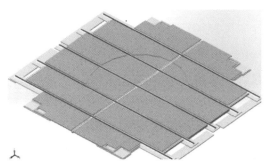

图7-12 铜板组件铝合金骨架安装　　　　　图7-13 铜板系统安装

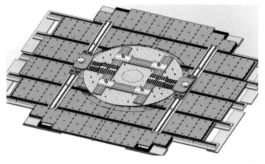

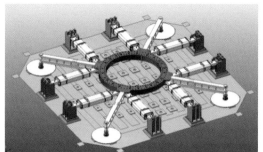

图7-14 磁钢系统安装　　　　　图7-15 限位环系统安装

装流程和工艺如图7-16~图7-22所示。

（1）在126层设置架空胎架，质量箱体在胎架上方进行组装，电涡流系统在胎架下进行并行组装；

（2）在胎架上方先行安装限位轴，垂直度控制在3mm；

（3）安装质量箱首层和第二层底板，并穿入定位螺栓，水平度控制在5mm；

（4）安装质量箱立板，并焊接固定，垂直度控制在3mm；

（5）在胎架上用8个千斤顶同步顶升质量箱体，并穿入其余底板连接螺栓；

（6）对称安装质量箱体配重块；

（7）安装质量箱顶部圆形盖板，并焊接固定，完成质量箱体的施工。

图7-16　126层架空胎架安装

图7-17　限位轴安装

图7-18　底板安装

图7-19　立板安装

图7-20　顶升并穿入底板连接螺栓

图7-21　配重块安装

图7-22　顶板安装

7.6 电涡流系统与质量箱系统对接施工技术

质量箱系统和电涡流系统同步施工完成后，采用创新的施工技术完成两种系统的对接，主要施工流程及工艺如下：

（1）利用质量箱吊索上锚点支承钢梁设置提升支架，提升支架的高度须综合考虑质量箱初始与完成状态的高差及为拆除胎架需要提升的操作空间；

（2）安装吊索，并利用设置在提升支架上的4组（8只）200t穿心式千斤顶同步提升质量箱体1m，给拆除胎架提供操作空间；

（3）利用4组（8只）200t穿心式千斤顶同步下降质量箱体至设计标高位置，完成与电涡流系统的对接；

（4）锚固吊索上锚固点，拆除提升支架；

（5）通过吊索对称张拉精调工艺，实现质量箱体的水平度和拉索的索力的均衡度，最后完成上锚点终固。索力精调时，先使用2组（4只）200t穿心式千斤顶分别对每组两侧吊索进行对角线同步张拉，控制质量箱底部标高误差小于2mm，然后使用4只千斤顶对每组中间吊索进行一次补张拉，最终将索力调至均衡。图7-23～图7-26为电涡流系统与质量箱系统对接施工。

图7-23 提升支架设置

图7-24 质量箱系统提升（留出拆除胎架箱梁操作空间）

图7-25 质量箱系统下降与电涡流系统对接

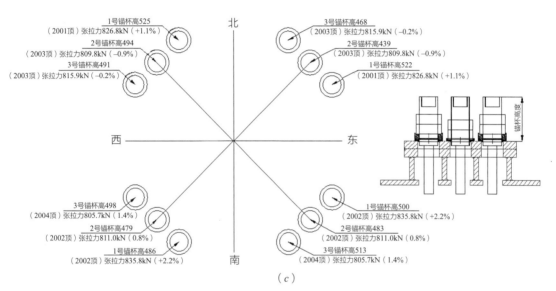

图7-26 吊索索力精调和锚点终固
（a）对角线张拉调索；（b）吊索索力精调完成状态；（c）吊索精调完成后索力分布情况

第 8 章

机电设备工业化安装技术

8.1 概述

上海中心大厦的建造目标为建成国内最高等级的绿色超高层建筑，其工程规模大、垂直分区多，对机电设计要求高、设备管线布置复杂，需要分区将系统进行分割，对水、电、风各系统的调试带来极大困难。上海中心大厦工程弱电系统包含13个总系统，约30个子项系统，规模大、技术复杂，所有弱电系统要求正常同步运行，大幅增加了运维维护的难度。与此同时，上海中心大厦工程各类设备以及物资的吊运量巨大，据统计，楼层、地下室各类设备、材料吊运量总计12000t。由于工程建设周期长，设备、材料种类不仅繁多，而且接收单位也相对复杂，因此对各类运输机械的需求也相应紧张，施工协调工作困难。鉴于此，在本项目机电设备施工过程中，引入了BIM技术，同时将BIM技术与工业化安装技术进行一体化集成应用，探索了基于BIM的新型工业化安装模式。

8.2 机电系统工业化技术

上海中心大厦的独特造型导致其结构异常复杂，加上大量新型设计理念的引入，使得需要工程的机电系统安装协调工作极大。尤其是在高、低位的能源中心、塔冠设备层，以及各区设备层与钢结构、幕墙等专业节点配合，其机电安装难度更大。故在项目的机电安装工程中，引入了BIM技术到机电安装装配化设计中，并结合超高层建筑施工特点，针对本项目的管线，包括通风管道、桥架、母线槽、内幕墙保护喷淋环管，以及塔冠设备区机电管线制定了科学可行的工业化安装方法。

8.2.1 机电工业化安装的策划

上海中心大厦项目作为国内第一高楼，机电安装垂直运输资源紧张、现场布局紧凑、各专业各工种交叉作业，难以对机电系统全面采用工业化安装，经研究确定了以下三方面工业化安装技术内容。

（1）机电管道预制构件。通风管道加工、桥架、母线槽的工业化加工相关技术相对成熟，同时管段分配对于垂直运输、现场仓储以及安装实施要求不高，适合全工程实施。

（2）异型幕墙喷淋系统。内幕墙保护喷淋环管线需要完全贴合大半径圆形内幕墙，系统要求采用沟槽连接方式，采用工厂分段顶弯与现场拼接相结合，减少连接配件的使用，既减少工程造价又降低系统风险。

（3）高空塔冠区。塔冠设备区安装工程须塔冠钢结构、幕墙施工完成后才能实施，现场施工面十分狭小且严禁动火作业，因此工厂预制现场拼接是唯一途径。

1. 工作流程

机电工业化安装技术主要体现在标准化设计、工厂化预制、机械化安装、装配化施工、信息化管理等方面，其安装工作流程如图8-1所示。

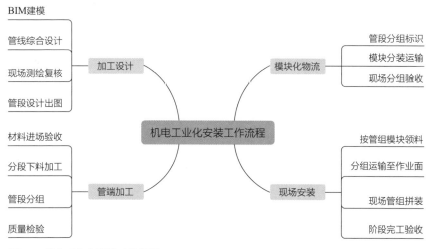

图8-1 机电工业化安装工作流程

2. 机电工业化安装各阶段工作内容

（1）设计阶段

要满足机电工业化技术要求，预制加工设计需要考虑的基础资料更加全面，在加工图纸设计前须收集设备、材料、工艺要求等各方面施工信息，例如管道连接方式、配件型号规格、设备与管道接口的位置、尺寸，并确保相关数据准确性，对所得数据资料进行分类整理，以满足后续加工图纸设计需要。收集所需数据后，按照施工图纸建立各专业BIM模型，BIM模型根据施工顺序按专业、区域进行拆分，对不同专业BIM模型设置不同颜色，便于后续协调各专业管线关系，如图8-2所示。将各系统设备、管线实

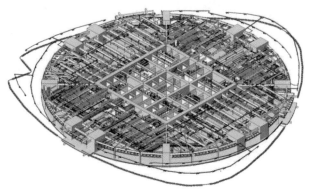

图8-2 某标准层机电管线模型

际参数录入BIM模型，如阀门、三通等尺寸，设备接口端长度等，满足设备、管道安装要求。

建立各专业BIM模型后，进一步完成各专业管线综合，管线综合需要协调各专业设备与管线空间关系，减少碰撞，同时须根据安装要求优化各专业管线路由，确保便于安装的同时，满足操作空间要求。在管线综合过程中，可将深化后各专业BIM模型集成后，设置碰撞规则进行碰撞检测，协调各专业间空间关系，合理排布管线，在满足原设计的基础上，达到美观的同时，满足安装与后续检修要求。机电管线综合排布剖面图与模型比对如图8-3所示。

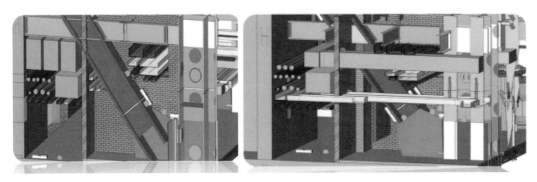

图8-3　机电管线综合排布剖面图与模型比对

为了获取现场安装条件信息，在现场安装前的施工准备阶段通过三维扫描采集现场结构模型，通过三维扫描生成的三维点云模型与结构设计模型比对，如图8-4所示，可找到现场施工条件与设计间的偏差，将相关偏差反馈给土建专业，对模型进一步调整后，根据调整后的模型进一步进行管线综合，有效减少因土建施工偏差对后续机电专业施工带来的不利影响。

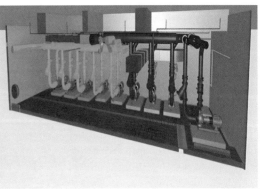

图8-4　设备基础三维扫描与模型比对

深化设计方案审批通过后，将BIM模型导入机电预制加工软件，形成预制加工BIM模型，满足后续工厂化预制加工需要。例如，结合进场材料、设备实际信息和现场安装工艺，进一步深化管线连接方式、连接件规格型号、配件尺寸等数据信息，满足后续预制加工工程需要。

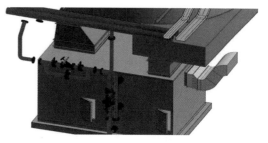
图8-5 空调机组空调供回水管道模型分段

根据设备、管线实际参数调整BIM模型后，根据预制方案对模型进行分段。为了便于现场材料运输，在考虑每个分段组件的尺寸时尽量使尺寸满足不同状态下的物流运输规格。组件间连接位置尽量设置在连接件或阀门处，对于对安装有特殊要求的组件，在接口处加设两片活接法兰，通过法兰对不同分段的组件进行连接，如图8-5所示。此外，组件分段需充分考虑现场安装过程可能出现的纠偏，在组件连接处设置纠偏管段，从而消除现场安装误差可能带来的组件无法安装问题。

得到预制加工BIM模型后，由模型导出二维加工图纸，便于指导后续加工与现场安装工作。加工图按模块化管段进行划分，包括安装图、系统图、分段加工图、材料表等，图纸中具有管段模组包含的管道长度、规格、连接形式等信息，如图8-6所示，便于后续管道加工制作。以管段组合形成模块二维码，将之运用到加工、物流、现场安装全过程。

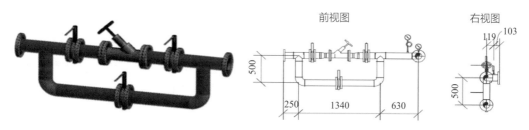

图8-6 机电管线分段加工图

（2）加工阶段

预制加工厂在收到分段加工设计图纸后，落实材料采购及加工生产，管材、管配件采购进入加工厂后必须进行验收检查，加工材料与配件的材质、性能以及各项几何参数在既定的误差范围内。

加工厂设有管道加工组装平台，多以移动式管道预制工作站形式为主。包括下料切断工段、坡口工段、组对工段、焊接工段及外围物流传输系统，以短管—法兰及管—管件焊接专用设备为核心装备，实现管道预制机械化，可提高管道预制的质量，以各工段间的流水线作业方式实现预制工厂化，可提高管道预制的效率。

为了高效地进行现场材料管理，上海中心大厦项目采用了二维码物流管理技术，各管段按图加工后会被逐一进行质检，然后，再以加工图中的管道组模块二维码为编序被标识，同时，也把加工信息编入到二维码中，进入到后续的物流过程中，从而将生产信息与设计信息相结合完整移交至施工安装阶段。

（3）物流及施工阶段

加工后的管道模块按二维码组合被分装运输至现场，经过进场验收过程后由班组按管段组以模块形式被领用，并运送至二维码指定作业面。施工人员按管段图纸及管件编码在现场进行拼装，并在原有二维码信息基础上添加施工信息。该管段在通过质量验收后，在信息库中录入质量验收信息。从而，将该管段从设计、采购、加工、物流以及施工的所有信息进行闭合。

随着以BIM为引领的各种信息化手段被广泛应用到机电安装工程的各个领域，机电安装的工业化已经成为必然。上海中心大厦的工业化安装是一次尝试更是一个起点，可以预见在不久的将来，随着生产规模化、标准化的不断推进、精细化与信息化的不断深入，机电安装工程领的标准化生产、工业化制造、信息化管理将很快得以实现。

8.2.2　深化设计与虚拟安装技术

上海中心大厦项目是在同时期各类项目中较早引入全生命周期运用理念的项目之一，可视化的深化设计、信息化虚拟建造以及数字化竣工移交在上海中心大厦信息化运用中得到一次重要的尝试。

1. 基于BIM技术的深化设计

深化设计是一座连接设计与施工之间的桥梁，同时又贯穿了项目施工的全过程，并最终呈现于竣工数字化移交成果，因此，以BIM为载体的机电深化设计，成为本项目机电安装工程施工管理中提高质量、保证施工进度的一项重要措施。

（1）BIM族库管理

在上海中心大厦项目中，通过建立多维族属性数据库管理族文件的存储与查询，基于身份认证的族文件提资保证了族文件的安全性和可靠性，同时，可扩展的对外服务为BIM族库的后续发展提供了更多发展空间，系统架构如图8-7所示。

族是组成BIM模型的基本构件，建立标准化BIM族库，可在模型建立过程中直接调用所需的族文件，通过平台化管理，为模型分阶段交付提供基础，族库插件功能展示如图8-8所示。

（2）超大型建模

明确清晰的BIM基础建模流程为项目的建模提供有效保障。建模前，根据专业划分工作集，工作集中根据专业分工设置权限，各专业工程师在各自范围内编辑、调用所需的BIM新型。BIM模型为后续施工过程提供协同工作平台。BIM建模可对建造过程在虚拟场景中进行预演，在早期发现方案中可能存在的问题，如图8-9所示，经过BIM模型的建立，提升了整体设计质量，并大幅减少后期工作量。

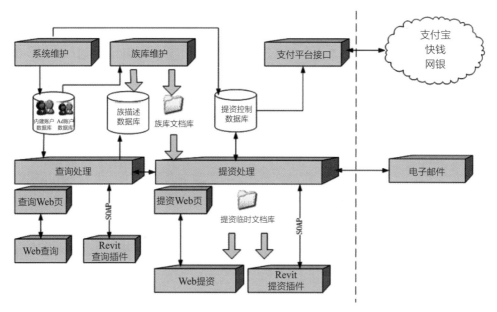

图8-7　上海中心大厦族库系统架构

图8-8　族库插件功能展示

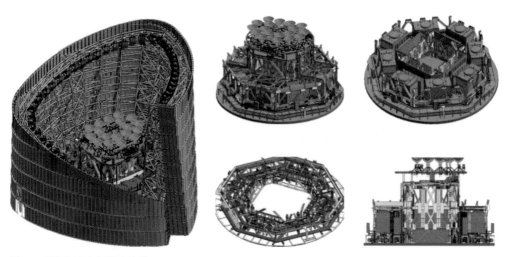

图8-9　塔冠机电与钢结构合模

（3）基于BIM技术的管线综合

本项目采用BIM模型进行深化设计，在三维环境协调各专业间空间关系。将建筑、结构与机电各专业模型在平台内进行集成，通过平台碰撞监测功能对模型进行校核，并根据监测结果进一步优化管线布局。BIM三维模型有利于实现机电管线密集区域管线合理排布，确保各专业的管线排布美观的同时，保证安装的可行性。

（4）基于BIM技术的机电系统优化

基于BIM技术对管线排布方案进行比选，可得到相对较优的管线排布方案，满足设计要求的同时，更好满足美观性要求。实际施工过程中，在不影响原设计系统工作性能和安装可行性情况下，可适当对管线布局进行优化，解决各专业间存在的碰撞问题，合理协调各专业间管线布局。施工过程中，根据现场实际施工情况调整BIM模型，保持现场与BIM模型一致性，从而避免影响后续机电系统安装，减少后续施工过程中可能存在的专业冲突。

（5）基于BIM技术的设计图纸校核

通过将各专业BIM模型集成后进行碰撞检测，找出各专业间存在的冲突进行快速定位、高亮显示，为管线优化提供依据，提高施工效率。将管线碰撞的定位信息反馈至BIM建模软件，对相应位置模型进行调整，提前发现设计中存在的问题。

（6）基于BIM的工程出图

当模型"零"碰撞时，基于BIM模型指导深化设计出图。通过BIM模型对管线较为复杂的区域进行综合、修改、调整，将管线布留情况在模型中直观地反映出来，给予直观感受。图纸由模型生成，随着模型变更可快速导出形成二维图纸，确保图纸的准确性和可靠性。BIM模型导出的三维化视图，便于现场技术人员快速理解设计意图，通过多维度剖切，得到平立剖、轴测及大样等多角度视图，辅助现场技术人员施工，快速提升施工效率。

2. BIM技术在虚拟安装中的运用

（1）辅助模拟施工效果

在BIM模型中，不仅可以反映管线布留的关系，还能结合软件的动画设计功能模拟施工效果。在模型调整完成后，BIM设计人员可提供模拟施工效果服务。通过现场实际施工进度和情况与所建模型进行详细比对，并将模型调整后的排列布局与施工人员讨论协调，充分听取施工人员的意见后确定模型的最终排布并加以演示。

（2）利用BIM进行施工进度优化

现实场景中施工进度计划编制主要采用粗略的预估办法。本项目基于BIM模型可模拟的特性进行施工优化，通过BIM模型的应用为施工进度控制减轻了负担。

本项目通过BIM模型对整个施工工期进度进行模拟，使现场管理人员有效控制各重要施工节点。通过BIM施工进度模拟能够发现进度计划存在的冲突，针对进度滞后节点调整进度计划，优化施工进度方案，使项目管理人员更好地全面掌握进度情况，开展项目进度管理工作。三维动画更容易让人理解整个进度计划流程，通过修改完善不足的环节，基于动画模拟对新方案进行再优化，直至进度计划方案合理可行。表8-1是传统方式和BIM方式下进度对比。

传统方式和BIM方式下进度对比表　　　　　　　　　　表8-1

项目	传统方式	BIM方式
物资分配	粗略	精确
控制方式	通过关键节点控制	精确控制每项工作
现场情况	做了才知道	事前已规划好，仿真模拟现场情况
工作交叉	以人为判断为准	各专业按协调好的图纸施工

（3）BIM基本材料统计

上海中心大厦中利用BIM技术按需对项目进行基本材料统计。利用建筑三维模型所形成包含大量信息的数据库，随着现场项目实际进度推进，可不断丰富数据库信息，基于实时动态数据辅助现场决策，提高决策的实时性和可靠性，有利于提高项目质量，降低施工成本，保障项目进度，确保项目各项管理目标实现。

在模型基本材料统计工作中，无须进行抄图、绘图等重复工作量，降低工作强度，提高效率。此外，本项目中BIM模型基本材料统计能够按分专业、分种类的方式进行多样性基本材料统计，如图8-10所示。按照各专业统计方式可分为水、电、风三大专业，每个大专业下分为数个小专业，按各种类统计方式又可分为管道、配件、附件三大类。通过灵活性分类组合使得工程量统计更加精细化。

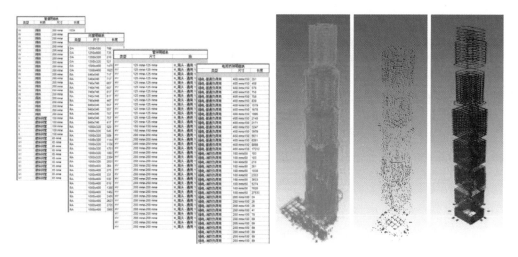

图8-10　上海中心大厦项目材料统计示意

由于BIM模型统计的材料为模型中实际所需的材料，未考虑正常施工损耗或现场施工误差等一系列因素，因此需要进行适当的处理以指导施工备料。同时应利用传统统计方法统计材料清单，最终提交给业主一份BIM统计的材料清单及一份用传统方式统计的材料清单，以作比较。

（4）BIM对重难点的施工指导

通过BIM模型进行3D、4D（三维模型附加时间信息）仿真，对建造过程中重点、难点方案进行模拟，有效指导现场施工，为施工方案优化提供有力支持，与传统施工方式相比，BIM模拟施工具有以下优势，见表8-2。

BIM模拟施工与传统施工方式优势对比表 表8-2

序号	传统施工	BIM模拟施工
1	管线较为复杂的区域经常会存在安装时各专业的协调问题	直接体现施工界面、顺序，使得总承包和各专业施工之间的施工协调变得清晰明了
2	安装过程中没有很好地考虑到设备、管线安装进出空间，造成安装至一半，设备、管线无法安装摆放的问题	将四维施工模拟与施工组织方案相结合，使设备材料进场、劳动力配置、机械排版等各项工作的安排得出最优解
3	安装后期，一旦专业间发生冲突，回转协调的余地非常小，常常出现安装完后须拆管返工的现象	避免专业之间冲突，有效提高一次安装成功率，大大降低返工现象

针对上海中心大厦机电安装工程的特点，施工前对专项施工方案进行模拟，如大型设备吊装、大型钢结构吊装等，借助专项施工方案辅助施工方案讨论、审批、交底等，有利于直观了解施工工艺，从而确定更为合理的施工方案，保障工程更加顺利实施（图8-11）。

图8-11 吊装方案模拟

通过BIM模型虚拟仿真，可将经过讨论、审批的模型作为后续实施阶段的指导性文件，这些模型附带进度计划信息，在现场施工管理方面具有广泛用途。具体作用见表8-3。

序号	作用
1	在施工阶段，各专业分包商都将以匹配进度的可视化模型和施工现场进度为依据进行施工的组织和安排，清楚知道下一步的工作时间和工作内容，合理安排各专业材料设备的供货和施工的时间，严格要求各施工单位按图施工，防止返工、进度拖延的情况发生
2	借助BIM技术进一步加强了文明施工的管理，施工组织方面严格实施标准化管理，实现流程、设施标准化
3	对项目施工过程进行动态控制，在施工管理过程中，可以通过实际施工进度情况与匹配进度的可视化模型进行比对，直观了解各项工作的执行情况
4	通过将施工模型与企业实际施工情况不断地对比、调整，完善企业施工控制能力，提高施工质量、确保施工安全，使企业能全面掌控现场施工管理工作

8.2.3　管道工业化加工及施工技术

1. 管道的工业化加工技术

上海中心大厦风管采用工厂预制加工的形式，相比传统的现场加工风管，此技术的优点在于工厂化预制可实现风管的提前加工，从板材切割、折板、咬口制作、合缝等工艺的全流程机械化操作，使得加工制作效率相比传统的手动制作有所提高，且风管的加工质量有保证，大大减少了风管的漏风和后期验收的时间；再者，后方工厂预制有利于现场文明施工的开展；同时板材的切割可在计算机上根据要求进行划线，能提前进行规划提升板材的利用率，大大减少了钢板的浪费，满足绿色制作的要求，现场流水化作业便于统一管理。

本工程中，风管的制作实现了100%的预制生产，预制加工过程可简单概括为下列步骤：

（1）现场暖通专业工程师根据图纸信息及现场情况，将拟安装的风管及部配件信息（包括尺寸、分段长度、咬口形式、形状等）发至后方工厂。

（2）工厂接到信息后，进行风管大批量的全机械化流水线生产，操作内容包括板材切割、制作咬缝、折方、咬合、装法兰角等，如图8-12所示。

（3）在加工后的风管按照现行国家标准《通风与空调工程施工质量验收规范》GB 50243抽量验收合格后，进行包装封存。

（4）将包装好的风管运输至施工现场仓库内，留待现场验收和安装。

与风管系统的预制加工类似，水管工程（包括给水排水、空调水、消防水）中，各专业的管道和桥架也相应实现了预制加工的形式，其中管道系统的预制比例超过了50%。大型管道根据管径大小，采用不同工艺的工厂化自动焊接技术，如图8-13所示，有利于控制焊缝质量，降低管道接口处的漏水率，为后期管道系统的试压与验收提供了有利条件。

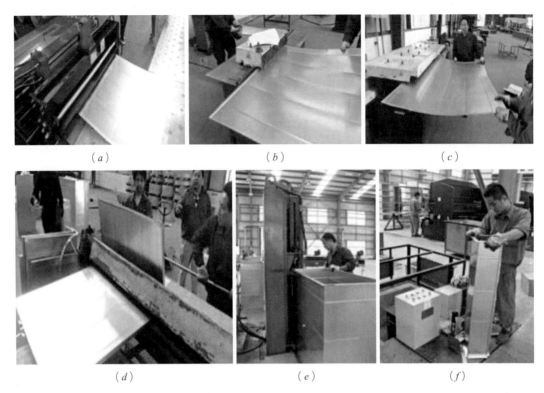

图8-12　风管的工程预制流程

（a）剪冲角，轧加强筋；（b）轧咬缝；（c）轧连体法兰；（d）"L"形折弯；（e）合缝成型；（f）装法兰角

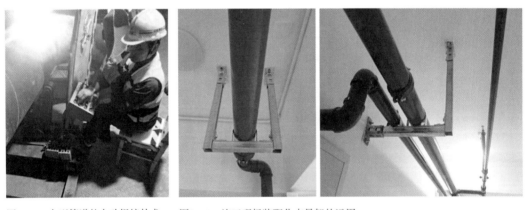

图8-13　大型管道的自动焊接技术　　图8-14　施工现场装配化支吊架的运用

　　传统的管道系统支吊架制作也是现场切割和焊接，不便于材料的控制，浪费严重且手工切割后支吊架的吊杆（特别是风管系统）很容易受到外力造成变形，不利于现场安装的观感。基于此，本工程中重量轻的风管大量使用轻型"C"形钢，同时支吊架大量采用了经过预制的支吊架，如图8-14所示，大大减少了现场焊接的动火作业，提高了现场施工的安全性。

　　上海中心大厦因其独特的建筑结构，为了让喷淋系统在发生火灾时起到最佳的灭火效果，最终施工过程中采用了弧形弯管敷设方案。相比一般的弧形建筑，上海中心大厦曲面侧混凝土和钢梁结构纵横交错，结构复杂，尤其是在幕墙的玻璃边缘，有大厦结构的支撑主体柱和内外幕墙玻璃的支撑柱以及环形辅助梁，弧形区域内管线布置十分困难。在现有的BIM三维模型的基础上，经过多轮次的碰撞检测和分析，最终制定出可行性的弧形喷淋系统管道敷设方案，其三维模型图如图8-15所示。

采用弧形弯管代替原始的直管段施工，这对现场的施工工人施工技术要求提出了一定的挑战性。一般的弯管撒弯机器对于小口径的喷淋管道，弧形弯制比较简单，但上海中心大厦因其弧形曲度较大，喷淋管道的口径也相对较大，对管段的弧度精确性提出了更高的要求。施工工人需要从建筑土建设计和现场施工单位处得到弧形建筑的曲率半径，还要结合内幕墙单位的玻璃幕墙设置情况，来精确计算每一段管线的弧度以及管段加工，确保在使用上满足要求。图8-16为上海中心大厦的弧形管道的加工及安装效果。

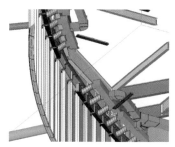

图8-15　消防喷淋管道弧形敷设
BIM模型
图8-16　弧形管道的加工及安装效果

2. 管道的工业化安装技术

（1）超高层管道的高效施工技术运用

传统单根管道安装过程中，受工艺束缚短管的安装数量多，导致运输量和焊接作业量加大，另外管道的焊接因焊口多而容易引起漏水点多的质量隐患，会对压力管道的安装质量造成严重的缺陷。

基于此，本工程在建设中运用了适合于超高层建筑管道的高效施工方法，在进行研究实施后取得了一定成效，具体表现为减少了管井中的焊接作业（减小70%），缩小了管道的泄漏率（缩小60%），减少了垂直运输量和降低了施工工期和成本（约减少35%），并进一步加强了管道的安装质量。

本工程对机房、管井等区域管道采用标准化工厂预制技术，如图8-17所示，在开阔空间对管段进行焊接加工形成加长管段，避免了管井、机房等狭小空间限制，有效避免了狭小空间焊接作业容易出现的漏焊、假焊等现象，保证了预制管段焊接质量，减少了加长管段的焊口容易存在渗漏的现象。

另外，本方法利用卷扬机对加长管段吊装到相应的安装区域，再利用手动或电动捯链调整加长管段在精确的安装位置，然后焊接或栓接相邻的两根加长管段，如图8-18所示，该项施工方法，相比传统施工工艺可以做到焊接点较少，除了相邻的两根加长管段焊接所在的楼层之外，其他楼层不受安装区域空间局限性影响。

图8-17　大型管道的分段组装　　　　　图8-18　机房内大型管道的装配

（2）组合式管组结合二维码技术

超高层建筑管井内，按照传统的施工作业模式，大管径管道的安装方式为单根短段焊接，施工进程慢导致工期延误的现象时有发生。而管道间的间隙由于空间限制严格，造成相邻管道的边缘和贴井部位很难得到充分的焊接，容易引起接口处漏水。同时，管道安装期间存在各专业交叉施工，导致作业面重合，现场施工协调量大，不利于质量控制。

基于上述问题，在本工程施工策划前提出了组合式管组（简称"管组"）的方法，将以往工程上常用的单段短管进行工厂化预制拼装，利用预制的钢支架进行多根管道的固定，然后验收合格后进行整体吊装安装。该管组适合不同管径的给水、排水、空调水、消防水等管道，管组的数量通常为4～8根，整体管组的长度一般为6m左右（约2层高度）。图8-19、图8-20是管组的加工制作安装方案及管组结构图。

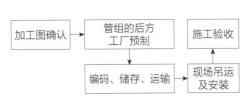

图8-19　管组的加工制作安装流程　　　　图8-20　模块化管组的结构

区别于传统的单根短段管道安装的技术，本技术的优点具体表现在以下方面：

（1）将传统的管道焊接作业改为栓接作业，有利于减少动火量，增加加工安全性，同时栓接作业拆装方便，有利于维护维修。

（2）采取整装整配的方式进行安装，根据现场情况（以管井高度位置和具体截面尺寸确定合适的安装位置）进行分段，可实现灵活控制。

（3）管组的安装与土建工程同步进行，如图8-21所示，在传统工程结构施工期（机电安装作业量低谷期）进行大量管组作业，各专业作业面交叉影响小，同时可减轻机电安装高峰期的作业负荷。

（4）实现大体量的工厂化预制，避免传统管道现场切割焊接引发的因环境、工艺、材料等限制引发的质量问题。

（5）节约配件和管组材料，栓接拆除后的管段重复利用率高，有利于绿色施工的实现。

（6）采用管组整体组合的形式，有效避免单管装配时因管道相互间距小而引发的焊接难题，统一规格的管组观感质量高。

为了提高管道的制作质量，缩短制作周期及提高管理效率，在组合式立管的预制过程中引入二维码技术，如图8-22所示，不但有效解决物资入账、进出库等效率瓶颈，而且有利于保证各个作业环节数据输入的效率和准确性，可对物资进行统筹管理，确保企业及项目部及时了解每一节管组的实时生产、储存及运输状况。运用条形码技术，还可在报价、采购、配送、验收、调拨等方面有效降低与供应商之间沟通协作的管理成本，促成企业与供应商的协作关系的加深乃至整合。

图8-21 管组的吊装、安装与土建工程同步进行　　　　图8-22 二维码在管道工程中的应用

8.3 基于安全控制的机电吊装技术

8.3.1 设备吊装技术

在超高层建筑机电安装过程中，材料和设备垂直运输的主要方式为吊装。随着建筑高度增加，吊装视线和受风力影响会逐渐增加，此外本工程相比一般高层建筑，在吊装工程中还有下述难题：

垂直分区多，大范围施工的面积大，对材料和设备的吊装提出了严峻的挑战，同时，现行有效的吊运设备较单一，主要大件材料依赖塔式起重机，小件材料依赖施工电梯。

交叉作业多（机电安装的同时，钢结构机械施工、遗留建筑结构、幕墙、装饰、园林等各工程施工同步展开），工期紧。吊装关键路线上容易受各专业的影响，对各工序衔接要求极高，现场协调量大导致吊装工期不可控。

建设要求、环境因素、社会影响较高，因此部分重要吊装作业需要得到总包、建设方、施工方总负责等确认，方案审批复杂繁琐。同时，因建筑体量巨大而导致设备量和材料运输量大，而机电安装开展时塔式起重机数量少，需要利用有限的资源满足垂直运输要求。

针对上述难点，急需在本工程开展前提出适应不同部位、不同材料和设备的吊装关键技术，加强吊装效率减少返工作业，以控制垂直运输的安全、工期、成本等控制。

1. BIM技术在吊装作业中的运用

本工程设备层的设备运输受场地因素限制，应设法在结构完工前完成，由于每层的结构桁架多，分布不规则，设备和材料吊运至吊装孔进行后续运输时，如图8-23所示，容易因运输物体体积大而和桁架发生碰撞，影响运输。因此在设备层大体量设备和材料吊装前，根据建筑结构图纸和建筑施工及幕墙施工单位进行协调，以确定合

图8-23 设备层模拟的预留吊装孔

适的吊装孔位置，并及时做好运输路线的规划工作，确定设备运输优先，后续水、电、风等各专业跟进施工。

通过BIM技术对设备和材料垂直运输全过程进行4D动态模拟，确定建筑外区作业平台与桁架分布对设备垂直吊运及水平运输的影响。

具体为设备垂直运输过程中，由于其他专业施工的需要，在吊装孔上下层的位置靠近建筑外围结构存在不规则的施工平台，在吊装前将平台信息输入BIM模型，当吊装模拟过程中，吊装平台位置处于施工平台位置外缘时［如图8-24（a）所示，此时吊装平台蓝色区域与红色的施工平台存在较远距离］，说明施工平台的存在对吊装无影响，可进行正常的垂直运输作业。而一旦出现吊装平台与施工平台位置重叠、交叉或距离较近时［如图8-24（b）所示，此时吊装平台与施工平台发生重叠］，考虑风力、环境及人为操作的影响，容易在垂直运输过程中设备与施工平台进行碰擦从而影响吊装安全。通过各种工况的模拟分析，以确定楼层上可选吊装孔的大致位置，如图8-25所示。

在确定可选的吊装孔位置后，如图8-26所示，接着利用BIM结构模型分析水平运输时的障碍，为确定最优化的水平拖运路线提供参考，避免因桁架错综的分布对吊装设备由于碰撞而影响水平运输路线，尽量选取桁架分布少的吊装区域，如无法满足要求，则

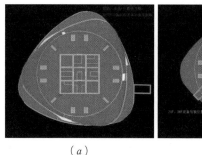

（a）　　　　　　　　　（b）

图8-24　垂直吊装过程中的BIM分析

图8-25　设备层与施工平台（红色区域）的垂直分布关系

图8-26　设备层和吊装孔附近的桁架分布

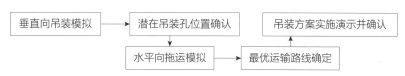

图8-27　设备和材料运输的工艺流程

须与结构施工单位协调是否可临时拆除造成影响的桁架与钢构件。

综合上述流程，总结本技术大致的工艺路线图如图8-27所示。

2. 吊装方法的选取

对于小型设备或重量相对较轻的材料，经过规范地捆扎和包装并在地面确认各项吊装条件满足要求（如机械、环境、操作工艺等），在楼顶塔式起重机司机、地面捆扎人员及指挥员、设备层卸货搬运员等确认到位后，将货物缓慢吊运至固定区域，在货物区域设置拉环。当货物到达指定位置后，楼层内卸货人员在保障其基本安全的情况下，将拉杆上的拉钩套至环内后往楼层内拖拉，也可使用机械进行水平拖拉，如图8-28所示。当材料到达层内后再搬运至小车上进行水平拖动至存放位置。

图8-28　重心位移法（水平拖拉）

针对大型的设备，由于水平拖拉的力量有限，同时吊装过程中受设备吊装孔数量限制，无法使用重心位移法，因此本工程创新使用了移动平台法，如图8-29所示。将设备安置在地面的预制平台上，为防止吊装过程中设备可能发生的晃动，通过设置手动捯链将大型设备牢固固定，设备和平台组成整体后利用吊装扁担由吊机进行垂直运输。当到达指定区域后，预留的固定栓将平台牢固栓接在外围楼板上，检查安全可靠后打开平台安全门，随后进行设备的拖运。

图8-29　移动平台法

该移动式平台主要由钢板拼接而成，平台上设有安全栏，并在一端设置可开启安全门，外端加装设备拖运滚杠时的挡铁。为防止高空坠物，钢平台上铺设5mm厚的钢板，安全栏杆的立柱与平台上的相应位置设置专用耳板，防止大型设备的滑动。相比重心位移法，在使用移动平台前，应对设备吊装的平台进行扰度、稳定性、负载等参数的检测试验，如图8-30所示，以确保吊装的绝对安全。

　　　　（a）　　　　　　　　　（b）　　　　　　　　　（c）

图8-30　移动平台的各项试验
（a）负载试验；（b）稳定性试验；（c）扰度试验

8.3.2 电缆吊装敷设技术

高压电缆是超高层建筑中的变配电的主要介质，变配电主干线主要在电缆井道内敷设，高压电缆重量大，敷设要求高，敷设不当将对建筑内各种用电设备使用产生不利影响。本工程99层和116层的7根高压电缆吊运至392m后需要经过四个直角弯头，沿梯架垂直敷设71m和148m后，仍须水平敷设32m。水平段电缆敷设经过多个转弯处且弯曲半径较大，不易采用机械牵引，给施工增加难度。

在机电建设过程中，电缆竖井空间狭小，多根电缆通过竖井吊装敷设，电缆竖井中除了支架和梯架的宽度，大约剩余300mm的作业空间，空间狭小且吊装敷设多根电缆，在垂直吊装的过程中容易碰到竖井周边障碍物，造成安全问题，增加了电缆吊装难度。电缆垂直吊装敷设距离长，第一垂直段约400m，部分电力单根重约7.6t；吊装过程中需要综合考虑选择牵引机械和牵引过程的摩擦、牵引头等。上述问题是本工程中超长超重电缆垂直敷设的主要难点。

1. 电缆垂直吊装敷设参数计算

（1）电缆起吊重量计算

在电缆吊装敷设参数计算中选择竖井中敷设距离长、截面积大、重量最大的电缆作为计算依据，其他电缆吊装钢丝绳、牵引设备可以依据该根电缆计算参数进行选择。例如，竖井1中某根高压电缆截面积为240mm^2，吊装高度约为402m，单位长度重量约为19100kg/km，电缆起吊重量为$Q_1 = 7678$kg。

（2）牵引机械参数计算

牵引机械采用卷扬机，计算负荷P_1，根据公式：$P_1 = (Q_1 + q_1)K$

公式中，q_1包括牵引头、夹具卸扣、吊装所用的钢丝绳重量等，其中，钢丝绳长度约400m，总重约1280kg，牵引头、夹具等约300kg。K为动载系数，取1.05，代入公式中得：$P_1 = 9720.9$kg。

卷扬机拉力按2个导向轮取系数1.06，则$P_1 = 9813.5$kg，根据计算选择12t的卷扬机。

（3）钢丝绳选择

钢丝绳拉力，安全系数k取5，破断拉力总和S_p取63150kg，破断拉力系数d取0.82，则钢丝绳拉力$S = 10356.6$kg，根据计算钢丝绳选用6×37+1（ϕ30，表示一根钢丝绳由6股组成，每股有37根钢丝，中间是一根芯）结合计算结果选择所需要的滑轮。

2. 电缆吊装敷设

（1）电缆盘搬运及吊点设置

由于电缆盘较重，电缆盘架设位置须经过专业工程师计算确认。根据电缆盘的重量，采用80t的汽车式起重机，从西下沉式广场将电缆盘通过吊装设备吊运至B2层，再由B2层按计划线路运送至相应的强电电缆井口，为了避免电缆水平运输中受到磨损，在水平运输线路中铺设路基板。卷扬机设置在81层，EP井吊装卷扬机设置在82层。将卷扬机运至81层、82层安装距离竖井12m，借助钢梁，将卷扬机进行固定。在84层强电竖井放置一根300mm工字钢，同时架设一根600mm的工字钢，在同一层强电井的墙上钻两个小孔，用于固定工字钢的一端，另外一端固定在600mm的工字钢上。吊装使用的定滑轮固定在300mm的工字钢上。在竖井口下方的楼层的地板上安装滑轮，为控制钢丝绳的走向在跑绳和卷扬机之间安装一个导向滑轮，电缆吊装系统如图8-31所示。

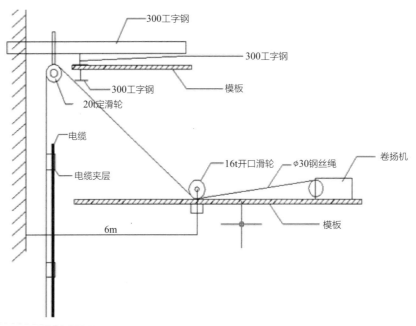

图8-31 电缆吊装系统示意

（2）电缆吊装流程

电缆吊装敷设流程如图8-32所示。

（3）电缆吊装关键技术

使用特制的电缆夹具，通过电缆夹具将电缆固定在钢丝绳上，通过提升钢丝绳来提升电缆。第一个夹具设置在电缆8m处，第二个夹具设置在电缆16m处，其余电缆在电缆垂直牵引过程中每隔50m用夹具将电缆固定在钢丝绳上。电缆夹具锥形引导帽如图8-33所示。电缆起吊后，在83层转弯滑轮，解开第一个夹具，利用卷扬

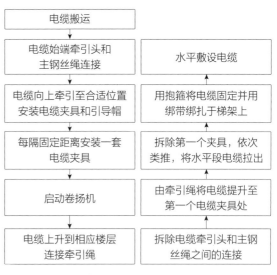

图8-32 电缆吊装敷设流程

机将电缆牵引至水平并拉出，其余的电缆夹具一次解开至所需电缆长度。

在电缆吊装敷设过程中，为了确保安全，采用了视频监控，监控系统示意图如图8-34所示。

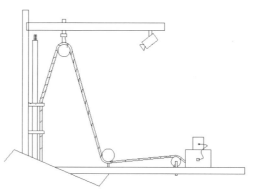

图8-33　电缆夹具锥形引导帽　　图8-34　电缆吊装视频监控系统示意

视频监控摄像机主要监控电缆盘搬运、卷扬机运转、滑轮的受力等，视频监控系统除了在吊装电缆时对重要部位进行实时监控之外，还可监控所记录下的异常情况。

为了避免在电缆吊装过程中碰到障碍物或者其他原因导致吊装钢丝绳断裂，在固定滑轮和吊点之间安装电阻应变式传感器，在卷扬机吊装系统中加装智能重量显示限制器。在吊装过程中钢丝绳牵引受阻时，重量感应装置能够立即发送指令至限位器并由限位器立即停止卷扬机的吊装作业，保证了吊装系统的安全。

超高层电缆敷设由于电缆敷设垂直高度高、电缆重等，敷设难度增大，安全要求更高。在上海中心大厦高压电缆敷设时，充分分析了敷设过程中可能存在的难点、特点，结合现场条件，确定敷设方案，在敷设过程中采用视频监控和加装限载安全装置等方法，确保了电缆敷设的安全，提高了整个电缆敷设效率。

8.4　机电专业特殊设备安装及研发技术

8.4.1　高速电梯安装技术

在上海中心大厦建设过程中，汇聚了全球提升能力的电梯系统，其中有5台单轿厢时速8m/s，4台双轿厢时速10m/s，3台单轿厢18m/s的世界最高端电梯产品，最大的提升高度约580m，但电梯安装过程也受垂直运输量大、电梯安装工期短、施工组织及技术含量要求高等约束。

此外，对于高速电梯来说，乘客的舒适度也十分重要，因此应加强对于轿厢拼装、补偿钢丝绳、导轨安装精度、曳引钢丝绳、随行电缆等的安装质量。而超高层建筑本身存在的晃动也是影响电梯安装和运行的关键。

1. 建筑物晃动对电梯安装的影响

电梯安装过程中，为了克服温度和风力导致的建筑物摆动的影响，结合传统电梯安装使用的水平样架定位法，本工程中以大楼的结构轴线为基础放样标准，从井道内由上至下使用多样架进行立体放样，做到多点对应定位，在所有样架得到牢固固定后，用强度高的进口钢丝再由上至下将所有样架进行连接。导轨安装的过程中，使用弹性压导板，将底部的导轨先进行悬空，以此能最大限度地将建筑物沉降导致的导轨安装影响降至最小。结合日照温度和大楼的晃动方向（须多日观察）以确定电梯导轨的合适安装时间段，进行样架的定位架设和导轨的安装。导轨安装时，在金属样架放样后，最大限度增加中间校正点位和固定样架。使用专用的刀口尺和V形工装等专业工具，如图8-35所示，可最大限度将人为因素对电梯导轨的安装精度影响控制在最小。

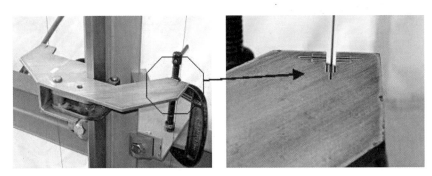

图8-35　V形工装

2. 曳引绳防绕转措施

由于上下垂直落差大，电梯曳引绳安装不当会导致电梯运行时的扭转，通过曳引绳之间的相互作用力导致轿厢运行时乘客舒适感下降。为此，在曳引绳安装过程中，采用专业的工具，安装后通过专用的检测仪测试张紧力进而进行调整，如图8-36、图8-37所示，以确保曳引绳张紧力一致。

图8-36　钢丝绳吊装工装　　　　　　　　　　　　图8-37　钢丝绳张紧力检测仪

3. 电梯舒适感调试

电梯在安装完毕后，应确认轿厢的静态平衡系数，同时进行平层精度调整、电梯运行噪声测试、启动制动调整、跃层运行调试等步骤，进行舒适感的调整确认。使用三维加速度记录仪和传感器，如图8-38所示，对电梯运行舒适度进行实时的记录与监测。

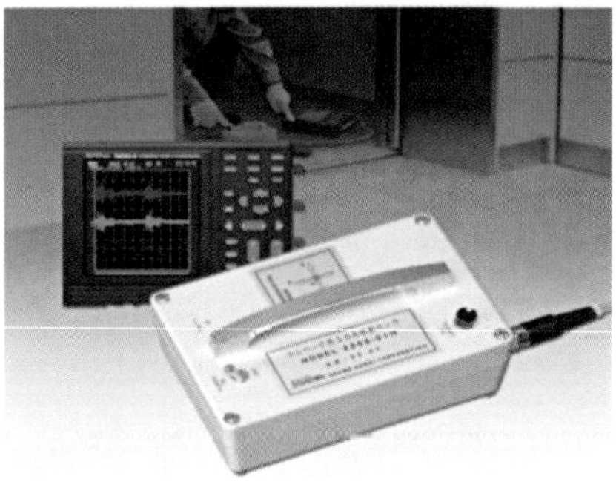

图8-38 三维加速度记录仪和传感器

8.4.2 散热翅片研发及安装技术

上海中心大厦的幕墙结构由内、外幕墙组成，幕墙材料为无色玻璃，中间中空，随着大楼整体扭曲的形状延伸至顶部。由于幕墙内外的温差不一致，很容易发生结露现象，此外外幕墙的钢梁由于承载力大，需要恒温的要求，避免钢结构受到外部环境而导致的热胀冷缩，影响其使用寿命及稳定性。同时，上海中心大厦每个区域的顶部设置观光层，观光层中内外幕墙间距可达70m左右，需要一种空调系统与观光层空调形成互补以满足舒适性的要求。

基于上述原因，研发了幕墙翅片散热系统，该系统由翅片式散热器本体、电动阀门、闸阀、金属软管、调节型支架等组成，进口端水温度为95℃，回水端水温度为75℃，系统立管设波纹膨胀节来释放热膨胀量，沿外幕墙内侧安装的翅片散热器本体之间设不锈钢金属软接头来释放热膨胀量，按区分布于大楼约100多个层面内。

1. 散热性稳定性试验选型

翅片式散热器系统根据上海中心大厦观光、幕墙玻璃防结露及给钢梁保温的需要而设计的新型空调系统，每层翅片式散热器末端散热组件由138～140台翅片式散热器本体组成，每台翅片式散热器本体由金属软管相连，整个末端散热系统沿大楼环梁布设，系统运行时由每台本体均衡散热，形成均衡散热的效果，达到设计要求。所以本系统的重点在于系统的均衡散热效果。

翅片式散热器系统原系统主体为六管制翅片式散热器主体，但在系统试验过程中，发现系统进水端与回水端散热量存在较大偏差，无法满足使用要求。根据上述情况，在施工前对翅片散热系统进行多种型号的试验室散热对比，同时对散热片的排布形式进行了优化，在反复论证后，确定了单管制的散热效果较优；同时采取了中间段密、进水端疏、末端无间隔的翅片排布措施，在90m段试验中（图8-39）成功地将散热不均匀度降低到±10%以下（相应的六管制不均匀度为19%）以满足设计要求。

2. 散热器防漏连接的优化

按照设计要求，翅片式散热器系统主配件均为丝扣连接，每层约有280个接口，由于翅片式散热器系统位于观光区上空，且系统运行时的介质为高温热水，大楼交付使用后系统正下方是人流密集区，一旦出现泄漏的情况，会造成人员烫伤的情况，所以本系统在确保系统稳定性和系统安全性上对克服渗漏风险的要求更高。

经过分析，金属软管是检修翅片主体的主要连接部件，如果采用丝扣连接，安装时极可能因操作不当造成牙口损坏，有渗漏隐患。且金属软管作为系统检修时的拆卸部件，一旦投入使用需拆卸检修时，牙口损坏的概率会非常高。而传统维修扳手等作业工具不适合翅片式散热器主配件镶接施工，作业的工具的不配套会直接加剧丝接质量的优劣。

综合上述问题，通过更换传统型的金属软管，改为硬密封接口型金属软管，如图8-40所示，从而降低金属软管丝扣接口损坏率，拆卸检修时，可拆卸硬密封端，避免了破坏金属软管密封性。同时，优化丝接填料，在分析了生料带、麻丝和厚白漆的优劣情况后，决定结合生料带的耐高温性、麻丝和厚白漆突出的抗渗漏性，填料第一层采用生料带，第二层包裹适量麻丝，外涂厚白漆，第三层生料带包覆，如此实现一次拧紧到位，有效防止渗漏。最后，结合本工程的特性定制了作业工具，如定制扳手、定制"叉"等。

图8-39　试验室90m段翅片散热均匀性试验　　图8-40　硬密封接口型金属软管

3. 三维调节型支架的设计

由于本工程环梁为超300m长度不规则圆弧梁，环梁安装过程存在尺寸偏差，此外，环梁安装过程中预留的翅片散热器的固定耳板分布不均，其间距和大小不统一；最后幕墙板块安装存在尺寸误差，误差分环梁误差而造成的累积误差和幕墙板块自身误差两种。上述原因导致翅片散热器在环梁上安装时，需要引进一种可调式支架来解决精确定位问题（图8-41）。

与原设计支架有所区别，三维可调式支架克服了环梁圆弧度不规则偏差，该支架主体可使翅片本体安装标高调节度达5.5cm，与幕墙板块的间距可调节16cm，确保了翅片本体距外幕墙板块的固定距离。此外，新型支架插条克服了环梁上预留耳板的预留位置的偏差，可补偿尺寸达13cm。

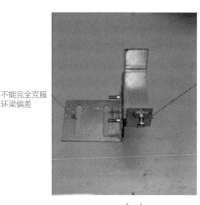

不能完全克服
环梁偏差

影响翅片盖板安装

卡在翅片式散热器
本体预留孔洞内，
替代螺栓限位

滑行条和翅片本体上的
多个孔洞可以用于克服
预留耳板间距不规则的
问题；插条主体通过螺
栓固定上下可以调节，
可以用于环梁标高上的
微误差

（a）　　　　　　　　　　　　　　（b）

图8-41　翅片散热器支架的优化
（a）原设计支架；（b）新型三维可调式支架

4. 调整V形口部位翅片式散热器系统主配件

结构的V形口转角角度约80°，如图8-42所示，此位置为LED线缆等各专业管线密集部位，空间小、绝热要求高，同时还受环梁吊耳位置限制。在安装过程中，发现原设计285mm长的金属软管无法弯曲至此角度。若强行弯曲，则会造成金属软管损坏，或使系统产生应力。在系统使用

图8-42　V形口施工节点

后，造成散热器接口损坏。为此专门定制了905mm和1050mm长的金属软管，上述措施不仅解决了V形口施工难点，还大幅度地减少了定判加工主配件供货工期约40d。

8.4.3　同层排水施工技术

同层排水，顾名思义，指的是在建筑物的排水系统中，卫生洁具下水接驳短管与卫生洁具同层安装，直接接入建筑物的排水立管，而不穿过本层地面楼板混凝土结构进入下层吊顶的一种排水系统。与隔层排水方式相比，同层排水具有施工方便、灌水试验查漏方便、维修方便等优点。

同层排水分为降板排水和假墙式排水两种，如图8-43所示。降板排水对下层层高和吊顶空间的高度要求较高，降板排水采用地面敷设的排水方式，在安装时需要考虑管道的安装空间，混凝土的结构面下降的高度至少需要300mm。此外，降板排水还需要考虑到防水措施，管路的敷设安装必须在防水层施工完成后进行，如此排水管路的支架固定不会破坏防水层。假墙式排水，指的是在卫生间剪力墙和卫生洁具后方做一道后砌衬墙，该空间前后宽度约200mm，主要用于排水管道敷设；卫生器具采用悬挂的安装方式，在该种排水方式下，排水管路的管中标高高于结构面标高，排水支管无须下穿穿越结构板面和卫生间装饰面层，在保护下层结构的同时，可以有效减少上层管路渗流对下

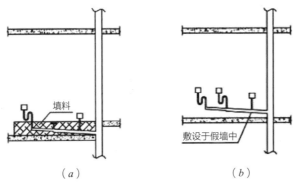

图8-43 几种不同类型的排水方式
(a)降板排水;(b)假墙式排水

层吊顶的影响。

在综合了自身实际情况和满足国家规范要求的基础上,上海中心大厦在卫生间排水的选择上最终采用了假墙式排水方式。

1. 设计要求

上海中心大厦为绿色超高层建筑,在排水系统设计方面须满足绿色三星和LEED金奖相关要求,在卫生间设计环节主要体现在卫生间废水的回收再利用上。上海中心大厦按照其独特的建筑设计理念,建立了一套先进科学的给水排水系统。

污、废分流,各管功能独立。建筑排水系统采用污、废分流形式,为污水和废水分别设置独立管道,污水经处理后直接排放至室外污水管网,废水在收集后经中水处理设备处理,回收利用。卫生间内排水支管沿墙敷设,在墙角处就近下穿至下层吊顶,汇入排水干管后,再接入排水立管,卫生间内洁具设有通气管,并通过环形通气管,将各器具通气管接至各楼层主通气管,大幅提升了排水系统排水能力和顺畅度。

管材、附件选择严格。为了确保排水系统的稳定运行,同时兼顾耐久、防渗漏、高效、维修方便等特点,上海中心大厦同层排水立管均采用性能良好的法兰柔性连接的球墨铸铁排水管,卫生间同层排水支管采用HDPE(高密度聚乙烯)排水管,排水弯头与支管热熔连接,从而确保了整个排水系统的一体性和密闭性。支管采用预制加工模式。卫生间同层排水支管采用优质进口的HDPE热熔管,按照深化设计图纸精确尺寸,在车间预制加工后,局部热熔安装成支管模块(图8-44)之后,运至现场进行支管接头的安装,大大减少了现场的工作量,提高工作效率。

2. 排水部件选取

项目设计要求卫生间的同层排水横干管和支管采用HDPE材质的高密度热熔管,常用的弯头、部件不能满足使用需求,排水系统在卫生洁具和排水系统等部件的选择上更严格。

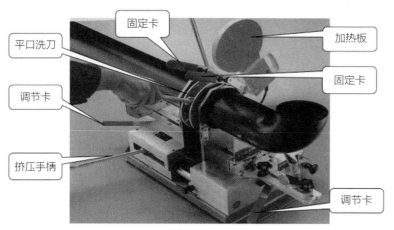

图8-44 排水管的热熔连接

图8-45 隐蔽式水箱示意

首先是在卫生洁具的选择上。HDPE热熔管的热熔连接属性决定了选用的卫生洁具的排水弯头必须契合热熔管。目前市面上常用的排水管和弯头多为PVC材质，然而PVC弯头则无法与HDPE管路进行热熔连接，会让整个排水系统的一体性和密封性无法达到设计要求。因此，在洁具的选择上，采用隐蔽式水箱，如图8-45所示。该水箱是由专业的厂家经过特殊工艺制作，一次性吹塑成型，其内部没有任何形式的接缝，水箱质量经过权威检测机构进行检测，并出具相应的使用合格报告及证书。小便斗和台式洗脸盆也是采用后排水的连接方式和管路系统连接。整套卫生洁具的选用，不仅在使用要求上满足设计要求，而且也符合绿色节水的设计理念。

3. 管道安装及施工主要控制点

上海中心大厦假墙式同层排水安装过程要求严格，在管道敷设过程中，严格按照既定的施工工艺流程进行，如图8-46所示。

同层排水涉及大量隐蔽工程施工，要求机电安装单位与总包、土建、装饰装修等各参建单位密切配合，除了一般技术要求外，还须结合同层排水特点，其中隐蔽式支架安装、管道安装等施工节点须重点关注，保证施工质量及系统正常运行。

（1）隐蔽式支架安装

同层排水系统中隐蔽式支架安装内容包括安装及调节水箱支架、给水排水管道连接、预留孔与保护装置安装。

同层排水的隐蔽式支架安装涉及调节及安装水箱支架、给水管连接、排水管安装、预留孔及保护装置安装、假墙制作、挂厕安装及配件使用等。隐蔽式支架及假墙安装如图8-47所示。

（2）管道安装

卫生间的同层排水管道安装控制重点主要体现在假墙内卫生洁具支管的安装、部分

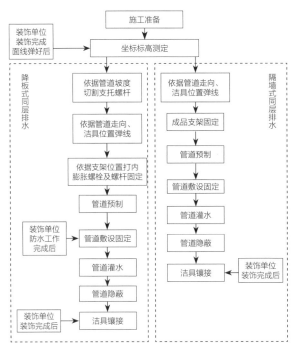

图8-46 同层排水施工工艺

吊顶内污废水和透气管的支管安装以及HDPE管和铸铁立管接口三个方面。

　　大厦内卫生间台盆废水管、通气管在衬墙内100mm深敷设，小便斗、坐便器污水管道固定于假墙底部，根据设计要求，通气管沿假墙顶部敷设至末端，后延伸至吊顶，其完成效果图如图8-48所示。

　　由于管线系统庞大，路由复杂，吊顶内空间受限，管路排布空间不足是核心筒内卫生间管线施工过程中经常遇到的问题，如图8-49所示。土建结构底梁高度比排水立管开

图8-47 隐蔽式支架及假墙安装

图8-48 小便斗安装效果图

图8-49 吊顶内排水支管的安装

口高度仅高十几厘米，因此，对立管垂直方向高度控制要求较高，使施工难度提升。在满足不同类型管道安装设计要求（排水支管1.5%的向下坡度，透气管1%的向上坡度）的前提下，还需要考虑卫生间内风管和消防管道的碰撞问题，这对施工工艺以及现场管理能力，都提出了很大的挑战。

此外，卫生间排水支管采用的是HDPE热熔管，HDPE横管与排水铸铁立管的接口密封问题是此次施工过程中存在的一大重点。传统的卡箍连接往往由于卡箍的锁紧力度不够、配件易老化等缺点，会导致管件连接处漏水，而国产的法兰连接橡胶密封圈普遍存在外径大小不一、质量参差不齐的现象，也不建议用于横管的连接。在综合各方面因素的基础上，我们采用专门的高密度聚乙烯法兰接头和配套的聚乙烯法兰密封圈，该种接头一端为烧结法兰盘，另一端为HDPE材质管道，可进行精准热熔，减少漏水等质量问题。

8.4.4　低噪声空调系统的优化

在现代建筑中，空调系统对居住者的舒适度和健康具有重要影响。随着社会的发展和生活水平提升，人们更加关注空调系统节能性及舒适度指标。上海中心大厦工程的超五星级酒店和精品办公区对室内声环境噪声限值有严格要求，室内噪声不得超过45dB（A），常规空调系统难以满足要求，须通过低噪声空调系统来实现。所谓低噪声空调系统，即对空调系统设备、管路及末端综合运用减振降噪措施，实现系统低噪声等级运行的空调系统。因此，上海中心大厦工程中，低噪声空调系统的安装技术主要分为空调系统设备、空调风系统管路、空调水系统管路及空调系统末端装置的减振消声等几个方面。

1. 空调系统设备

（1）制冷机组

本工程选用的是约克制冷机组，虽然制冷机组本身的噪声指标符合设计要求，但考虑到设置在82层设备层冷水机组产生的振动传递对低噪声空调系统的不利影响，为减少制冷机组噪声的传递，在制冷机组下部设置有弹簧减振器。机组弹性减振机座安装图如图8-50所示，同时在机组四角装设4只弹簧减振器。

（2）低噪声空调机组

办公区空调系统在办公区各层设置有为本层服务的低噪声空调机组。与现有常规空调机组相比，低噪声空调机组在混合段、过滤段、表冷段、出风段、风机段基础上，设置专门的送风与回风消声段，并在机组外框采取特殊消声措施。为了进一步降低低噪声空调机组因振动而产生的噪声，本工程中，低噪声空调机组的基础设置于浮筑楼板之上，整个低噪声空调机组基础上设置有橡胶减振垫。同时，低噪声空调机组内的风机与电机配置有弹簧减振器，在机组内设置成排消声片，从而大幅提升空调机组运行状态下对噪声的阻抗性能，如图8-51所示，机组内侧装设穿孔板，进一步降低系统运行过程中

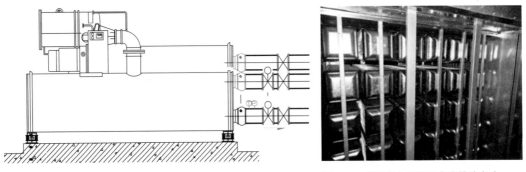

图8-50　机组弹性减振机座安装图　　　　　　　　图8-51　低噪声空调机组内成排消声片

因空气流动带来的噪声。风机出口处设置有帆布软接口，送风管支架上安装有垫木条，在降低低噪声空调机组风管振动噪声的同时，减少冷桥效应热损失。

此外，深化设计阶段对空调机房内管线路由进一步优化，增加风管空气通流面积，降低空气流通速度，通过在空调机房顶板用消声材料喷涂、墙面贴敷消声棉等措施对空调机房的消声能力进行优化提高，也有助于降低低噪声空调机组的噪声扩散和传播。

（3）水泵

本工程低噪声空调系统中的循环水水泵主要设置于各个设备层及位于地下室的冷热源机房，在做好浮筑楼板的基础上，同时采取以下措施来降低振动和噪声的产生及传播：水泵底座安装减振台座和弹簧减振器，减振器下方装有橡胶垫，水泵进水口和出水口与管道连接处装设弹性连接关节，水系统吊架采用弹性吊架。卧式水泵和立式水泵的减振措施分别如图8-52和图8-53所示。

（4）落地式空调机组及风机

本工程空调机组和风机采用落地式安装，可有效控制低噪声空调系统运行过程中产

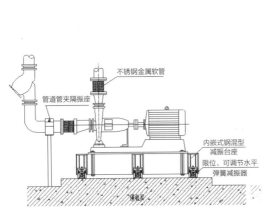

图8-52　卧式水泵减振措施

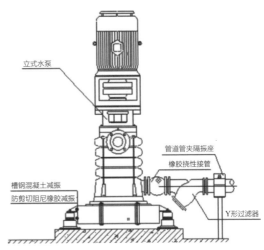

图8-53　立式水泵减振措施

生的噪声。首先，从设备选型入手减少设备本体振动和噪声的产生，其次，从设备安装的角度，利用安装手段减少噪声的产生和传递。

（5）悬吊式空调机组及风机

为了提高减振降噪效果，针对本工程低噪声空调系统中吊顶安装的新风机组和空调机组，为了降低运行过程中的振动效应，在顶板加装弹簧减振器，悬挂机组减振支架（图8-54），同时，为了阻隔吊顶内空调机组、新风机组和风机运行噪声，对悬吊式风机附着的吊顶进行隔声处理。

图8-54　悬吊内安装空调机组及风机箱减振器

2. 风系统管线及设备安装

风系统管路产生的噪声是通风空调系统中主要的噪声来源之一。本工程中采取了对建筑物内风管及其支吊架进行减振处理，同时加强密封措施，尽量防止管内紊流产生的形式。

在消声器安装方面，风系统管路选用大曲率半径弯头，从而降低消声器消声处理后出现大气流噪声。设备出口端与管道连接采用柔性短管，支吊架选用弹性材料制作，管道穿楼板时，套管与管道间隙采用岩棉填充，减少风管噪声向结构传递。同时，在消声器选用时，穿孔率和孔径应满足设计要求，穿孔板钻孔后的孔口毛刺应挫平，降低共振腔中隔板在空气流过时产生的噪声。消声设备进场时，应核对消声设备型号参数、质量检测文件等，在现场安装时，应保证安装方向正确，避免装反。

风管系统常因紊流而产生气流振动，在风管系统中产生噪声，为了减少风管内的紊流影响，在风管转弯处装有导流片。但如果导流片安装不合理，将会增大气流阻力损失，使得噪声变强。内弧线或内斜线角弯头导流叶片的设置问题是影响风管内气流稳定性的主要原因，因此，导流片的片距、片数必须根据弯头的宽度尺寸合理确定。本工程中，大型风管内的导流采用了数值计算流体力学仿真模拟的方式，以此对导流片片距、结构和片数进行优化设置指导，减少系统的沿程风阻，有利于风系统流动的节能，如图8-55所示。

3. 空调水系统管路

低噪声空调水系统除了在与设备接口的地方采用减振措施外，在空调水系统管路中采用适当的支架，可防止管道的振动传递给建筑结构。支架安装位置在经过核算并由现场技术人员确认后再行安装。针对大口径空调水立管，装设固定式支架，从而减少立管垂直位移，并有效防止管道的振动传递给建筑结构，具体设置方式如图8-56所示。

对于管径较大的水平安装的空调水系统管道（特别是主管道），应设法减少因水流速度大而产生的噪声向建筑结构传递，进而增加相应区域的噪声。空调设备与空调水管

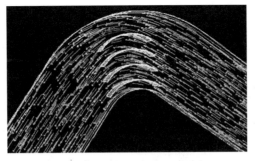

图8-55 大型风管弯头处的气流流向仿真模拟　　　图8-56 竖井内管道消声做法

采用不锈钢金属软接头或橡胶软接头。不锈钢软接头的长度为10~15cm。如此可减少设备的振动传递到空调水系统管道,使管道因抖动而产生噪声。

4. 空调系统末端装置

本工程为超大型高端商业办公综合体,对于噪声控制有极高要求。其中,地下室和大厅层中低噪声空调系统中的风机盘管须进行特殊降噪处理。为减少空调系统末端装置振动,控制噪声的产生和传播,须在风机盘管与风管连接处设置软接头,风机盘管吊杆上每根吊杆上加装弹簧减振器,具体设置方式如图8-57所示。为了减少末端风口处由空气紊流引起的噪声,在风口格栅处贴装消声材料,达到末端减振降噪效果(图8-58)。

低噪声空调系统选用型材壁厚较厚的铝合金型材风口,减小风口叶片空气扰流作用下振动产生的二次噪声。送风口叶片分布均匀,排布平直,中间采用支撑件进行加固,减少末端风口抖动产生的噪声。送回风口和风管间采用保温软接相连,可一定程度起到消声降噪作用。

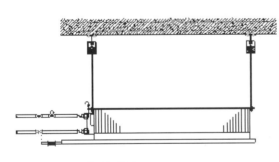

图8-57 风机盘管减振措施　　　　　　　　　图8-58 风口格栅粘贴吸声材料

8.4.5 适用于本工程的机电设备优化

1. 超静音水箱的研发

本工程顶部区域为舒适型酒店及观光区,顶部塔冠区安装有冷却塔和水箱,对于大型水箱，如落水高差大会导致水动能和重力势能的增加，引起极大的噪声。同时，大型水箱一般采取分块运输、整体现场拼装的施工工艺，对操作技术和环境要求高，多模块的运输也加大了垂直吊装的工作量。而采用整体吊装的形式进行运输，因箱体上吊装孔数量和位置的限制，吊机的钢丝绳容易在操作过程中刮蹭到不锈钢板，导致水箱的变形。本工程塔冠区域的大型水箱安装高度超过550m，受到台风影响频率大，抗震能力弱，一旦出现大型灾害，容易造成水箱的高处坠落，对地处繁华地区的大楼造成不可估量的影响。

基于上述难题，对传统的水箱进行改良设置，发明了降噪型的便于吊装的水箱，如图8-59所示，通过泄水孔、加长泄水管和增加消声段来达到降低落水势能和动能的效果，以此降低水箱使用时的噪声；同时在水箱不同位置设置了吊装孔和加固吊装框，满足吊装时产品保护及受力均匀的要求，有效提高了垂直运输时的安全性；最后通过下方的加固框与基座整体进行栓接，有利于对水箱安装进一步加固，更有效抵抗水箱使用时的抗台风及抗震需求。

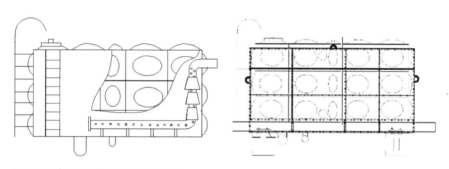

图8-59　降噪型整体吊装水箱的设计

上述水箱由于能实现整体吊装，因此将工厂化整体预制变为可能，缩小现场的安装周期，节省了制作成本。同时，经过消声设计后的水箱，虽然增加了消声段和泄水管的长度，但由于工厂预制的工艺成熟，未提高制作成本，水箱使用时现场噪声比传统大型工业水箱降低约20dB（A）。如采用16个M16地脚螺栓进行安装，经过计算能抵抗12级飓风或9级烈度的地震。

2. 蒸汽消能装置的研发

在本工程中，蒸汽系统线路较长，吹扫试验时使用的汽量较多，用汽压力相应增大，管道终端蒸汽余量增加，所排出的吹扫出汽口由于温度较高，无法在室内处理，须通过临时管道排放至大气。吹扫过程中在排汽口凝聚形成大量白雾，掺杂管道中吹扫的废弃物，同时余压容易产生噪声，影响周边环境的同时带来安全风险，排放的蒸汽则容易扰民，带来不必要的纠纷。针对吹扫试验蒸汽外排带来的上述问题，研发了一种超高层建筑蒸汽管道吹扫装置。该装置可对超高层建筑机电系统安装完成以后调试前进行蒸汽吹扫，解决蒸汽吹扫方案所用压力高、蒸汽量大、蒸汽吹扫路径长而造成的蒸汽吹扫排放末端蒸汽余量高、压力大、污染物被吹扫冲入大气以及常常伴随大团烟雾的问题。

本工程中采用的蒸汽排污消能装置，如图8-60所示，在吹扫过程采用水蒸气作为介质进行吹扫，则蒸汽介质通过泄污管将蒸汽介质流经管道内残留的废弃物、铁屑、焊渣、油脂等颗粒杂质随介质一起流经到带有过滤装置的水箱主体，介质流通过过滤装置不锈钢过滤隔网，介质流所带的杂质颗粒被截留在不锈钢过滤隔网上，蒸汽经过水箱主体，在其中降温消能后，进入出口管道出汽管，在出汽管末端流经管状消能整流孔板，其中未被过滤水箱截留的细小微粒会被吸附和截留到消能装置的管状钢丝过滤网上，预留气体通过消能整流孔板，被进一步整流分散能量，最后排入大气，避免大量白雾的产生。

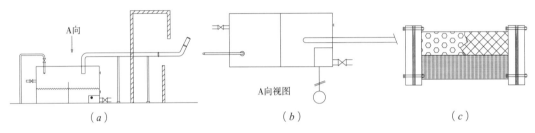

图8-60 超高层蒸汽排污消能装置
（a）主视图；（b）俯视图；（c）剖视图

3. 双向对冲式支架的研发

高层建筑中，在温度变化时，大型压力管道在介质温度变化时会引起热胀冷缩，针对温度变化带来的膨胀或收缩，可通过设置螺纹膨胀节进行补偿。针对大型压力管道热胀冷缩给管道可能带来的损坏，研发双向对冲式支架，由两个波纹管、大拉杆及中间连接管等组成（图8-61）。采用该种结构，可吸收管道系统多个平面内的横向拉伸，当管道发生伸缩时，杆件上端的球面螺母围绕球面垫圈转动，在缓冲位移的同时，可承受一定的推力。

图8-61 螺纹膨胀节

与传统支架系统相比，双向对冲式支架除了与混凝土楼板连接进行固定及斜撑加固外，在上下两侧对称加设补偿装置，两个补偿装置产生双向对冲的拉力，在固定件和补偿器共同作用下，可承受立管重力和冲力的同时，还可承受立管竖直方向因热胀冷缩带来的冲力，如图8-62所示，可降低管道受力变化对支架和立管的损伤。

图8-62 双向对冲蒸汽立管固定支架的运用

8.5 机电综合调试技术

8.5.1 水系统调试技术

1. 给水排水系统调试

上海中心大厦1～127层共分Z1～Z9九个区域采用竖向分区逐级给水和排水系统。各分区设备层设置水箱和水泵，水泵从地下室逐级向上区水箱供水，水箱向下层采用重力供水。给水排水系统调试的目的在于使各用户位置和设备层给水压力、流量、水质达到设计参数要求，排水畅通无反臭，管道及设备无渗漏。具体调试内容为管道系统压力试验、冲洗、消毒、灌水试验、水泵运行调试、水箱液位调试。

调试方法为用压力表检测各点位水压，超声波流量仪检测管道内水流量，冲洗消毒后水质样本送第三方检测。水泵运行与水箱液位联动调试，水泵启停位置准确，保证各区域用户用水正常。

2. 消防水系统调试

上海中心大厦消防水系统以设备层生活消防合用水箱重力供水为主，117层以上部分楼层采用消防水泵加压供水。消防水系统的调试目标在于系统在火灾报警系统控制下，精准地进行消防灭火动作，各消防位置水压力、流量达到消防设计参数要求，紧急排水畅通无反臭，管道及设备无渗漏。调试内容为管道系统压力试验、报警阀调试、冲洗、水泵运行调试、水箱液位调试。

简要的调试方案为用压力表检测各点位水压，用超声波流量计检测水泵水流量，水泵运行与水箱液位联动调试，水泵手动、自动启停试验，主备电源自动切换试验，消火栓出水试验，自动喷淋末端试水。调试用仪器仪表如图8-63～图8-65所示。

图8-63 消火栓测压水枪　　　　图8-64 手持式超声波流量计　　　　图8-65 消防测试烟枪

3. 空调水系统调试

上海中心大厦在B2层和82层设置高、低区两个能源中心，低区能源中心为地下室至塔楼50层建筑空间的空调系统供冷，并为整个大厦供应蒸汽，经换热后供空调热水系统及生活热水系统使用，高区能源中心为塔楼51层以上建筑空间的空调系统供冷。本工程空调水调试为了确保空调水系统运行能够达到设计所要求的流量、温度，制冷机组、冷却塔、水泵正常工作。能将空调水稳定地送至各楼层的空调末端设备，达到设计要求，同时满足舒适使用的功能。调试的范围包括对制冷机组、水泵、冷却塔的单机调试，系统运行，水力平衡调试。调试过程中，设备单机检测电流、电压、流量达到额定要求，机组运行后，将冷量逐渐送至地下室、裙房、办公区的各个区域，用超声波流量计检测总管、支管、末端空调箱的水流量，确保冷冻水将额定冷量送至各末端，用红外线点温枪及温湿度仪检测温湿度，如图8-66～图8-68所示，同时查看凝结水是否排水畅通。

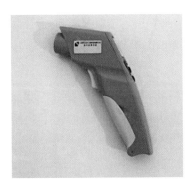

图8-66 红外线点温枪   图8-67 温湿度计   图8-68 现场水流量检测

8.5.2 风系统调试技术

上海中心大厦暖通设备包括：378台空调箱、899台风机、3980台VAV/FPB、1701台风机盘管。暖通空调系统调试的主要目的是使室内温度、湿度、噪声、气流及空气洁净度等各项参数达到绿色节能指标要求的同时，满足舒适度要求，包括带冷（热）源的联合试运行。暖通系统调试范围包括设备单机试运转调试，系统风量、风压、风速、温度、湿度、噪声或空气质量检测，夏季可仅做带冷源的试运转，冬季完成带热源的试运转；其他季节可根据气温、设备运行条件等具体情况，选择带冷/热运转，确定具体运行时间长度，结合季节与设计条件是否相符作出决定。暖通系统的调试内容为检查风机叶轮、皮带或联轴器、风阀，启动风机用钳形电流表测量电机电流值，若超过额定电流值，可逐步关小总管风量调节阀，直至额定值为止，使用转速表测量风机及电机转速，风量罩和叶轮式风速仪如图8-69、图8-70所示。首先用数字式

图8-69 风量罩

风速仪测定每个风口的风速，如图8-71所示，计算出风量，然后根据所测定数据分析，通过调节各支管及风口上的调节阀，使每个风口的风量达到设计要求，误差在10%范围内，风口风量平衡时根据实测风量与设计风量的比值进行调节，从最不利处进行调节，直至趋于平衡。用温湿度计检测温湿度。

图8-70　叶轮式风速仪　　　　　　　　　　　图8-71　数字式风速仪

8.5.3　电气综合调试技术

上海中心大厦总共有14个10kV变电站及相应配电室。电力系统的调试主要目的为保证本项目电力系统的正常运行。调试范围为变电所中10kV母线、断路器、变压器、避雷器、接地网、电力电缆和微机保护装置的调试工作，还有直流110V系统为1组2块屏，站用电系统为1组1块屏、14个10kV变电站为综合自动化监控站，有相对应各回路的遥信、遥测、遥控的三次回路，每个变电站设整套通信系统1套。调试过程中主要使用的仪器为电能质量测试仪、接地电阻计、数字式直流电桥、继电保护测试仪等。主要测试内容包括真空断路器交流耐压试验、测量绕组连同套管绝缘电阻、测量绕组连同套管的直流电阻及断路器操作机构试验。所用仪器仪表及测试如图8-72～图8-75所示。

图8-72　继电保护测试仪　　　　　图8-73　继电保护测试仪现场测试

图8-74 接地电阻计　　　　　　　　　图8-75 电能质量测试仪

8.5.4 智能化综合调试技术

上海中心大厦智能化系统包含楼宇自控系统（BA系统）、安防系统、停车管理系统、无线对讲系统、卫星及有线电视系统、一卡通系统及综合布线系统等分部分项系统。其中火灾自动报警及联动控制（FACU）系统和楼宇自控系统（BA系统）因点位多、与机电各系统设备都需联动，所以调试工作繁琐并且难度大。以下简单介绍这两个系统的调试。

1. 火灾自动报警及联动控制（FACU）系统调试技术

上海中心大厦火灾自动报警系统按特级保护对象设防，采用控制中心方式。划分为地下、裙房、办公、酒店、塔冠五大部分，设置1个总控制中心（B1层）和酒店分控中心（98层），系统结构分为总控、区域、现场三级。系统设备主要包括前端探测器（感烟探测器、感温探测器、空气采样探测器等）、控制信号模块、手动火灾报警按钮、声光报警器、消防电话、119火警专线电话、线型感温电缆等。调试范围为系统设备单机调试，包括消防主机、探测器、手动报警按钮、消火栓启泵按钮、模块等回路设备测试；火灾报警系统报警点位数量51000点逐点确认；系统联动调试，包括所有与火灾报警系统相关的联动设备（防排烟阀门、防排烟分机、水阀、电梯迫降、非消防电源强切及消防水泵等）。调试方案基本为首先用数字式万用表和线路测试仪进行设备单机调试，排除线路故障；其次在所有联动设备单机的消防动作正确后，进行联动调试检测；最后根据联动方案编写联动程序，并将联动程序输入消防主机。保证消防主机能正确收到所有报警信号，并根据联动方案检查联动设备的动作能够正常满足联动要求，所用仪器仪表如图8-76、图8-77所示。

2. 楼宇自控系统（BA）调试技术

上海中心大厦项目楼宇设备自控系统专业工程分为两个工作站，一个设置在B1层总控中心，另一个酒店分控位于98层分控中心。内容包括：空调系统、给水排水系统、电梯系统、冷热源管理系统、能源计量系统等。为实现设备的自动控制和管理，降低建

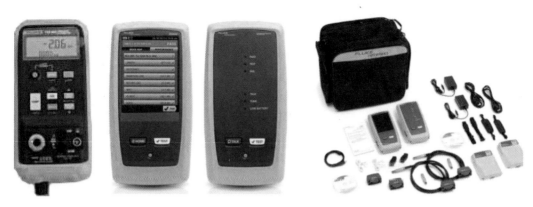

图8-76 数字式万用表   图8-77 网络测试仪

筑后期运营成本，延长设备运行寿命，保障楼宇使用安全，采用远程控制和管理模式，可根据管理者需要，自动形成各种设备运行参数报表。楼宇自控的调试范围主要为单机设备和回路调试检测、系统设备联动调试和控制、环境温度的自动控制、新风量的自动调节、送排风机的程序启停、变风量空调系统的自动化运行、设备故障报警信号自动接收及备用设备自动切换运行等。

BA调试检测须对中央监控站、子系统（DDC站）及现场设备，如传感器、变送器及执行机构分别进行测量，先用网络测试仪进行单回路调校检查接线是否准确，是否有短路或断路等现象发生，在确认无误的情况下，开始各DDC子系统调试。在各子系统调试时，如系统的任何部分在测试中不合格，都将进行矫正，直至没有问题为止，再进行中央监控站系统联动调试。

第 9 章

装饰工程绿色化技术

9.1 概述

上海中心大厦装饰工程主要包含两方面的绿色化，一方面是建造过程绿色化（以绿色建造为手段），另一方面是产品绿色化（以绿色使用为目标）。为匹配上海中心大厦的绿色化整体目标，在营造室内舒适宜人空间的装饰工程中，以工业化、信息化技术为主要手段，采用装配化方式、部品部件模块化集成理念、绿色环保型材料应用，实现装饰工程的绿色化。

9.2 工业化装饰装修的施工方法

9.2.1 大堂顶棚铝板装配化建造技术

1. 装饰概况

1层、2层大堂顶棚为2mm铝板顶棚，单块呈三角形。大堂外挑空区域为乙字形曲面顶棚，大堂内为平顶顶棚。铝板边线为弧形，随现场结构弧度而变化，规格尺寸变数大，对于加工及安装要求极高。

2. 技术难点、特点与措施

对于铝板的控制分为以下四点：（1）铝板的定位放线；（2）铝板的基层龙骨控制；（3）铝板的加工控制；（4）铝板的安装控制。此处铝板施工的难点主要集中在室外挑空区域（图9-1）。

图9-1 施工现场

首先通过三维激光扫描仪进行现场空间扫描，确定土建结构、幕墙基层与铝板的关系，结合图纸复核实际尺寸。通过三维扫描，采集现场必要的点位信息，为后续的图纸深化以及结合全站仪进行的基层定位工作奠定基础。

3. 铝板的基层龙骨控制

我们以原点（0，0，0）作为基层龙骨的控制点，将龙骨依照圆弧形布置，同一纬线龙骨的各点到原点的距离相等，相邻纬线龙骨的间隔距离为600mm。由于各纬线龙骨的弧度弯曲一致,因此在制作基层龙骨过程中,只需注意控制各纬线的间隔距离。

4. 铝板的加工与安装控制

铝板全部采用断头拼、不折边,如折边难以控制单块三角板边的弧度。钢架与金属板之间采用专用连接件固定,单个连接件兼顾六片铝板,铝板上预埋连接接头用以固定在连接件上。对于大堂内平顶区的铝板,直接在工厂内将相邻的六片板拼成一个单元。以模块化的形式运至现场安装。对于室外挑空区的铝板,由于涉及变化的弧度,采取一片片调整、安装的方式进行。单块铝板的固定件具备随时拆装的功能,以便日后吊顶空间中设备的检修工作(图9-2、图9-3)。

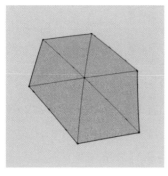

图9-2 六片铝板组成一个单元　　图9-3 以定制的六面体连接件固定

9.2.2 大堂不锈钢立柱装配化建造技术

1. 装饰概况

1层大堂不锈钢立柱位于TT轴、NN轴上。立柱整体倾斜92°,包柱饰面材料为3mm不锈钢,内衬钢板基层。单块不锈钢板规格为1250mm×5000mm,呈平行四边形(图9-4、图9-5)。

图9-4 不锈钢立柱效果图　　图9-5 不锈钢立柱实景图

2. 技术难点、特点与措施

单块不锈钢饰面板宽1250mm，高5000mm，规格大。由于立柱整体倾斜92°，呈椭圆形，板块须分割为平行四边形并进行弯圆处理。相邻两行的板块错缝对接，安装难度较大（图9-6、图9-7）。

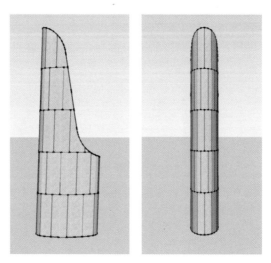

图9-6　不锈钢立柱正面图　图9-7　不锈钢立柱侧面图

对于不锈钢立柱的控制有以下两点：（1）立柱基层制作、不锈钢放线定位的控制；（2）不锈钢饰面板在现场施工过程的控制（图9-8）。

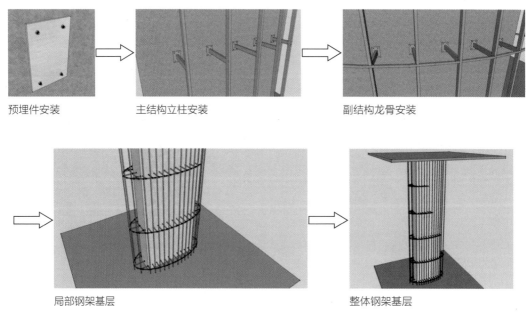

预埋件安装　　　　主结构立柱安装　　　　副结构龙骨安装

局部钢架基层　　　　　　整体钢架基层

图9-8　不锈钢立柱的控制

3. 不锈钢饰面板在现场施工过程的控制

由于不锈钢饰面板板块较大，为保证其整体弯弧效果不变形以及起到固定作用，在其背部进行加肋处理（横向加5根、竖向加2根）。通过背部的加肋固定件安装在基层骨架上（图9-9）。

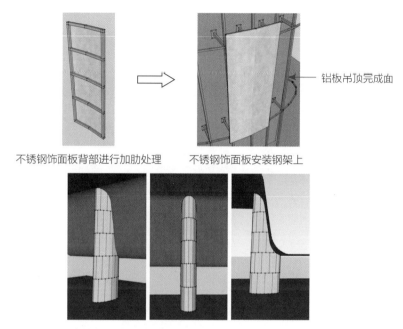

不锈钢饰面板背部进行加肋处理　　　不锈钢饰面板安装钢架上

图9-9　不锈钢安装完成效果图

9.2.3　商业连廊水滴形立柱GRG装配化建造技术

1. 装饰概况

1层商业连廊水滴形立柱采用GRG饰面包柱。立柱位于B1～1层的楼梯平台，整体高度近15m。外形下窄上宽，呈水滴造型，水滴形立柱外形下窄上宽。由于立柱高而宽，且表面呈弧形，因而必须注意GRG饰面的合理分割及拼缝安装（图9-10、图9-11）。

2. 技术难点、特点与措施

对于GRG饰面的控制有以下4点：（1）GRG饰面的分割；（2）GRG饰面的定型；（3）GRG饰面的模具及成品制作控制；（4）GRG饰面的拼缝安装控制（图9-12～图9-15）。

3. GRG饰面的定型

依据现场测量放样以及业主单位、设计单位提供的蓝图绘制施工图纸，再根据绘制的施工图纸利用犀牛软件制作三维模型，在三维模型上进行分割取得制模数据，依据所采集的数据利用CAD软件分解出模具制作图、产品安装图等系列图纸。经过会审后的图纸在第一时间内上报业主单位、设计单位进行确认。

图9-10　水滴形立柱剖面图

图9-11　水滴形立柱节点图

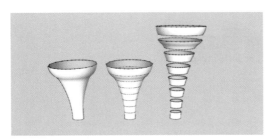
图9-12　等距离分割成八个模块

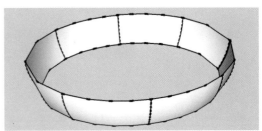
图9-13　标高6m以上的模块分为八块

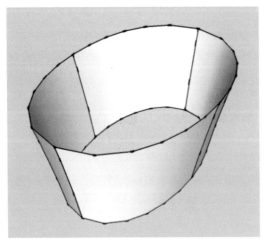
图9-14　标高6m以下的模块分为四块

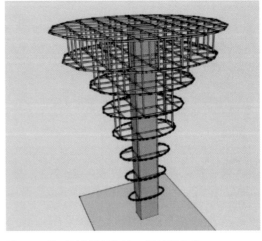
图9-15　按照预先排版分割，现场焊制钢架

4. GRG饰面的模具及成品制作控制

确认完毕后，根据图纸进行1∶1正模制作。在正模上采用批腻子方式再进行打磨以保证正模表面顺滑、棱角挺拔；正模制作完成必须经过品检确认后再进行玻璃钢模的制模工作；玻璃钢模翻模完成后，经过原子粉修补、打磨、包边、喷涂料；玻璃钢模制作完成后，由模具车间主管、异型车间主管、制作本模具的模具师再次对模具进行验收，验收合格的进入模具预拼程序（模具预拼过程中品质专员必须全程监控），不合格的返工处理直至合格（玻璃钢模返工次数不得超过3次）。

5. GRG饰面的拼缝安装控制

同一模块的相邻两块GRG饰面，应在制作模具、生产过程中预留补缝槽（补缝槽一般低于产品完成面5mm）。另外，在两者拼缝处的背部用捂绑及锁镍栓处理，加强GRG饰面安装的牢固度，防止由于受力振动、下沉导致缝隙出现。在GRG表面预留的补缝槽处贴专用绷带，反复2~3次。再用GRG专用补缝粉将预留补缝槽补平、批顺；在GRG饰面拼缝处理完成后，安排专业质量人员对整个完成面进行仔细检查，对于检查出的不顺滑的地方再进行打磨处理（图9-16）。

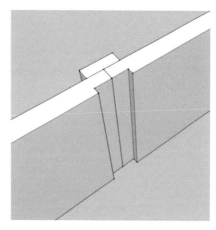

图9-16　GRG饰面拼缝安装

9.2.4　主楼标准层个性化装饰装配式建造技术

1. 运用先进的测量手段获取基于现场实际尺寸的准确数据

要实现工业化施工首先要有精确的测量数据，只有选对了测量方式才能完整掌握产品加工尺寸与现场的匹配度，上海中心大厦为异型结构体，每个平面的变化极大，因此利用人工测量的方式不可能达到其精准度的要求。在上海中心大厦的11层和19层平顶中，利用三维激光扫描仪获得了室内建筑物构件的尺寸、位置关系等数据，其扫描偏差可精确到1mm。用此设备获得的点云数据建立BIM模型，以此进行三维施工模拟、不同专业间施工界面碰撞试验、三维工序难点分析，实现了预先发现问题、解决问题，最终达到高效率出图（图9-17~图9-20）。

（1）利用全站仪获取现场数据

三维激光扫描仪精度高，数据量全面，但其后期制作、整理数据时间较长。对上海中心大厦11层整层进行了一次扫描，计算出一个楼层的扫描时间及处理周期为14d，扫描一个楼层的造价在9万元左右，考虑到其周期较长、造价较高的特点，我们辅以全站仪来获取数据（图9-21）。

全站仪的精测模式测量时间约2.5s，最小显示单位1mm。全站仪的数据库输出可转化为CAD图纸，可利用平面图纸进行校对、建立模型。但其数据形式不如点云数据来得精细、直观。因此，我们将结合这两种方式进行精度测量，从而实现提高效率、降低成本、实现工业化施工的最终目的。

图9-17　11层点云数据图

图9-18　11层带数据的点云图（可利用计算机软件随时测量图中的构件数据）

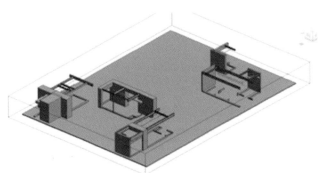

图9-19　利用点云数据制作的BIM建筑与部分管线模型

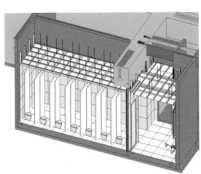

图9-20　经过进一步细化后的装饰BIM模型

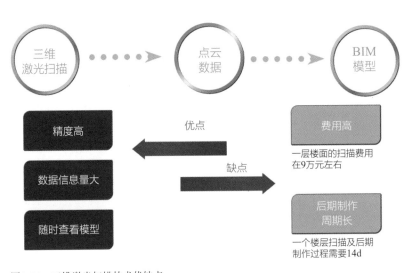

图9-21　三维激光扫描技术优缺点

（2）基于现场实际尺寸装配化深化设计图纸与产品工厂加工图纸

利用BIM技术绘制出与现场高度匹配的三维深化设计图纸，形成准确的工厂加工材料明细表，这样的方式能够最大限度地保证工厂加工构件与现场的匹配程度。以11层为例：牵涉装饰作业的平面，基本为圆形的几何体。但是在顶面和地面铺设规则的方形或长方形材料。故在内幕墙、钢结构构件圆柱交接等部分无法避免会产生不规则的众多扇面和多边形的材料块体（图9-22）。

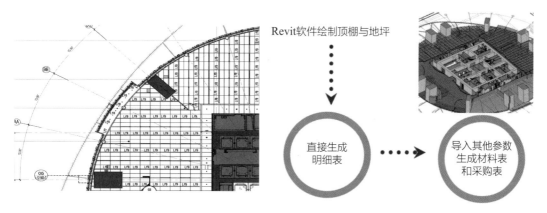

图9-22　不规则的扇面和多边形

采用Revit软件绘制顶棚，进而生成材料及各种综合表格。该方法可以对某种面板的面积、体积以及装饰构件的数量进行准确统计。利用其生成的采购清单可确保采购数量和材料合理统筹运用的精确性（图9-23、图9-24）。

顶棚明细表

标高	类型	合计	面积	制造商	型号	部件代码
0.079 m²						
11层顶棚	0.7mm孔	2	0.157 m²			
0.081 m²						
11层顶棚	0.7mm孔	2	0.161 m²			
0.085 m²						
11层顶棚	0.7mm孔	2	0.169 m²			
0.088 m²						
11层顶棚	0.7mm孔	4	0.353 m²			
0.089 m²						
11层顶棚	0.7mm孔	2	0.178 m²			
0.093 m²						
11层顶棚	0.7mm孔	2	0.186 m²			
0.109 m²						
11层顶棚	0.7mm孔	2	0.217 m²			
0.110 m²						
11层顶棚	0.7mm孔	4	0.441 m²			
0.120 m²						
11层顶棚	0.7mm孔	4	0.480 m²			
0.127 m²						
11层顶棚	0.7mm孔	4	0.506 m²			
0.140 m²						
11层顶棚	0.7mm孔	2	0.280 m²			
0.141 m²						
11层顶棚	0.7mm孔	2	0.282 m²			
0.144 m²						
11层顶棚	0.7mm孔	22	3.168 m²			
0.167 m²						
11层顶棚	0.7mm孔	12	2.001 m²			
0.174 m²						
11层顶棚	0.7mm孔	2	0.348 m²			
0.182 m²						
11层顶棚	0.7mm孔	2	0.364 m²			
0.187 m²						
11层顶棚	0.7mm孔	104	19.465 m²			
0.192 m²						
11层顶棚	0.7mm孔	22	4.223 m²			
0.205 m²						
11层顶棚	0.7mm孔	4	0.820 m²			
0.210 m²						

图9-23　顶棚材料明细表

	A	B	C	D	E	F	G
1		顶棚明细表					备注
2	序号	序号	面积（平方）	尺寸	类型	合计	
3	2	非标准板	0.184-0.230		0.7mm微孔铝板	22	
4	3		0.0272-0.1875		0.7mm微孔铝板	198	
5	5		0.1873-0.1915		0.7mm微孔铝板	10	
6	7		0.2243-1.5118		0.7mm微孔铝板	386	
7	合计					616	
8	8	标准板	0.024	200*120	设备带不穿孔铝板	37	办公区域设备带
9	9		0.216	1800*120	设备带不穿孔铝板	538	办公区域设备带
10	10		1.512	1800*840	0.7mm微孔铝板	1425	办公区域
11	11		1.62	1800*900	0.7mm微孔铝板	202	走道
12	合计					2202	
13	总数					2818	
14							

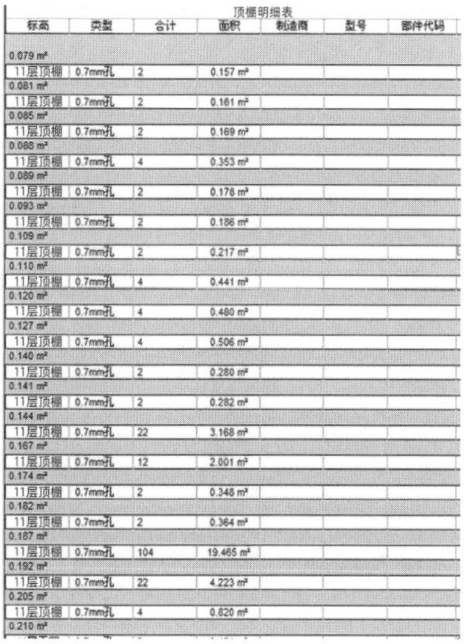

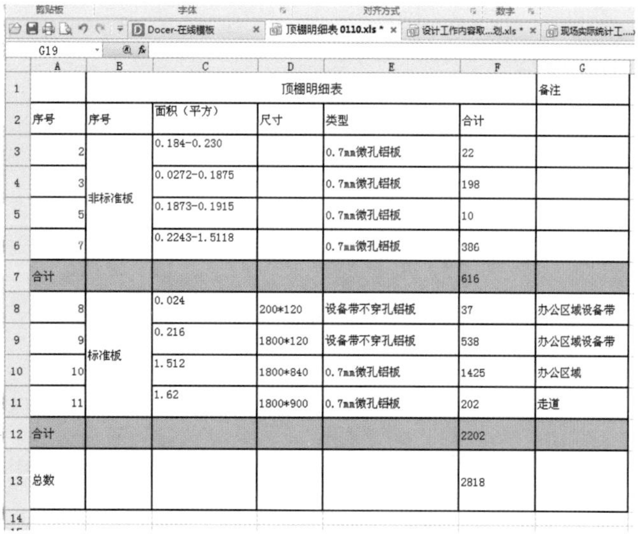

图9-24　将明细表导入Excel中

基于现场实际尺寸编制11层大空间办公区域的架空地板平面铺设方案，编排出标准板块与非标准板块的位置，并将非标准板块集中编号、加工（图9-25、图9-26）。

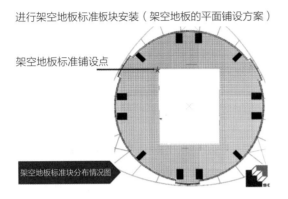
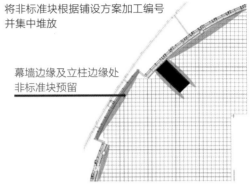

图9-25　架空地板标准块加工图纸　　　　　图9-26　架空地板非标准块分布图

2. 装饰产品的工厂化生产产品质量的精度控制

工厂化加工的形式更有利于施工质量的监控。工厂化的生产产品依靠于加工器械并形成统一的质量标准，保证了现场产品的质量及精度要求（图9-27）。

图9-27　工厂化加工

3. 施工现场的装配化安装的精度控制

在BIM模型中建立了一套标准化施工工艺流程与步序，分析了现场装配的管理思路，步序的清晰化能够最大化保证现场拼装质量。上海中心大厦的施工实行三维技术、施工交底，使安装步序变得简单、易于操作。例如：我们对11层核心筒内部区域的卫生间进行了工序分析，对基层钢架实行工厂加工，现场分跨拼装，在加工图纸中明确实际钢架的跨度及尺寸便于现场安装（图9-28、图9-29）。

4. 施工现场产品装配化安装科学、合理，保证精度的安装节点设计

利用三维模型可以优化施工工艺及安装节点设计，在模型中进行一系列的碰撞测试做到预先控制。例如，我们针对11层施工区域进行了一系列的安装节点分析（图9-30、图9-31）。

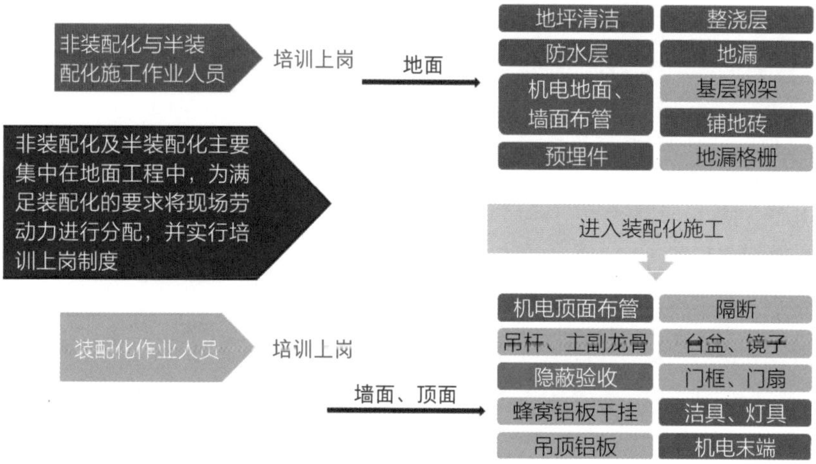

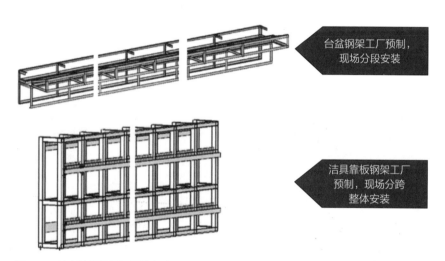

非装配化与半装
配化施工作业人员 　培训上岗　→　地面 →

地坪清洁	整浇层
防水层	地漏
机电地面、墙面布管	基层钢架
	铺地砖
预埋件	地漏格栅

非装配化及半装配化主要
集中在地面工程中，为满
足装配化的要求将现场劳
动力进行分配，并实行培
训上岗制度

进入装配化施工

装配化作业人员　培训上岗　→　墙面、顶面 →

机电顶面布管	隔断
吊杆、主副龙骨	台盆、镜子
隐蔽验收	门框、门扇
蜂窝铝板干挂	洁具、灯具
吊顶铝板	机电末端

图9-28　卫生间施工工序分析

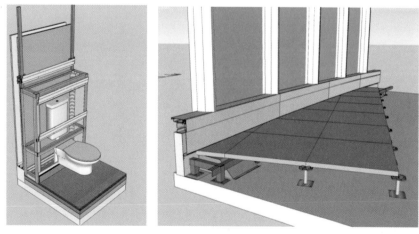

台盆钢架工厂预制，
现场分段安装

洁具靠板钢架工厂
预制，现场分跨
整体安装

图9-29　卫生间基层钢架拼装方法

图9-30　卫生间靠板节点处理　图9-31　大空间架空地板非标准块安装节点

5. 与机电安装的有效、紧密的图纸及施工衔接

与机电安装的配合是保证装饰工程施工质量的重要环节之一，装饰完成面上的安装设备开孔位置、尺寸，完成面与安装管线的碰撞等都须在施工前期梳理干净。利用BIM模型完成了11层的碰撞试验及安装与装饰作业的步序穿插分析。

6. 运用BIM模拟与虚拟化施工手段

要实现工业化施工必须确保产品外加工精度、产品与现场的匹配度。只有采用BIM技术才能解决项目的大部分难题，做到精确定位。

7. 运用先进的环保的装配式工具进行装配化施工

由于以工业化装配式施工方法提出零部件材料工程集成预制，必然产生设备配置的巨大变化。当预制装配式施工时，会很大程度上减少常规小型电动机械的使用，设备控制的关键点转变为配套工厂加工机械的质量、数量和现场使用机具的环保性能要求（图9-32）。

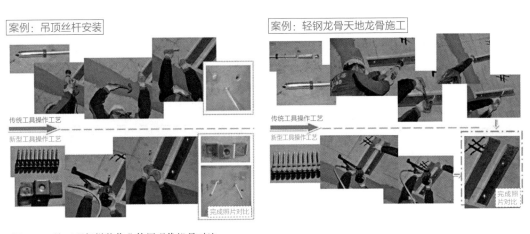

图9-32　施工现场拼装作业使用现代机具对比

对于建筑装饰项目中，新一代气动、电动工具完全能取代现有能耗大、效率低的传统动力工具，并在施工效率、低耗节能环保、安全可靠性方面有卓越的优势，单项经济成本上的降低也是其最大的优势之一。

9.2.5　J酒店艺术化装饰装配式建造技术

1. 装饰概况

103层为酒店中式餐厅，整体色调以红+黑为主，突出中国风元素。其中特色材料为琉璃制品和水晶夹胶玻璃，特色板块有：接待区琉璃蟠龙造型、主走道琉璃发光牌楼、主走道墙面红色琉璃浮雕大漆板、散座区透光水晶夹胶玻璃门头、散座区地面大理石龙纹拼花以及红色琉璃窗花。

2. 材料特性

琉璃作为本层的特色材料,其特性为:(1)脆性较大,容易断裂。(2)自重比较重,对楼板荷载有一定要求。针对上述材料特性,我们在材料加工时运用了复合手段,即在两种大面积琉璃板(琉璃窗花、红色浮雕大漆板)背面增加两层钢化玻璃背板,使得每块琉璃板的厚度达到了45mm(8+2+8+2+25,8为单层钢化玻璃厚度,2为夹胶层,25为琉璃厚度),以增加琉璃板的强度(图9-33)。

图9-33 琉璃板

水晶夹胶玻璃则采用夹胶玻璃方式,总厚度为18mm(8+2+8)要求达到透光效果。地面大理石龙形拼花,采用两种不同颜色的石材拼接而成(蓝翡黑+金色罗马)。

3. 技术节点深化及安装工艺难点

(1)接待区琉璃蟠龙造型

此造型寓意为"蟠龙戏珠"。通体为白色透明琉璃拼接而成,内部配以LED白色发光板。共分为上下两部分结构(上部:祥云和龙;下部:浪花和龙珠,如图9-34所示)。

上半部分在完成顶面开一个直径2800mm的圆孔,用50mm×100mm镀锌方管焊接成支架,将一个直径3000mm且盘面上有零星圆孔(直径8mm)的圆盘与钢架焊接,这就是蟠龙造型的底板(图9-35)。

蟠龙造型是事先做好龙形钢骨架,再将LED发光板和烧制好的琉璃构件每件逐一安装到钢骨架上(图9-36),其吊装方式和祥云的方式相同。

下半部分浪花及龙珠造型是独立结构,内部用镀锌方管烧制钢架,将LED发光板贴在钢架上,最后把烧制好的成品琉璃造型套在钢架上(图9-37)。

(2)主走道琉璃牌楼

琉璃牌楼共有6组(4小1中1大),其结构形式为接地式(不与墙和顶有任何接触),自重较重,而且是安装在超高层建筑楼板上,既要考虑大楼的楼板荷载,又要考虑到极端天气下大楼摇晃对牌楼的结构造成损坏。以上种种客观条件都给施工造成了一定的难度(图9-38)。

图9-34 琉璃蟠龙造型

图9-35 蟠龙造型底板

图9-36 蟠龙造型安装

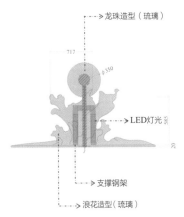

图9-37 蟠龙造型下半部分

龙珠造型（琉璃）

LED灯光

支撑钢架

浪花造型（琉璃）

717

φ350

图9-38 琉璃牌楼

采取的方法是：1）增大地面受力面积（增大压强）；2）增加琉璃柱子内方管长度（稳定整体结构）。首先，根据结构测算，小号的琉璃牌楼每组重量在1500kg左右，中

号和大号的琉璃牌楼每组重量在1800kg左右，而大楼楼板的荷载是500kg/m²，我们采用70cm×80cm，20mm厚钢板分别坐落在每个琉璃柱子下，增大压强面积，每块钢板用直径12mm化学螺栓与楼板固定，然后在钢板的正中心竖立一根50mm×100mm的镀锌方管（下口与镀锌钢板满焊），方管长2300mm。贯穿琉璃柱子高度，将预制好的牌楼飞檐钢骨架由液压升降机推送到方管上，并与方管焊接牢固（做整体结构时将地面预埋的出线由方管内穿至飞檐上）。最后将预制好的每片琉璃构件背面贴好LED发光板，接线并安装在结构上。

（3）土走道红色琉璃浮雕大漆板

琉璃浮雕大漆板为103层主要材料之一，使用范围包括：电梯厅、主走道、接待区以及包房一（图9-39）。

图9-39　琉璃浮雕大漆板

材料厚度为45mm（8+2+8+2+25），有钢化玻璃背板基层，所有大板的琉璃面与背板玻璃基层都有2～3边的启口（背板玻璃面突出琉璃面），其中左右方向的启口用于镶嵌不锈钢分割条（图9-40），上方的启口用于进入顶部的U形槽固定，而下方的启口用于嵌入安装不锈钢踢脚（图9-41）。

因大楼防火要求高，背面的隔墙采用100mm厚轻钢龙骨隔墙，内填防火棉（密度100kg/m³），外封一层15mm厚蜂窝铝板，在顶面完成面的上口用40mm×40mm镀锌方管烧制钢架，生根至顶面楼板并加烧斜撑固定。

（4）散座区透光水晶夹胶玻璃门头

透光水晶玻璃门头共有4组，其中1400mm×3360mm×3000mm和1900mm×3060mm×3000mm各两组。钢架采用20mm×40mm镀锌方管焊接而成（图9-42）。

钢架表面覆盖一层10mm厚导光板。因导光板本身并不发光，在导光板外围包了一圈LED灯带，使灯光从导光板截面向内部中心区域透射。门头背面金属镂空屏风采用铝合金材料，按1：1比例放出图样，用数控激光切割而成。成品运至现场后和钢架相互衔接安装。

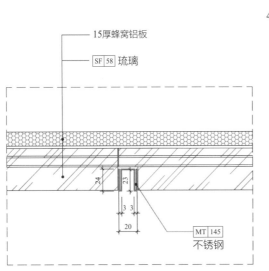

图9-40　左右方向的启口

图9-41　下方的启口

图中标注：
- 15厚蜂窝铝板
- SF 58 琉璃
- 24
- 23
- 3　3
- 20
- MT 145 不锈钢

- 40×40镀锌方管钢架
- 3厚镀锌U形槽
- 15厚蜂窝钢板
- SF 58 琉璃
- 10厚橡胶垫
- 2724/2774
- 2800/2850
- 45
- 25
- MT 145 不锈钢
- ST 11 石材
- 50
- 1
- ±0.000 AFFL

图9-42　透光水晶玻璃门头

（5）散座区地面大理石龙纹拼花

根据现场的实际测量放线尺寸，将散座区整块地坪区域按1：1比例在计算机中排版，然后将龙形图案放入其中并根据现场实际情况做出微调，使图案的大小比例、居中位置等达到最优效果（图9-43）。后经业主现场观摩后，将龙尾的部分作了调整，和最初的方案对比，龙尾部位向旁边延展，使整体图案的长度比最初的要长（图9-44）。待最终方案确认后，将排版图发至石材加工厂加工。

（6）红色琉璃窗花

和红色琉璃浮雕大漆板一样，琉璃窗花也是103层主要材料之一，使用范围包括包房区走道（图9-45）和散座区包房及屏风（图9-46）。

材料本身规格与琉璃大漆板相同，不同的是，此窗花的安装方式不是背面紧靠墙面，而是不同的区域有不同的安装方法：

图9-43 龙纹拼花效果图

图9-44 龙纹拼花最终方案

图9-45 包房区走道琉璃窗花

图9-46 散座区包房及屏风琉璃窗花

1）包房区的窗花琉璃背面留有一个宽175mm的中空灯槽区域，采取了上下进槽固定的方式，在灯槽外口顶面完成面的上方用40mm×40mm镀锌方管焊接钢架，在钢架上固定U形槽，在下口石材地面上固定一根L形槽，槽内垫一层软性橡胶垫，使琉璃板上方启口进槽后，下方启口也同样进槽（上下口同时有了背靠点），最后在下口打一层胶固定，将金属踢脚线安装到位（图9-47）。

2）散座区的包房及屏风窗花琉璃，全部是以"背靠背"的方式安装，即两层琉璃板让背板玻璃背靠背，顶面预制8号镀锌槽钢支架，支架下方并排固定双排U形槽，对

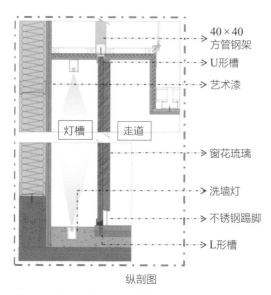

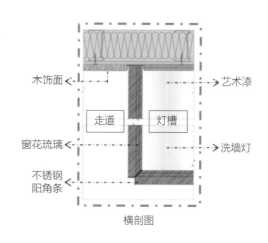

图9-47 琉璃窗花安装（安装方式一）

应地面位置并排固定双排L形槽，槽口内垫软性橡胶垫。再将琉璃板按照排版图依次嵌入槽口安装，最后下口用胶固定并嵌入不锈钢踢脚线（图9-48）。

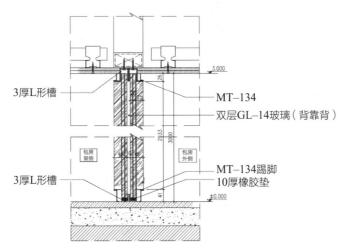

图9-48　琉璃窗花安装（安装方式二）

4. 总结

作为地标性建筑的酒店项目，本身具有众多焦点。因为新材料的构造做法还没有相应的国家标准规范，而现场的客观条件（超高层大楼施工特有的楼板荷载、防火、风摆等问题）也决定了材料及施工工艺不能像以往的标准项目去硬套国家标准，只能根据现场的实际情况一步步的"打阵地战，逐个击破"。

103层作为酒店公区的一部分，其运用的脆性材料（琉璃）是所有楼层中最多的。因其造价较高，材料本身特有的局限性（脆、重量较大），给现场施工过程带来了不少麻烦。为了保证每一块定制加工的琉璃板运到现场后都能一次性安装到位，整个现场从放线结束后复尺的次数不少于5遍，这中间花费了大量的时间和人力。即便如此，还是有1～2块板有些许偏差，为了保证工期进度，只好现场更改基层，让材料能够顺利安装。

9.2.6　幕墙工程施工技术

1. 幕墙系统特点分析

（1）外幕墙系统特点分析

上海中心大厦工程外幕墙系统由幕墙板块和外幕墙钢支撑结构构成，玻璃幕墙类型如图9-49所示，具有悬挂、悬空、扭转和收分等特点。

1）外幕墙系统每层错开、向上逐层收缩，通过外幕墙钢支撑体系与主体结构连接，理论上没有一个相同的单元板块。

2）异型单元板加工和组装精度控制难，须重点控制挂点牛腿的角度、竖向插接缝、水平插接缝的精度。

3）钢支撑结构是外幕墙板块施工的前道工序，钢支撑结构的施工精度将直接影响幕墙板块的施工质量，后道工序必须跟踪复测前道工序的施工精度。

（2）内幕墙系统特点分析

内幕墙系统共有5种幕墙类型，与其他专业系统空间关系复杂，玻璃幕墙类型如图9-50所示。

（3）裙房幕墙系统特点分析

裙房幕墙共有13种幕墙类型，分布如图9-51所示，几乎囊括了所有的幕墙形式，有单层索网玻璃幕墙、桁架点支式玻璃幕墙、石材幕墙、铝板幕墙、金色肌理玻璃幕墙等。

图9-49　上海中心大厦玻璃幕墙类型

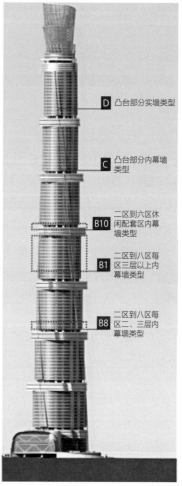

图9-50　玻璃幕墙类型

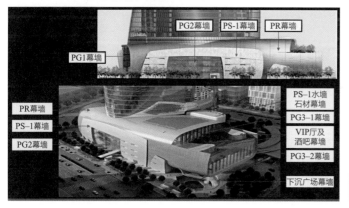

图9-51　裙房幕墙类型

2. 视觉样板及试验验证

（1）视觉样板及优化

外幕墙系统视觉样板及优化：在施工前期就制作了1:1的视觉样板模型，如图9-52所示，并根据各方建议进行了多次优化，分别为：玻璃肋构造取消、单元竖框外形美化，单元中横、下横装饰扣盖美化，凹凸台部位不锈钢板更换及美化、A1/A3玻璃透光率及彩釉图案调整、A3单元背衬板颜色调整、与环梁交接部位的单元上下窗台板调整、幕墙构件及支撑钢结构构件表面颜色调整。视觉样板优化后的效果，如图9-53所示。

图9-52 视觉样板模型

裙房幕墙系统视觉样板及优化：在施工开始初期，根据建筑师要求制作了包含几乎所有幕墙系统的视觉样板模型，重点反映系统相交部位的造型及逻辑关系。先后历经了三次重大观摩和评审会，确定了幕墙系统的构造体系、尺寸分割、材料颜色、石材开缝尺寸等内容。

（2）性能试验

幕墙系统的测试是集成了国家标准及美国标准的测试规定，测试程序要求非常严格。上海中心大厦外幕墙共计进行了多达13项测试，包括预加载试验、静态气密性试验、波动水密性试验、垂直位移试验、重复静态水密性试验（ASTM E331）、重复静态气密性试验（ASTM E283）等内容。而且更为严格的要求是，在幕墙系统完成平面变形性能测试后，再次进行水密性和气密性测试，直至测试达到两种规范的双重要求，这也意味着上海中心大厦幕墙在经受超过设计标准的风荷载或地震作用后，仍然能够保证幕墙的气密性和水密性（图9-54～图9-57）。

（3）内幕墙系统防火试验

主楼2～8区的内外幕墙系统之间均设有超高中庭，高度达75m。由于中庭处于封闭的环

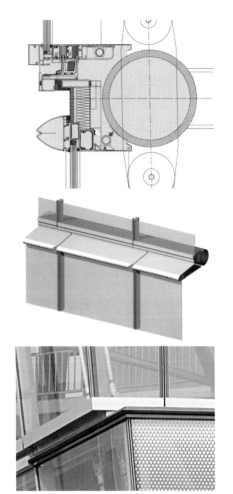

图9-53 视觉样板优化

境，为确保内幕墙系统的防火性能及建筑的使用安全，特别对带或不带主动式窗喷淋的内幕墙系统进行了多个防火测试工作，幕墙防火测试如图9-58所示，其中B1系统的主动式防火系统测试为全国首次类似的防火试验，试验结果验证了内幕墙防火系统的可靠性。

图9-54　幕墙四性测试

图9-55　幕墙钢支撑结构不均匀竖向变形试验

图9-56　幕墙防雷试验

图9-57　幕墙抗震试验

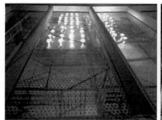

图9-58　幕墙防火测试

3. 钢结构幕墙一体化深化设计技术

（1）信息化建模技术

上海中心大厦工程采用参数化进行建筑设计，所以几乎所有的幕墙系统均可以用数个逻辑或函数公式进行表达。建筑外立面设计函数如图9-59所示。为了提高参数化建模的效率，采用Rhino和Grasshopper信息化软件进行模型创建，幕墙系统建模如图9-60～图9-62所示。

图9-59　建筑外立面设计函数

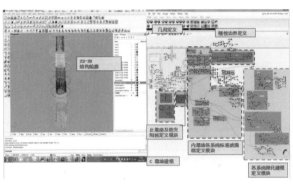

图9-60　外幕墙系统建模

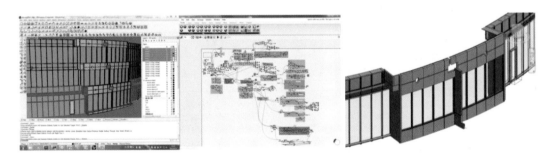

图9-61　内幕墙系统建模

（2）信息化合模技术

在幕墙系统信息化模型的基础上，将与幕墙有界面或关系密切的各专业信息化模型，在同一软件平台上以统一基准点进行整合。通过读取模型和分析模型的方式进行合模，全面查找碰撞、空间不足等问题，主楼幕墙、裙房幕墙与钢结构合模检查如图9-63和图9-64所示。

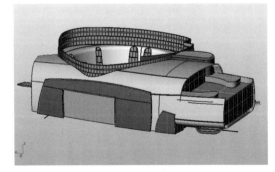

图9-62　裙房幕墙系统建模

（3）深化设计出图

深化图纸分为施工图和加工图，施工图侧重于构造，加工图侧重于数据。上海中心

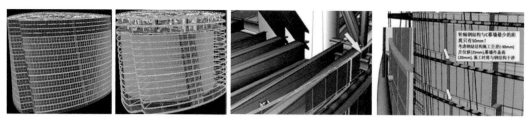

图9-63　主楼幕墙与钢结构合模检查

图9-64　裙房幕墙与钢结构合模检查

大厦幕墙系统的深化图纸可以通过不同深度的信息化模型直接转换生成，尤其是异型幕墙系统加工数据的提取显得更为准确、高效。外幕墙板块牛腿深化出图如图9-65所示。裙房幕墙PR主竖型材深化出图及加工数据提取如图9-66所示。

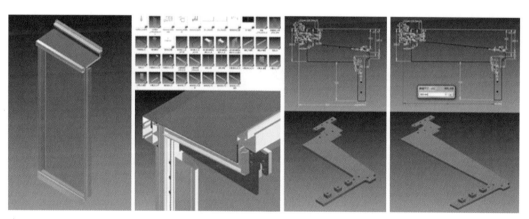

图9-65　外幕墙板块牛腿深化出图

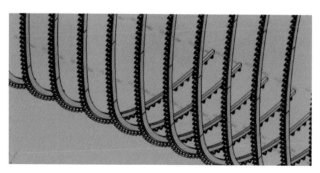

图9-66　裙房幕墙PR主竖型材深化出图及加工数据提取

（4）工厂化制作及单元式拼装

外幕墙系统将幕墙的采光区玻璃面材和非采光区不锈钢面板有机结合，在凸台位置通过钢牛腿的支撑连接，组装成整体式单元板块；在凹台位置，通过竖龙骨截面的变化及连接形式的变化来消化凹台尺寸变化，实现整体式单元板块，幕墙整体式单元板块如图9-67所示。内幕墙中位于凹凸台两侧的铝框构造系统，如图9-68所示。利用信息化和参数化技术将铝框构造系统进行单元化处理，不仅确保了现场的施工质量，且节约了大量的工期。

图9-67　幕墙整体式单元板块　　　　　　　图9-68　内幕墙实际效果

4. 加工制作和组装工艺

（1）外幕墙整体式单元的加工制作工艺

外幕墙整体式单元系统由竖向龙骨、水平龙骨、垂直玻璃面板、水平不锈钢面板和挂接系统组成，其中挂接系统由1号钢制转接件、2号铝合金挂件和3号钢牛腿组成。以信息化模拟技术，对加工制作中控制环节进行跟踪测量，及时反馈至理论模型，以确保加工制作的精度，外幕墙整体式单元加工模型如图9-69所示，组装流程如图9-70所示。

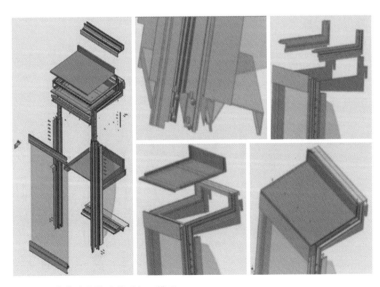

图9-69　外幕墙整体式单元加工模型

1. 竖框与钢牛腿的组装　　2. 横框的组装　　3. 水槽框的组装　　4. 上横框与钢牛腿及水槽
框的组装

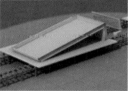

5. 镀锌钢板的安装　　6. 保温棉及硅胶板组装　　7. 不锈钢板附框组装　　8. 不锈钢板与附框组装

9. 水槽框的组装　　10. 玻璃面材组装　　11. 横向扣板的组装　　12. 吊顶处铝板组装

图9-70　外幕墙整体式单元组装流程

（2）内幕墙整体式单元的加工制作工艺

内幕墙整体式单元的加工制作工艺相对外幕墙系统而言，较为常规。主要加工制作工艺如下：原材料检验→下料切割→组框（龙骨组装→背板安装→岩棉安装→胶条安装→玻璃安装→注胶→扣盖安装→水槽安装→胶条安装）→施打密封胶→成品报验→包装入库。

（3）裙楼幕墙PR系统主竖型材加工制作工艺

裙楼幕墙PR系统的主竖型材共有直料、单弧料和双弧料三种规格，整个PR系统的主竖型材规格达到1744种。首先从模型中提取相应的材料规格和空间定位数据，其次将这些数据加工工艺处理形成数控机床加工程序和工艺流程，最后配套完成检验测量方案。主要加工制作工艺流程如下：原材料检验→下料切割→铣削加工→附件加工，信息化模型中提取加工数据如图9-71所示，下料切割如图9-72所示，铣削加工如图9-73所示。

5. **钢结构幕墙一体化施工技术**

（1）外幕墙系统一体化施工技术

外幕墙整体式单元系统的成功实施，得益

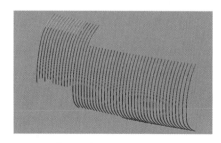

图9-71　信息化模型中提取加工数据

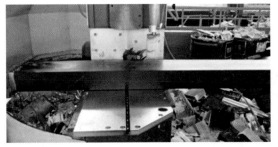

图9-72 下料切割   图9-73 铣削加工

于运用信息化模型和模拟技术的灵活应用，将"设计模型、深化模型、施工模型"和"跟踪测量、数据反馈、预装模拟"的理念和方法充分融入一体化施工中的各个环节。

（2）内幕墙系统一体化施工技术

内幕墙系统的成功实施，也是利用信息化模型和模拟技术，在幕墙板块施工前对其依附楼板结构、预埋件、转接件、幕墙板块的实测数据与理论模型进行模拟预装，预先知道前道工序施工偏差的位置和大小。然后，在幕墙单元挂板施工前，通过转接件或单元板消化和吸收施工偏差，确保单元挂板施工的顺利进行。

（3）裙房幕墙系统一体化施工技术

裙房幕墙系统一体化施工更有特色和多元化。首先，在屋面系统施工上，将直立锁边支座的预埋件与主体钢结构进行工厂化定位和整体加工，并在钢结构施工过程中跟踪实测，确保预埋件的施工精度。其次，在双曲石材单元幕墙系统施工上，运用一体化技术将单块石材组装成整体单元，并对挂座依附的主体龙骨控制点位进行跟踪实测，并在石材单元施工前进行预拼装模拟，将可能发生的误差消化在挂板之前。最后，在南雨篷幕墙系统深化设计和加工制作上，借助模型技术，全面考虑幕墙与钢结构及机电专业的相互关系，做到空间关系和节点构造合理化。

9.3 装饰工程数字化建造技术

9.3.1 室内装饰工程的重难点

1. 裙房二层多功能厅

（1）概况

多功能厅顶棚由矿棉板吊顶及序列金属圆管组成。序列金属圆管共计三组，分别由10根、12根、15根圆管组成。金属圆管沿墙面往顶棚方向伸展，在顶棚处呈圆弧状绕出上海中心大厦的徽标，最后沿另一侧墙面回归地面。单根圆管的伸展路径为三维曲线；而多根圆管按序排布为一组，整体呈双曲面造型，如图9-74所示。

图9-74 二层多功能厅的装饰效果图

图9-75 五层宴会厅的装饰效果图

（2）难点分析

1）多功能厅的空间大而复杂；2）部分设计图纸的节点描述过于概念化；3）多功能厅的装饰内容复杂交错，须安排合理的施工工序才能保证现场施工井然有序；4）部分装饰饰面上须配合机电、消防单位预留末端点位；5）序列金属圆管，从深化设计到加工、安装过程，在整个多功能厅的装饰内容中，是最为复杂的。

2. 裙房五层宴会厅

（1）概况

宴会厅平面近似半圆形，墙面主要装饰材料为直径60mm的金属圆管背衬金属饰面。金属圆管沿宴会厅墙体的圆弧路径等距排布，每根圆管中心的离墙距离不变，通过上下两端规律的进出关系形成双曲面。金属衬板附于圆管后方，形成相同的双曲面，如图9-75所示。

（2）难点分析

1）墙面由金属圆管形成的双曲面造型是整个宴会厅的一大亮点，须详细分析双曲面造型的组成部分、衔接关系、质量控制点等大量内容；2）宴会厅墙面的特点是双曲面且施工面积大，对于现场的定位放线有着极高的要求；3）如何在弧形墙体上等距排布金属圆管的同时，又要制作出双曲面造型，这是一个极大的挑战；4）基层制作的质量优劣影响饰面层的装饰效果。

9.3.2 装饰工程数字化设计及加工技术

1. 多功能厅区域数字化正向设计及定制化产品加工设计

（1）基于数字化技术的空间分析

建立集成多功能厅各种结构、基层、饰面等相关信息的模型，如图9-76所示。结合建立的BIM模型，分析饰面材料在实际深化、加工、安装过程中的种种难点。多功能厅的矿棉板吊顶标高10.3m，单块规格1200mm×1200mm，按3×3块编排为一组。每组吊顶的围边是标高10.6m、宽度200mm的石膏板凹槽，凹槽内侧为设备带，整体呈井字形布置，如图9-77所示。

矿棉板吊顶下方是由三组直径100mm的序列金属圆管组成的双曲面造型。墙面使用包布板作为饰面材料，地坪采用满铺地毯，如图9-78所示。

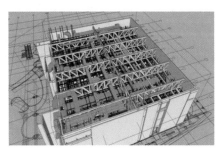

图9-76　多功能厅的BIM模型

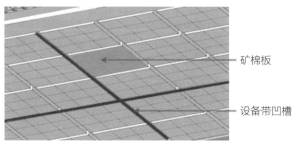

图9-77　矿棉板吊顶与设备带凹槽的关系

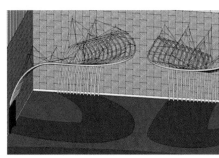

图9-78　序列金属圆管的BIM模型与实物图对比

（2）基于数字化技术的产品设计

建立BIM模型对各个节点进行模拟，了解实体的真实样貌，对关键部位进行分析，不仅大大缩短了以往深化设计所耗用的时间，提高了工作效率，而且保证了饰面材料在实际加工、安装过程中的质量。由于设计图纸对圆管固定件的描述相对简单且未阐述到位，建立了固定件的BIM模型，将固定件分为五部分（钢丝绳卡口、多角度调节件、平衡杆抱箍、连接件、金属圆管抱箍），模拟分析各个部位的关键参数及主要作用，如图9-79所示。确定固定件各个部位的理论参数后，按照模型制作出实物样品，如图9-80所示。

（3）基于数字化技术的工序模拟

1）工序模拟概述

传统的工序描述只是对基层的制作、材料的加工与安装起到了有限作用，并没有起到实质的作用。借助BIM技术，才能通过科学手段去发现实际施工中存在的或可能出现的问题，及时调整相关工序。同时，利用BIM技术将施工工序动画化，利用虚拟现实技术呈现真实直接的视觉冲击力，并通过演示与调整施工方案，有效提高了工作效率。

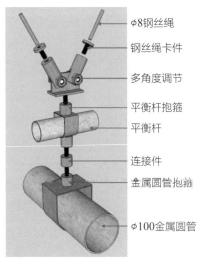

图9-79　固定件模型　　　　　　　　　图9-80　固定件实样

在施工前期，首先拟定现场的施工工序及技术路线。随后，通过拟定的施工工序，使用BIM模型进行动画模拟，如图9-81所示。

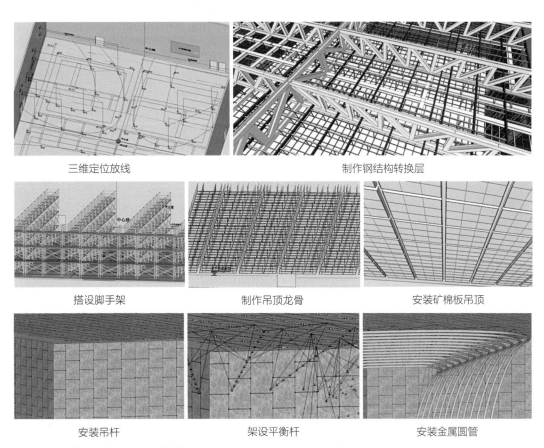

三维定位放线　　　　　　　　　　　　制作钢结构转换层

搭设脚手架　　　　　　制作吊顶龙骨　　　　安装矿棉板吊顶

安装吊杆　　　　　　架设平衡杆　　　　安装金属圆管

图9-81　多功能厅顶棚的施工工序模拟

2）关键点位控制

通过BIM技术，掌控机电设备的布置走线、机电末端点位的控制、消防与弱电系统的点位控制，第一时间发现诸多可能在施工过程中才会发现的问题。如图9-82所示的顶棚设备带风口布置。

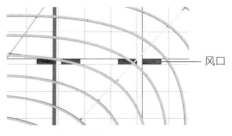

图9-82　顶棚设备带风口的布置

3）与其他饰面的衔接分析

BIM技术能更好地协调造型设计中功能要求、造型设计、饰面衔接之间的关系。借助BIM模型，对于存在问题的衔接节点进行修改，结合丰富的编辑功能赋予模型不同的材质，检查不同饰面衔接的效果，如图9-83所示的金属圆管与墙面包布板、门框的衔接，如图9-84所示的上、下部钢结构转换层与桁架的关系。

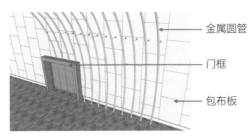

图9-83　金属圆管与墙面包布板、门框的衔接

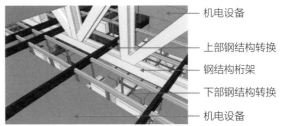

图9-84　上、下部钢结构转换层与桁架的关系

4）多专业工作内容叠合及碰撞检查

多功能厅顶棚内部的钢结构桁架、风管等其他专业分包内容可能与装饰基层发生冲突。借助BIM模型，将钢结构转换层分为上下两部分，上部转换层固定在桁架的上下弦杆之间，下部转换层固定在下弦杆的下侧。将土建、机电以及装饰的BIM模型合并，进行碰撞检查，如图9-85～图9-88所示。如发现存在冲突问题，及时协调解决。

5）特殊造型定位放线辅助

①矿棉板吊顶的分割布置及设备带凹槽的定位

结合BIM模型、通过平面直角坐标系定位矿棉板吊顶各个分割区域的控制点，同时

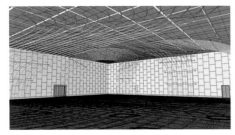

图9-85　二层多功能厅的装饰模型

图9-86　同区域土建与装饰合并后的模型

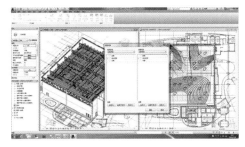

图9-87　同区域土建、机电与装饰合并模型

图9-88　碰撞检查

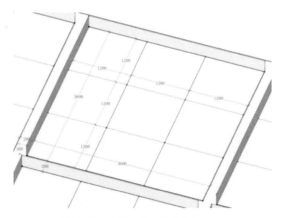

图9-89　矿棉板吊顶与设备带凹槽的衔接

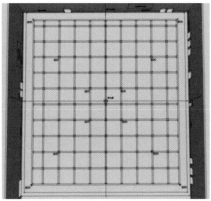

图9-90　矿棉板吊顶分割布置

定位设备带凹槽的各个控制点。当以上控制点的点位满足放线要求后，随即进行现场立体放线，如图9-89、图9-90所示。

　　②序列金属圆管的三维定位

　　由于金属圆管弯弧呈双曲面造型，因此其定位放线尤为重要。根据设计图纸要求，金属圆管通过特殊订制的固定件与平衡杆相接，而平衡杆通过吊杆承重，单根平衡杆沿金属圆管呈放射状排列。经过空间的三维模拟，首先进行平衡杆、金属圆管的定位，如图9-91、图9-92所示。

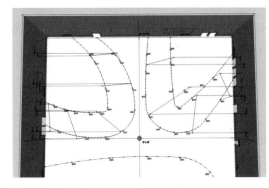

图9-91　平衡杆的定位控制

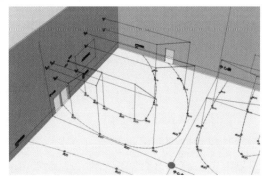

图9-92　金属圆管的定位控制

根据BIM模型反馈的参数，确定每根金属圆管及平衡杆的空间坐标，如图9-93、图9-94所示。

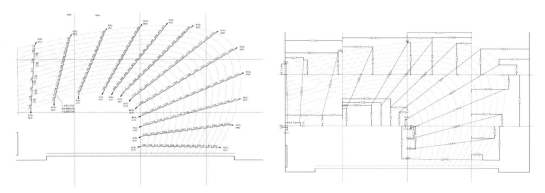

图9-93 平衡杆的标高　　　　　　　　　　　　　图9-94 平衡杆在平面直角坐标系中的坐标

（4）装饰构件加工、安装过程的BIM技术应用

1）BIM模型与加工数据的关系

鉴于单根金属圆管呈三维曲线造型，通过BIM技术将三维状态下的金属圆管平铺展开，实现从三维至二维的转换。按照预先的分段，记录每段圆管的弧度、弧长及空间坐标，即一次弯弧的数据。在正投影面状态下，记录每段圆管的弧度、弧长及空间坐标，即二次弯弧的数据，如图9-95所示。最后根据记录的数据，制作各段金属圆管，如图9-96所示。

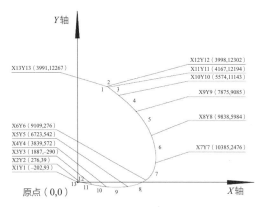

图9-95 正投影下，圆管二次弯弧的加工数据

图9-96 实际制作的圆管

2）三维扫描技术与BIM技术的结合应用

三维扫描技术：先通过扫描物体表面得到三维点云数据，再形成高精度的数字模型。针对双曲面金属圆管加工、安装的高精度要求，利用其特点，获得圆管的三维模型及线、面、体等各种数据。将金属圆管的BIM模型，与三维扫描得到的数据进行对比。纠正金属圆管的各类数据，确保金属圆管的弯弧圆润顺畅，如图9-97、图9-98所示。

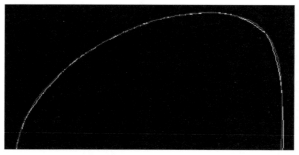

图9-97　对比数据

图9-98　调整金属圆管
的偏差部位

3）安装过程的关键节点分析

通过BIM模型，模拟金属圆管安装过程中各个关键节点的处理。金属圆管一端内置套管，作为与其他圆管的接口；内套管使用螺栓固定在金属圆管内侧；内套管外侧固定4根呈十字状排布的卡条，金属圆管另一端内圈预制对应的卡槽。当卡条嵌入卡槽后，通过4个方向的紧固点牢牢卡住金属圆管之间的接口，防止两者受应力作用而错位松动。金属圆管对接时，通过接口处底部长度为5cm的导向管调整位置，确保相邻圆管的空间走向正确，如图9-99、图9-100所示。

借助BIM模型完成各个关键节点的分析后，在现场进行金属圆管的安装，如图9-101所示。

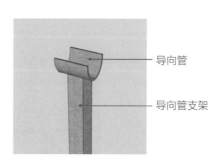

导向管

导向管支架

图9-99　金属圆管导向管的BIM模型

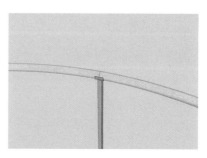

图9-100　每个接口处设置导向管

图9-101　现场进行金属圆管的安装作业

2. 宴会厅区域数字化正向设计及定制化产品加工设计

（1）基于BIM模型的双曲面装饰墙面分析

五层宴会厅平面近似半圆形，墙面主要装饰材料为直径60mm的金属圆管背衬金属饰面，两者组成的墙面呈双曲面造型，如图9-102~图9-104所示。鉴于两者组合而成的双曲面造型依赖于基层骨架，因此基层骨架同样需要制作出双曲面造型。为了保证精细化质量，将金属圆管与金属衬板作为一个单元模块在工厂进行拼装，把以往在现场的施工内容转移到工厂内，这样可以从源头上管控质量，现场直接进行成品安装。

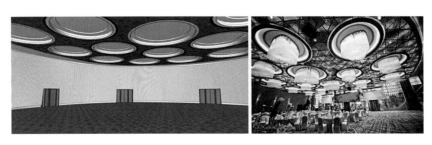

图9-102 五层宴会厅的BIM模型与现场实物图对比

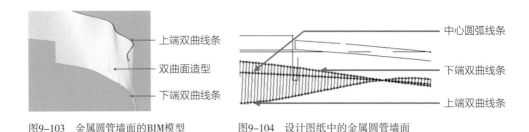

图9-103 金属圆管墙面的BIM模型   图9-104 设计图纸中的金属圆管墙面

（2）双曲面的测量放线

由于整个宴会厅墙面呈双曲面造型，与通常的规则图形相比，该造型的测量放线难度较大。针对双曲面的测量放线，通过对其剖面进行分析，双曲面是以中心点A点离墙尺寸不变，上B点、下C点离墙尺寸有规律变化的双曲线形成的。因此，根据BIM模型建立平面直角坐标系，并以每根金属圆管在A、B、C三处的控制点组成上、中、下三组测量控制线，如图9-105、图9-106所示。

（3）基层骨架的关键节点分析

双曲面的特殊造型对于基层钢架的制作带来了极大的挑战，钢架的制作是否准确直接影响饰面安装完成后的整体效果。鉴于精细程度要求高，选用数控切割的方式加工钢构件。为了保证双曲面的整体效果，通过BIM模型确定点A、点B、点C的离墙距离。根据BIM模型得到的数据，确定B、C两点所在的双曲线以及点A所在的圆弧，现场制作对应的双曲线薄钢板置于B、C两点所在的标高，如图9-107所示。制作完成B、C点标高

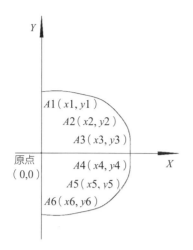

图9-105　*C*点组成的圆管下端控制线示意

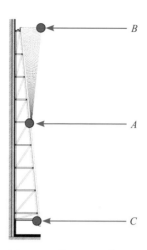

图9-106　单根金属圆管的控制点

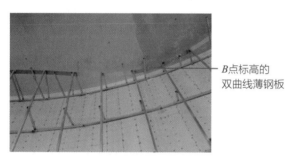

*B*点标高的
双曲线薄钢板

图9-107　在圆管上端*B*点位置处制作的双曲线薄钢板

图9-108　现场制作的钢架基层

的薄钢板后，依据垂直于地坪的切面与上下侧薄钢板的交点，得到竖向龙骨上下两端的位置，即单根竖向龙骨的空间位置。依此方式按照1000mm的间距布置竖向龙骨，横向龙骨则按照1200mm的间距布置，竖向、横向龙骨的布置方式均保证安全与精细化质量，如图9-108所示。

（4）基于BIM模型的实样制作

现场钢架基层完成后，进行金属圆管的实样制作与安装。通过第一次的实样制作，结合BIM模型的数据，修正调整偏差部位。在第二次的实样制作中，得到了令人满意的效果。

9.3.3　装饰工程数字化现场施工技术

1. 超高层的客观条件决定室内精装修数字化施工方式

（1）有限垂直运输资源的客观制约

上海中心大厦主塔的特点结构高、楼层多，用于各楼层的建筑、安装、设备、装饰等类型材料的数量、尺寸、种类繁多，但总类总量是一定的。核心筒中分布的施工电梯有限，总容量或者说每次运输材料的数量是定值，施工周期也是个定值。

（2）"双绿认证"绿色超高层建筑的客观要求

上海中心大厦项目既要满足现行国家标准《绿色建筑评价标准》GB/T 50378的要求，又要达到LEEDTM绿色建筑铂金的认证级别，对室内建筑材料有了更高的要求。

2. 上海中心大厦室内装饰分项工程数字化施工实例分析

上海中心大厦A标精装修项目分项工程中，按精装修施工面积9万m²计，传统手工作业工艺5项、半工业化工艺（将提升为工业化工艺）10项、工业化工艺19项；近7万m²的装配化施工，工业化施工比例装配化施工率80%。在众多的分项施工中，我们不妨从下面几个现场施工的实例深入分析。

（1）预留隔墙的位置分散，延长米数量多。作为将来业主招商的商户后继使用的隔墙顶部刚性连接基层，其稳定性、牢固性是预留隔墙的主要质量控制点。

1）设计方案主要采用的是"切、割、裁、焊、钻"传统工艺的钢架基层制作与安装。

2）用装配式组件安装的预留隔墙，每个M10膨胀螺栓极限受拉按照14kN计，计算得每0.6延长米总重约0.55t，受拉强度是极限值的1/4不到，稳固可靠性能达到要求。

3）对比中不难发现装配式施工优势明显；粗略统计，单单用栓接代替传统手工电焊作业这一项，工效提高2.4～3倍。

4）所有构成预留隔墙钢板组件均在厂家加工成型，相对于手工焊接施工大幅减少钢架切割损耗，实现现场余料为零，从而减少了垃圾运输的压力。

（2）卫生间台盆无论从钢架的成型、固定点选择、还是面层可耐丽板的预留空洞，总体施工步序繁多。上海中心大厦A标卫生间内的台盆钢架及台盆人造石材面板采用厂区集约成型加工技术，有效解决了人工操作误差大、现场焊接费工时的问题。

1）如图9-109所示，红色部分表示承重钢架，黄色表示支托可丽耐的背板支托钢板。

2）三维模型与现场实物的对比如图9-110所示。

3）模块化设计：现场多个楼面尺寸不一，为保证最终饰面效果，在加工制作前预先测量优化，确定台盆中钢架长度型号、标准模块定值尺寸等，以满足工厂统一流水作业。

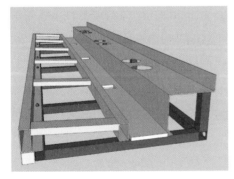
图9-109　装配式组件安装的节点

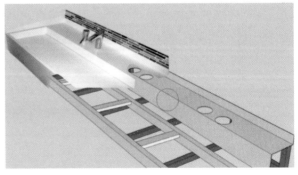
图9-110　三维模型与现场实物的对比

4）试拼与校正：在工厂，根据台盆的模块化设计，将预先加工的钢架进行试拼接，与三维图纸对比、校正。

5）台盆体支承架焊接一体成型：对比校正后的台盆钢架在厂家用夹具临时固定，在钢架端头位置焊接打磨，形成整体式框架，焊接过程中杜绝热冷不均产生的位移与变形。

6）产品检验：成品完成后厂家通知项目部在出厂前会同厂家产品品质部门进行外观、尺寸、形变等检验。

3. 室内精装修数字化施工的特点和使用效果

功能上，部品工业化加工装配化施工便于维修，较容易使用相同的工厂化部品更换，减少了现场切割、焊接等手工作业，节约劳动力资源的同时也大大减少了现场危险源，有利于现场安全施工；效率上，部品工业化加工缩短了从图纸到成品的时间，施工效率的提高对于整个工程进度的促进，尤其在这些大体量的办公建筑（同类室内装饰分项工程多处在每个楼层相同部位，且施工总量大）中更为明显；成本上，提高工人劳动效率、缩短了部品部件到成品的时间，时间成本的缩短意味着工程利润的增长；便于检修更换，相对来说减少了后期维护的成本。

9.4 复杂空间装饰工程建造技术

9.4.1 玻璃幕墙工程数字化建造技术

1. 深化设计

上海中心大厦工程建筑外立面采用参数化进行建筑设计，所以几乎所有的幕墙系统均可以用数个逻辑或函数公式进行表达。为了提高参数化建模的效率，采用Rhino和Grasshopper信息化软件进行模型创建，外幕墙系统建模如图9-111所示。

在幕墙系统信息化模型的基础上，将与幕墙有界面或关系密切的各专业信息化模型，在同一软件平台上以统一基准点进行整合。通过读取模型和分析模型的方式进行合模，全面查找碰撞、空间不足等问题，并在深化设计出图前通过修正或优化的方式加以

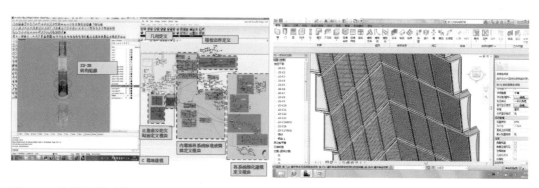

图9-111 外幕墙系统建模

解决，确保工程实施的顺利进行。

在合模检查并解决完所有的问题后，可以开始幕墙系统的深化设计出图工作。深化图纸分为施工图和加工图，施工图侧重于构造，加工图侧重于数据。上海中心大厦幕墙系统的深化图纸可以通过不同深度的信息化模型直接转换生成，尤其是异型幕墙系统加工数据的提取显得更为准确、高效。外幕墙板块牛腿深化出图如图9-112所示。

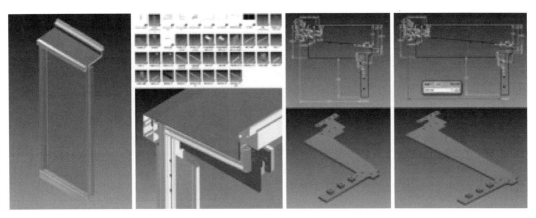

图9-112　外幕墙板块牛腿深化出图

2. 加工制作及检测

外幕墙整体式单元系统由竖向龙骨、水平龙骨、垂直玻璃面板、水平不锈钢面板和挂接系统组成，其中挂接系统由1号钢制转接件、2号铝合金挂件和3号钢牛腿组成。其加工制作及组装主要控制各系统组成的精度，需要从材料下料、切割、组框、安装玻璃、打胶、检验等多个环节进行严格把控，并借助信息化模拟技术，对加工制作中控制环节进行跟踪测量，并将数据及时反馈至理论模型，以确保加工制作的精度。

3. 数字化安装

上海中心大厦外幕墙整体式单元系统的成功实施，得益于外幕墙钢支撑结构施工的精度，通过"跟踪测量、数据反馈、预装模拟"的数字化技术对外幕墙的前道工序——钢支撑结构的施工全过程进行跟踪测量确保其施工精度，并将测量数据反馈至理论模型与外幕墙系统模型进行数字化模拟预拼装，确保幕墙施工的一次成功率。

（1）在钢支撑结构安装阶段，按照控制点位（径向支撑与环梁相交处、2根钢拉棒之间环梁中点）坐标进行空间定位，如图9-113所示，并引入精调工艺确保施工精度，同时幕墙单位派专业测量团队全程跟踪实测；并将转接件控制点位的实测数据与理论数据进行合模校核，在幕墙板块安装前将转接件挂点与幕墙板块挂钩进行预拼装模拟，根据合模和预拼装的结果，对局部超差的控制点位，采取二次转接件调整的方法进行调节。

为了快速响应预拼装模拟的结果，事先制定点位偏差标准，如图9-114所示，并根

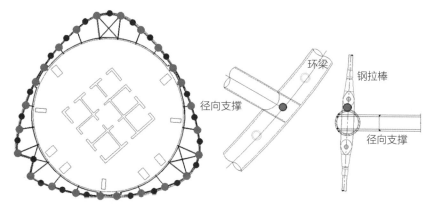

图9-113 钢支撑测量控制点位

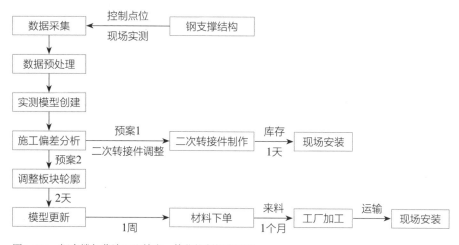

图9-114 钢支撑与幕墙匹配精度一体化控制操作流程

据此标准提前加工完成一批非标二次转接件。当局部控制点位偏差超出标准二次转接件调节范围时，根据预拼装模拟结果，快速生成精度匹配的二次转接件，并对照相应的偏差标准，可以快速提取非标二次转接零部件，满足现场施工精度和进度要求。

（2）在幕墙单元板块施工阶段，由于幕墙转接件的施工精度预先进行的高精度控制，仅须对

图9-115 外幕墙单元板块整体安装

安装的单元板块进行精度微调即可达到设计要求，楼层可实现一次性合拢封闭，最后进行打胶封闭和十字缝存水试验，如图9-115所示。

9.4.2　塔冠阻尼观光层神秘装饰效果建造技术

阻尼观光层设置于第125层，质量块重1000t，身形巨大，是全世界最重的摆式阻尼器质量块。采用12根25m长的钢索将其吊住。吊索和质量块形成一个巨大的复摆，通过该复摆与主体结构之间的共振来消减建筑晃动。室内主要装饰材料有GRG、铜饰面、地坪大理石等21种装饰材料。整个阻尼器观光层933m²，由建筑标高606.33m到126层建筑标高583.33m，高程落差23m的明代宣德青花天球瓶式样U形多曲面铜饰线条笼罩，渐变色金属漆喷涂的GRG包覆墙柱构成。

通过对原设计方案的追溯可以更好地推进深化设计的开展，对上述原设计方案分析可以看出，整个穹顶最终方案体现在装饰造型上的特征为：（1）设计了与明宣德青花天球瓶式样相仿的顶棚造型，如图9-116所示。具有圆口、长颈与腹浑圆的特点。由120根51.2m U形多曲面铜管绕曲立体组成。（2）装饰异型材料包覆钢柱桁架支撑结构。（3）大的穹顶与阻尼器拉锁位置都采用装饰收口。（4）铜饰面装饰线条异型绕曲造型的最终方案整体要求为曲线自然、无肉眼可见接缝，但安装难度较大。

这就要求在深化设计时首先必须考虑由细部开始解决生产难题，应首先考虑铜饰面的接口，由图9-117可以看出，细节零件U形管接头2保证了处于接口处组装接头位置过渡自然顺直，设置栓接螺栓确保接头紧密牢固。深化加工标准部件和基层的连接部件须同时考虑牢固和可协调性（图9-118）。

厂家对于加工铜饰面装饰线条本身没有大问题。U形扭曲铜条加工步骤为：铜板激光切割→曲线条外形模具→根据模具将铜材定位→焊接铜材成曲线形状。

图9-116　定稿方案

图9-118　铜饰面装饰线条加工成型后效果

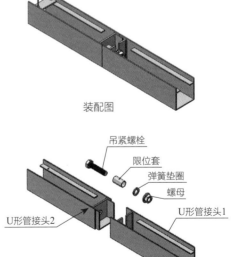

装配图

吊紧螺栓
限位套
弹簧垫圈
螺母
U形管接头2
U形管接头1

分解图

图9-117　装配图与分解图

铜饰面装饰线条安装施工作业主要存在以下几个难点：

（1）从建筑标高606.33m的瓶口位置到126层地坪建筑标高583.33m，存在23m的高程落差，难以控制放线精度。（2）因阻尼器未工作，同时受到超高层建筑风摆影响，全站仪基本未能使用。（3）由于高空作业所需反复校准轴线及相邻铜条的位置，导致大幅增加施工时间。（4）安装工人近距离目测产生较大出错概率。（5）须单独拆除圆形定位卡件（图9-119）。

针对以上安装难点，采用现有的实施方案为：2m/根先由车间生产，后由12根组成单组模块，通过校准后运至现场；满堂脚手架用于定位卡槽安装；1t捯链，起吊、复测、校核、固定；整圈安装完毕时整体再次校准。

采用遥感技术是未来的发展趋势，采用此技术进行异型饰面板安装。遥感指远距离的探测技术，具有"远距离""非接触""探测"的特征。我们采用"测"的特征，即实时测得曲面饰面板的空间状态。

采用微型传感器的物理感知技术获取目标的位置数据是施工的总体思路，首先获得异型饰面板的空间角点的三维坐标，再由无线通信传输位置数据到微机，最终获得空间直观模拟形态。施工时将结构三维逆向模型模拟形态实时比对BIM标准模型，直至实测角点数据与异型饰面板的BIM标准模型重合时完成定位安装。

（1）在施工的全过程中重点克服了几大困难，工程得以顺利完成：C网坐标东北放样点缺失，未启用阻尼器，同时超高层建筑本身风摆影响，全站仪几乎失效，采用圆弧交点求法很好地解决了放样精度误差的问题（图9-120）。

（2）原设计中基层钢架配置不合理，基层钢架位置间距不满足GRG安装要求，按GRG板块分割后的挂点位置整体钢架建模，找准了GRG墙柱面连接点，理顺了GRG施工的工序，核实了钢架的总量。

高程落差23m的明代宣德青花天球瓶式样U形多曲面铜饰线条，240根，每根U形铜饰面线条延长米51.2m，每根间距是均匀变化的螺旋曲线，其总长度近1万m，放线精

图9-119　现场已完成效果

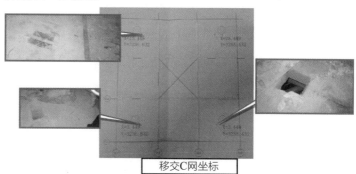

轴线移交、现场放线

移交C网坐标

图9-120　轴线移交、现场放线

度、安装精度均要求高，控制难度大。

我们从细部着手研究了每根之间的连接方案，从连接件分解图和安装图到分解拆单图到产品成型，再到模块化安装，铜饰线条2m/根车间生产，每12根构成单组模块，经校准后运至安装现场。

（3）通过满堂脚手对卡槽安装定位。采用1t捯链，起吊、复测、校核、固定。整圈安装完毕时整体再次校准。

天花铜饰面和GRG共同构成了阻尼观光层空间，从最终施工完成效果来看，绕曲造型的整体性完全满足感官上无接缝，曲线自然。烘托出"神圣、神奇、神秘"的气氛。施工质量得到设计、业主一致好评（图9-121）。

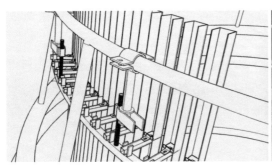

图9-121 装配图与分解图

9.4.3 逼真艺术图案环氧水磨石地坪建造技术

环氧水磨石拼花形状多样，且都为曲面，多种颜色水磨石互相交错拼花。如图9-122所示，拼花拼接处嵌入3mm锌铝合金条，且同为曲线型。因此，现浇环氧水磨石的现场浇筑施工难度大。水磨石直线长度达到200多米，产品须满足环保要求。

图9-122 环氧水磨石拼花

彩色环氧水磨石地坪材料应包括以下部分：

（1）底涂树脂用渗透性、抗湿式无溶剂的环氧树脂；

（2）环氧水磨石层：采用100%纯度、高粘结力的环氧树脂和天然石材骨材（磨石骨材大面）；

（3）封闭层采用100%纯度、硬质高耐磨的环氧树脂面涂。

项目部将地面分为若干板块，按图9-123所示分20m左右为一块，中间留30mm宽的分仓缝。作为板块间过渡区域，先将整体板块基底全部完成初磨后再做过渡区域。为防止由于面积大出现地面开裂，故将各板块间留置5mm伸缩缝，上端开置45°V形槽口，用环氧树脂砂浆填充，如图9-124所示。

在彩色环氧水磨石施工完成后再进行打磨，分仓缝经两次补浆后通过清水清洗地面后晾干，再采用密封剂涂刷2～3遍，必须在上一遍密封剂干透后方可进行下一遍密封剂的涂刷。密封剂用量≤0.05kg/m²，施工应涂刷均匀、封闭表面毛细孔、无遗漏，达到石粒密实、表面光滑平整、清晰。投入使用前须采用洗地机清洗地面，再采用晶面处理剂抛光地面，确保表面光泽在60～70Gu的感观柔和舒适，等待24h后投入使用。

环氧地坪施工应采用铺设双层厚度的彩条布方式进行保护，避免受污染和刮伤；当材料、构件和设备过重时，须加设垫板、泡沫等进行产品保护。

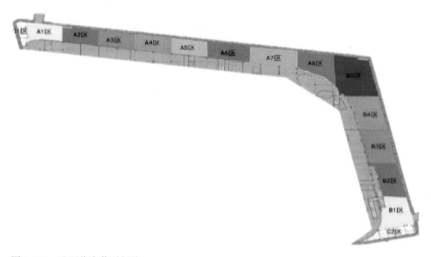

图9-123 地面分为若干板块

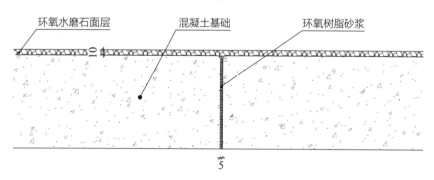

图9-124 环氧树脂砂浆填充

第10章
垂直城市园林绿化工程技术

10.1 概述

垂直城市绿化在生态学层面的优势是显而易见的，和传统城市绿化手段相比，垂直城市园林绿化的实施在世界范围内的研究与实践尚处于起始阶段。相对而言，中国香港、东京、新加坡等部分东亚地区的大城市在高空绿化的研究及包括绿化屋顶与绿化墙面在内的高空绿化设施与管理方面处于较为先进的水平，其中中国香港近年来取得的成果与积累的经验对内地城市发展高空绿化尤其具有可借鉴性。在当今城市超高层建筑景观绿化项目中，屋顶绿化、高空立体绿化、室内绿化等因建筑方案的特定要求、施工场地特性以及植物生境的不同，使得各种软硬质景观材料的设计、使用、安装面临十分复杂的实际情况；而现代化绿色节能建筑的发展趋势使得各种新材料、新技术、新工艺在景观设计中的应用变得更为广泛，对设计人员也提出了更高的技术要求。

作为中国最高"空中花园"，上海中心大厦垂直城市园林绿化工程备受业界瞩目，它集当今城市高空绿地景观营建综合技术的最新成果于一体。从实施规模来看，项目室外绿化景观实施面积21030m²，屋顶绿化1383m²（图10-1）。大厦的园林绿化工程包括室外和室内工程。

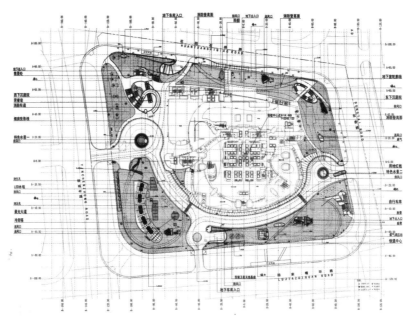

图10-1　上海中心大厦景观绿化工程总平面图

室外工程包括室外广场和地下椭圆形出入口两部分。

室外广场的设计注重与上位景观规划以及建筑之间的沟通、衔接。设计团队在原方案基础上进行深化与局部调整，使环境景观与建筑形成良好的呼应。室外广场绿化结合办公、酒店、商场入口等功能及人流进行植物选择与配置。从景观风格来看，东南角酒店入口景观意境优雅、品质时尚；西侧结合室外活动进行场地绿化布局，相关市政设施尽可能采用绿化遮挡，营造森林林荫意境。室外广场设计十分注重绿色生态环保技术与新材料新工艺的应用，选用可透气透水的生态铺装，以实现在3A+绿色建筑室外景观环境设计标准的基础上有所提高。

地下椭圆形出入口的设计，设计团队与上位设计单位通力协作，通过各种新技术新工艺的应用，着重解决地下椭圆形出入口景区的植被生境的营造。

室内工程包括大堂、五层宴会厅屋顶绿化、各层双幕墙之间的景观、顶部观光层景观等部分。

室内大堂环境景观设计与室内装饰单位合作，根据办公、公寓式酒店的大堂以及商业走廊的不同功能特点，制定特定的主题花卉景观，注重视觉效果与实用性、遮蔽性的兼顾。

五层宴会厅外部屋顶绿化注重植物品种的选择与树木防风，抗倒伏措施的运用；选用耐踏性草坪，扩大了室内外会务氛围；结合建筑整体的泛光照明，对景观照明进行深化补充；注意土壤有效成分的配合比，使其符合建筑荷载要求。

大厦内外双层幕墙之间的景观植物考虑选择时效长、适应性强的植物，并与每个垂直分区的上位设计主题契合，通过合理布置绿化种植，调节室内小气候；设计过程中注重景观灯光设计的智能性和组合性；同时，为了配合将来装潢、布展所需，探索形成灵活机动的模式。设计中同时加强了智能喷灌等各类生态技术的应用（图10-2）。

顶部观光层景观注重不同角度对景观的欣赏，通过植物造景突出视线焦点，同时利用可移动式绿化装饰形式，有针对性地打造舒适宜人的景观空间。

上海中心大厦垂直城市园林绿化工程的实施内容分为三个方面：一是绿化、硬质、结构、给水排水、电气等园林景观各专项设计，具体包括种植、花池、水池、旗杆、庭院灯、灌溉设计等；二是广场、道路、硬地面层的装饰设计（不含基层及土建）；三是室外标识、室外泛光、灯光秀、室外照明、车道灯等点位布置以及相应管线布置的协调工作。根据软、硬质景观的不同又可分为绿化种植工程、硬质景观工程两大部分。

图10-2 双层幕墙间绿化实景

1. 绿化种植工程

室外总体绿化技术。在实施过程中，运用先进理念与技术，为"绿化"摩天楼的绿色节能技术提供支持与依托；设计施工严格遵循3A绿化建筑的景观设计标准；选择上海地域乡土植物，体现海派特色。

高层中庭绿化技术。在大楼中庭环境打造上，按不同楼层、不同功能定位进行特色植物主题景观的营建，特别是将唐诗宋词中关于园林植物的意境美融入各层的植物造景中，形成不同的景观艺术氛围。同时，设计团队在高空绿地关键技术研究领域攻克多项技术难题。

室内专用基质配合比试验技术。技术团队通过一系列基质配合比试验专门配制了无味、无毒、无菌、轻质的室内栽培基质，并且针对不同的苗木，量身设计了不同的配合比，取得了良好的效果。

成品苔藓球制作及养护技术。苔藓球景观的制作展示，是上海中心大厦室内绿化的一大亮点。技术团队围绕苔藓材料处理、苔藓球制作及养护，形成了完整的室内苔藓景观营造工艺。

2. 硬质景观工程

荣誉墙景观技术与工艺。上海中心大厦荣誉墙的设立是为了表彰中国第一、亚洲第二高建筑的建设者、参与者，具有广泛的社会关注度。荣誉墙的材料选用琉璃，这是一种有着两千多年历史的中国古法材料，自古以来一直是皇室专用，被誉为中国五大名器之首（琉璃金银、玉翠、陶瓷、青铜），它对使用者有极其严格的等级要求，所以民间较为少见。

LED景墙设计技术。LED景墙设计的目的是为冷却塔降噪。上海中心大厦整体造型特点决定了超高层所需散热量非常大，冷却塔通常会放置于裙房屋顶。但上海中心大厦裙房露台被酒吧占用，并设置VIP休息室及酒吧活动空间，故将冷却塔置于室外空间。为减少其噪声，在景观方面采用跌瀑来处理，并在冷却塔靠近行人处，采用感官与视觉一体的手法设计了LED墙。为使LED墙的基础更稳定，将其与主体建筑相连，并综合考虑管线排布方式，达到避让管线的同时又满足与主体结构埋深要求。

建筑通风口外围造型设计技术。建筑的通风口造型设计体现了景观与建筑设备专业的合理衔接。一般的风井面材以石材为主，而上海中心大厦的进、出风口造型各异，石材造型会相当突兀且加工成本昂贵。经过充分论证与试验比对，采用黑色镜面不锈钢设计减小风口对景观的影响。

10.2　园林绿化工程施工技术

10.2.1　植物选择与配置技术

1. 室外广场绿化

室外广场绿化的设计思路是，用一个绿色"旋"字，营造有一个生命力的垂直城市。即，景观设计中绿色植物在周边旋转，宛如主体建筑在未来所赋予之力量，加之周边植被季相的变化，营造出自然山水的绿色生命。

室外空间总体设计上，调整了原室外总体景观布局，与建筑、出入口及各类管线等联系更加紧密，并根据不同入口的需要，打造不同的景观主题，强化功能性景观。设计方案保留了已较完善的车行系统，对人行系统局部进行调整；优化户外活动空间配置，做到开合有致，有效利用有限空间。对室外景观植物进行全面优化，在选择乡土植物的同时合理选择部分新优植物（表10-1）；通过强化灌木、地被的平面构成感，加强下木的线条感与向心力。通过对植物的生境进行优化与改善，创造适宜的植物生长环境。

室外观花、色叶植物特色品种应用 表10-1

类别	品种			
	上木	中木	下木	地被
基调树	香樟、桂花			
东面	皂荚、珊瑚朴、梧桐、黄山栾树	红叶李、石楠、枇杷、柑橘	结香、南天竹、熊掌木	络石、常春藤、蔓长春
南面	合欢、榉树、樱花	海棠、山茶、红枫	红叶石楠、红花继木、杜鹃、金边黄杨、瓜子黄杨	丰花月季、地被石竹、血草
西面	朴树、鹅掌楸、银杏、黄连木、无患子	梅、木兰（白玉兰、红玉兰、二乔玉兰）、浦鸡竹	箬竹、十大功劳、苏铁	百合、葱兰
北面	枫杨、银杏、椰榆、金丝柳	紫薇、红花继木、紫叶李	连翘、栀子花	兰花三七、观赏草、紫娇花、常绿鸢尾
草坪	海滨雀稗（夏威夷草）、上海结缕草			

2. 室内大堂绿化

室内植物的摆放应与大堂实用功能相配套，形成协调、美观、使人愉悦的空间环境。根据空间的大小选择相应规格植物，同时还应考虑选择的植物不易引起人体过敏。

3. 中庭绿化

在大楼中庭环境打造上，设计团队按不同楼层、不同功能定位进行特色植物主题景观的营建，特别是将唐诗宋词中关于园林植物的意境美融入各层的植物造景中，形成不同的景观艺术氛围（表10-2）。

大楼中庭环境的主题景观特色 表10-2

中庭位置	景观主题	功能定位	营造氛围	文学意境
底层大堂环境	欣欣向榕	大堂	色彩雅致 气味芬芳 舒适温馨 放松身心	木欣欣以向荣，泉涓涓而始流。（晋·陶渊明《归去来兮辞》）

中庭位置	景观主题	功能定位	营造氛围	文学意境
8层中庭环境	绿野仙棕	办公会务	色彩雅致 气味芬芳 舒适温馨 放松身心	叶似新蒲绿，身如乱锦缠； 任君千度剥，意气自冲天。 （唐·徐仲雅《咏棕树》）
22层中庭环境	椰风海韵	办公会务	气味芬芳 色彩清新 舒适温馨 轻松愉悦	秀干终成栋，精钢不作钩。 （宋·包拯《书端州郡斋避》）
37层中庭环境	醉月竹影	商业展示	宁静幽深 简洁大气 浑然天成	瞻波淇奥，绿竹猗猗。 （《诗经·卫风·淇奥》）
52层中庭环境	葵叶报春	教育文化	森林气息 自然浑朴	叶叶心心，舒卷有余情。 （宋·李清照《添字丑奴儿》）
68层中庭环境	杉林花语	运动休憩	高原花圃 色彩丰富 特色打造	劲叶森利剑，孤茎挺端标。 （唐·白居易《栽杉》）
118层中庭环境	碧苔新雨	观光赏憩	清新自然 绿意盎然 特色打造	坐看苍苔色，欲上人衣来。 （唐·王维《书事》）

4. 室外平台绿化

室外平台绿化设计特色可用"绿荫环绕、鸟语花香、季相分明、意境深远"来描述，花色丰富而不妖娆，苍翠茂密而不封闭。植物选择上，选择抗性强、形态优美、常绿、寿命长的植物树种为基调树。各园区内按不同功能，采用不同配置手法，营造富有拟人意境的花卉特色园。植物配置采用生物种群法配置景观植物，展现生态绿化模式，将自然+人工景观融合。园区外围选用大量体型高大、冠型茂密的乔木和耐阴地被，起到防护作用。建筑周边选择枝干稀疏的乔木，形态精致、色彩纯净的花灌木与地被，起到景观通透作用。植物种植规划根据植物的季相按"五行、五色"原理进行布置（图10-3、图10-4）。

5. 垂直绿化

针对下沉式广场、地下车库等墙体立面，原方案使用干挂石材，效果生硬。设计中决定改用垂直绿化替代，原石材上的正压送风口、检修口、消防水箱及报警、地埋插座、技防探头、侧墙式扶手等都被纳入设计考虑范畴。

一楼精品咖啡厅垂直绿化：左右两侧落地绿墙以大量适应室内条件生长的绿色观叶植物作为底色，局部点缀色叶或观花植物，通过色相及植物形态的变化形成高低错落之感，创造精致、自然、温馨的公共交流休憩空间。绿墙中部嵌入星星点点的粉花色，与以室内经典植物品种著称的天南星科及蕨类交织配植。蕨类羽毛般叶子如瀑布样垂下，加上翠绿或斑斓的盾形叶投下的阴影，呈现如热带雨林般层次分明，郁郁葱葱，幽深宁静（图10-5、图10-6）。

东下沉庭院垂直绿化：配植叶形规整、半耐阴及耐阴植物，以流畅的波浪形曲线造型围合下沉庭院，使任何高度观赏垂直绿化都能取得同样的韵律感（图10-7、图10-8）。

车坡道两侧垂直绿化：根据光线条件，坡道入口配植半耐阴植物，坡道内侧配植耐阴植物。色彩上从绚丽暖色调逐步过渡到冷色调。考虑行车视线，以大块面向下曲线造型，引导车流出入（图10-9～图10-12）。

图10-3　5层露天平台绿化实景1

图10-6　一楼精品咖啡厅垂直绿化实景

图10-4　5层露天平台绿化实景2

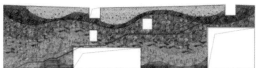

图10-7　东下沉庭院垂直绿化立面效果

图10-5　一楼精品咖啡厅垂直绿化立面效果

图10-8　东下沉庭院垂直绿化实景

图10-9 汽车坡道1号两侧垂直绿化效果

图10-11 汽车坡道2号两侧垂直绿化效果

图10-12 汽车坡道3号两侧垂直绿化效果

图10-10 汽车坡道1号西侧垂直绿化实景

10.2.2 异型景观构造技术

设计团队创新了现浇玻璃钢防水在室内异型种植槽中的应用。室内异型种植槽传统的防水做法日益显出弊端，防水材料由于需要根据室内种植槽的造型进行裁切，自粘卷材会出现接头过多、硬弯不服帖、起脚翘边等普遍现象。火烧伴热粘贴则因为动火等原因易对预先安装线路造成破坏。而现浇玻璃钢则很好地解决了以上问题。现浇玻璃钢采用网络纤维布做内衬，涂刮环树脂，使其达到一定厚度，干

图10-13 异型种植槽

燥后即成为种植槽的一个内衬。其特点是可塑性较强、适应复杂造型且坚固耐候、不易损坏。玻璃钢材料耐水性好，有效起到了阻根防水作用（图10-13）。

10.3 园林绿化工程绿色技术

10.3.1 特定荷载条件下的景观营造技术

为满足绿化率要求，消防通道按隐形车道进行设计，建筑周边铺装预留面层厚度由原来的100mm调整为150mm，结合耐践踏草坪种植，既有效满足了消防车道高承载力要求，又实现了良好的景观美化。

10.3.2　室内种植槽的智能化、自动化温控装置

一是结合上海中心大厦特点实现了超高层建筑立体绿化中对绿化浇灌、雾喷技术的应用。

二是通过补偿光技术解决了南北植物向阳性。

三是用发热电缆采用不锈钢模块对室内种植热带植物进行保温。按地暖原理，将发热电缆将按设计路线平均分布于不锈钢地板，用钢丝网络固定后，用M10砂浆抹平，前后两边用不锈钢板予以包裹，成为单独加热模块，使用时按种植区域大小放置单元模块，按种植区在适当位置设置自动控制箱。

四是系统化滤排水层在顶板面层上种植区的应用。当前屋面顶板及地下室顶板绿化种植技术已日显成熟，种植土下方混凝土顶板上的系统化滤排水层做法也日趋统一。在不考虑结构防水的前提下，先就植物种植的阻根防水性，采用Ⅱ型或铜胎基阻根防水作为基层已成常态，在此基础上设置20～36mm高的滤排水板上覆盖土工布，土工布上方设置粗砂或陶粒作为面层滤水层。设置合理的疏排水系统对植物生长和存活率的保障起到相当重要的作用。

10.3.3　专用栽植基质培养技术

1. 室外种植区轻质种植土的配合比、机械化生产

鉴于上海中心大厦的特殊性以及所选用苗木的不同习性，专门配制了轻质的室外种植土，并且针对不同的规格类别量身设计了不同的配合比并实现机械化生产。

在种植区域的种植穴内填充混合好的轻质土。轻质土配方为：20%土+10%砂+30%膨胀珍珠岩+35%东北草炭土+5%有机肥+0.5kg/m³石膏。

土层深度参考现行地方标准《园林绿化植物栽植技术规程》DB1506/T　5—2019的规定，具体见表10-3。

园林栽植土规程对土层深度的规定　　　　　　　　　　　　　　　表10-3

类别	pH值	EC值（ms/cm）	有机质（g/kg）	有效土层（cm）	石灰反应（g/kg）	硕石	
						粒径（cm）	含量（%）
乔木		0.35～1.20	≥20	≥100	10～50	≥5	≤10
灌木		0.5～1.2	≥25	≥80	<10	≥5	≤10
草坪	5.5～7.0	0.35～0.75	≥20	≥25	10～15	<2	不允许
花坛		0.5～1.5	≥30	≥30	<10	≥1	≤5

2. 室内栽植基质培养技术

根据上海中心大厦室内环境的特殊性以及所选用的榕树类、棕榈类、椰子类、竹

类、葵类、杉类6大类室内栽种植物的不同习性，专门配制了无味、无毒、无菌、轻质的室内栽培基质，并且针对不同的苗木量身设计了不同的配合比，具体技术路线如图10-14所示。

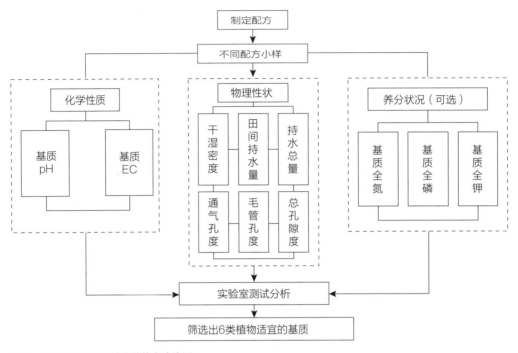

图10-14　室内栽植基质培养技术路线图

10.3.4　乔木地下支撑技术

针对室外苗木种植，鉴于上海中心大厦室外场地的特殊性，为确保人流畅通和人行安全，不宜采用常规的乔木支撑形式，改用独特的地下支撑技术，采用钢丝绳固定法，从而较好地协调了新栽植大乔木的抗风固定与道路景观的关系（图10-15、图10-16）。

10.3.5　基于XPS板的地下空间顶板种植土造型技术

地下空间顶板的绿化种植受顶板承载力影响，其土方荷载有一定限制要求。XPS板重量轻、抗压强度大，近年来越来越多应用到屋面、顶板种植土造型中，具体措施为：按设计要求的土方造型结合放样成果，对土方超高部与低部基层用白灰标示轮廓线，再按设计高度及坡度堆砌XPS板，堆砌完成后，按设计土方标高造型，起到造型美观、荷载达标的目的。

10.3.6　基于泡沫混凝土的景观小品和道路基层施工技术

在有承重要求的顶板上进行硬质景观造型，一直以来是工程建设领域的一个瓶颈。

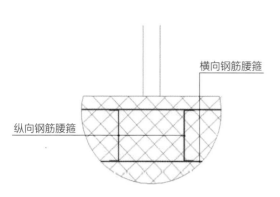

图10-15 泥球周边钢筋箍设置示意图

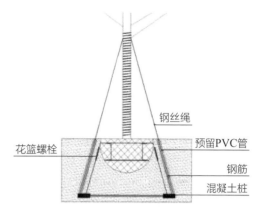

图10-16 缆风绳设置后整体断面示意图

以往为了满足承重要求,不得不舍弃许多充满创意的设计。泡沫混凝土的应用则可以使各种景观造型梦想成真。其特点是可根据造型要求制作模板,保养周期后强度可达300kPa,具有重量轻、造型随意等显著特点,上部可搭建各类结构混凝土路面及各种构筑物。

10.3.7 苔藓球造景技术

苔藓球是近几年从国外引入并逐渐在国内兴起的一种绿化装饰应用形式,目前在国内尚未普遍应用,其优点有:一是阴湿、低光照下比观赏类花草生长更茂盛;二是不会对敏感人群造成花粉过敏;三是繁殖、造景容易,栽培无须大量的土壤;四是病虫害少,养护成本低。

工程实施时,将采购的苔藓材料用水浸泡,使其恢复至正常状态。分别采用花泥、泡沫塑料、不锈钢骨架进行苔藓球制作,并分别采用绑扎法、胶着法、毛面自然吸附法、插入法等方式进行固定,观察不同骨架和固定方式的效果(图10-17)。

苔藓球的养护要点包括:

(1)光照。日常养护中,将苔藓球放在比较阴的地方,每天至少2h的太阳光照,但避免强光照射。

(2)温度。苔藓球对温度有较强的适应能力。20℃以上长势茂盛,10℃以下生长缓慢,甚至停止生长。通过控制室内合适温度,促进苔藓光合效率,可使苔藓球在寒冷的冬季保持好的景观效果。

(3)水分。影响苔藓生长最重要的因素。在苔藓球的室内养护中,要避免基座内积水造成苔藓烂根死。采用喷灌方式浇水,浇水次数春、秋季1d一次,夏季早晚一次,冬季约2d一次。

图10-17 室内苔藓球景观

第11章

大型垂直运输机械施工技术

11.1 概述

在超高层建筑的施工过程中多采用大型施工机械，大型施工机械设备的使用极大地减轻了施工作业人员的劳动强度，改善了施工作业人员的工作环境，提高了工程建设的施工效率。近年来，在大规模推广应用大型施工机械的同时，由其引起的机械伤害事故总量呈上升趋势，尤其是塔式起重机、施工升降机等各类大型垂直输送机械事故频发，造成了极其恶劣的社会影响和重大的经济损失。大型垂直输送机械设备伤害事故的不断增加，给工程建设安全生产管理带来严峻的挑战，人们对大型垂直输送机械的管控越来越重视。本章将重点阐述大型起重机械施工技术、人货两用电梯施工技术和超高输送机械施工技术等，探索大型机械现场施工管控新模式。

11.2 大型起重机械施工技术

11.2.1 外挂爬升支架实施技术

根据钢结构工程技术路线和大型机械选型，主楼施工选用4台大型塔式起重机，十字对称外挂于核心筒墙体外侧。4台大型起重机械采用外挂内爬工艺技术，在6.2节中已介绍了外挂爬升支架的设计，这里不再详细介绍。从–25.4（大底板）～573m，塔式起重机共计爬升27次，每次爬升距离达到20～28m，总体爬升距离达到600m。

为确保设计的可行性，在外挂式爬升支架首次安装和启动工作的全过程进行实时应力监测，整个过程共分为三个阶段：第一阶段为塔式起重机爬升过程；第二阶段为塔式起重机爬升至预定位置过程；第三阶段为斜拉杆张拉过程（预拉力400kN）。

监测数据与理论计算结果大致相符，实际测量值稍低，监测结果比较理想，应力监测方法进一步证实了爬升支架设计的安全及可靠性。

（1）监测点位布置。平面框架的箱形钢梁截面的四面各设1个测点，H形钢梁截面在上下翼缘处各设1个测点；斜拉杆截面上对称设置1个测点，支撑杆截面上对称设置1个测点；所有测点总计30个。

（2）理论计算数值。为与监测点位实测数据进行精确对比，重新创建了理论分析模型，将监测点处局部钢梁采用板单元进行模拟。理论计算的每个步骤应力情况如图11-1～图11-3所示。

（3）理论计算与实测数据比较见表11-1。

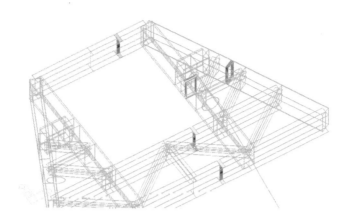

图11-1　第1阶段：爬
升工况应力情况

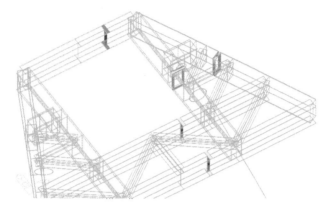

图11-2　第2阶段：爬
升到位工况应力情况

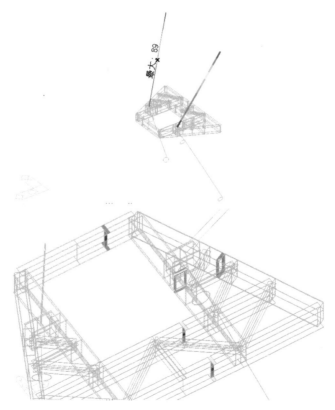

图11-3　第3阶段：斜
拉杆张拉完成应力情况

测点位置	传感器贴片	各施工阶段应力情况数值（MPa）					
		爬升工况		爬升到位工况		斜拉杆张拉完成工况	
		理论值	实测值	理论值	实测值	理论值	实测值
1	K-1-1	64	41	64	44	62	42
	K-1-2	65	42	65	45	64	44
2	K-2-1	68	53	64	51	60	44
	K-2-2	74	50	69	51	67	49
3	K-3-1	44	48	34	49	35	46
	K-3-2	47	49	33	44	33	44
4（6）	K-4（6）-1	44	40	58	55	60	55
	K-4（6）-2	49	36	55	47	56	44
	K-4（6）-3	35	30	37	40	34	40
	K-4（6）-4	32	30	43	40	41	40
5（7）	K-5（7）-1	15	22	48	50	42	42
	K-5（7）-2	40	38	27	35	25	28
	K-5（7）-3	28	32	48	57	59	64
	K-5（7）-4	35	35	40	45	48	52
8（9）	K-8-1（2）	78	70	76	64	68	58
10（11）	K-10-1（2）	—	—	—	—	77	70

11.2.2　大型塔式起重机置换技术

上海中心大厦塔冠结构体系复杂，十字对称外挂在核心筒上的4台大型塔式起重机已经严重影响到外围转换层结构和鳍状桁架结构体系的形成，造成了机械设备与建筑结构间互相干涉，无论从技术角度和安全角度，都应该进行一次塔式起重机的置换，置换后的塔式起重机将继续承担顶部结构安装的重任。因此在大厦核心筒结构完成至125层（577.8m）、外围完成至118层后（546.5m），将M1280D塔式起重机置换成1台M900D塔式起重机。

1. 转换基础与加固技术

（1）M900D塔式起重机放置于核心筒130层的八角框架南侧上方，塔式起重机荷载由4根转换大梁传递到130层的内外八角框架主弦杆上，在外八角框架主弦杆的转换大梁搁置处设置桁架腹杆支撑，在内八角框架主弦杆的转换大梁搁置处增设桁架加固支撑。M900D塔式起重机底部支承结构三维图示如图11-4所示。

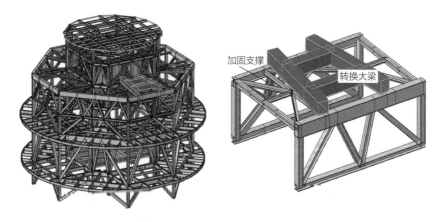

图11-4　M900D塔式起重机底部支承结构三维图示

（2）计算分析结果。在恒载及塔式起重机荷载组合作用下，M900D塔式起重机对主体影响分析如图11-5所示。内外八角框架柱的最大应力比为0.19，M900D底部支承主体结构的最大应力比为0.60，最大值出现于内八角桁架腹杆上；加固支撑（Q345B，H400×400×20×25）的最大应力比为0.28。

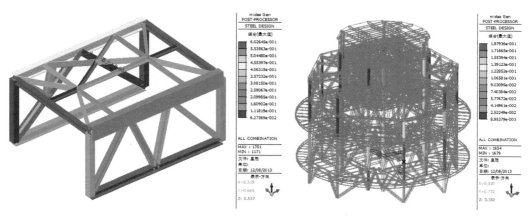

图11-5　M900D塔式起重机对主体影响分析

2. 塔式起重机置换技术

塔式起重机置换由南北侧外挂塔式起重机拆除开始，共分成南侧M1280D和北侧ZSL2700拆除、M900D塔式起重机安装、西侧和东侧M1280D塔式起重机拆除这三大阶段（图11-6、图11-7）。

11.2.3　大型塔式起重机拆除技术

1. 拆塔工况分析

在M900D塔式起重机置换4台外挂大型塔式起重机后，M900D塔式起重机承担了塔

图11-6 M900D塔式起重机安装　　　　图11-7 西侧和东侧M1280D塔式起重机拆除

冠大部分结构的安装工作，最后如何拆除这台M900D塔式起重机成为工程收官的关键环节。从结构体系上分析，塔冠外侧主体结构是一个高耸的竖向空间结构，无平面可供常规拆塔方案设计，需要在一条2m左右宽度的螺旋上升的擦窗机走道内，设置塔式起重机基础转换平台来完成拆塔机械的布置（图11-8）。另外，从立面布置上分析，塔冠结构空间与大厦底部比较，在平面上急剧收缩，半径差距达20m，将对各大中型吊车的极限工作性能形成极大的挑战，可谓超高层史上最富挑战的一次塔式起重机拆除施工。

2. 拆塔设备选型及支承基础设计

（1）M900D塔式起重机的拆除采用"中拆大、小拆中"的典型工艺。涉及的机械设备包括2台ZSL380塔式起重机、1台ZSL200、1台ZSL120及专用拆卸臂。其中ZSL120是完全根据上海中心大厦拆塔要求新设计制造的专用设备，大大提高了安全性和适用性，其今后完全可以替代目前使用的各类拆塔屋面吊，在超高层塔式起重机拆除施工领域具有里程碑的意义。

（2）拆塔设备基础构成。由4根BH350×500×12×20型钢构成基础梁，梁上焊接4个钢凳，与塔身节架螺栓固定；4根基础钢梁形成的框架与鳍状桁架钢管柱延伸支腿连接，焊接固定。通用基础共有3个，设置在顶部坡道的南侧（图11-9）。

（3）计算分析结果。在承载力荷载组合（恒载及塔式起重机荷载）作用下，ZSL380底部支承主体结构的最大应力比为0.25，鳍状桁架立柱的最大应力比为0.19，最大值出现于结构顶部，具有足够的安全储备（图11-10）；塔式起重机底部转换结构应力比最大值为0.60，具有足够的安全储备（图11-11）。

3. 塔式起重机拆除技术

（1）在通用基础上安装2台4m标准节ZSL380塔式起重机，利用$L=40m$，$R=28m$，

图11-8 塔冠顶部2m宽坡道图

图11-9 塔式起重机通用基础

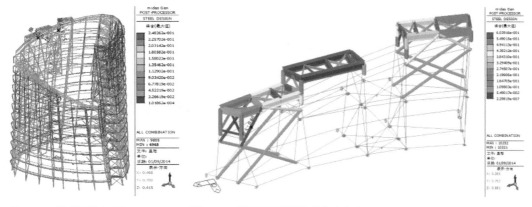

图11-10 鳍状桁架应力比 　　图11-11 塔式起重机转换结构应力比

$Q = 8.4t$的有效起重性能来拆除M900D塔式起重机。在整个拆除过程中，主要重型部件都采取了双机抬吊工艺（图11-12）。

（2）利用1台ZSL380拆除另外1台ZSL380后，然后在原先ZSL380位置安装1台ZSL200塔式起重机，并用ZSL200拆除剩余的1台ZSL380（图11-13）。

（3）利用ZSL120塔式起重机拆除ZSL200塔式起重机（图11-14）。ZSL120是根据本

图11-12 ZSL380塔式起重机拆除M900D塔式起重机

图11-13 ZSL200塔式起重机拆除ZSL380塔式起重机

工程的拆塔工况量身设计和制造的设备，拥有25m的作业半径和4.5t的优异起重性能，同时又能自行分解成700kg以下的较小部件，便于从人货梯中运输至地面。

（4）ZSL120的拆除配置了专用的旋转拆卸吊臂，由塔冠的内侧运输至121层楼面，通过运输梯直接运输至B2层卸货区，塔式起重机拆除完成（图11-15）。

图11-14　ZSL120塔式起重机拆除ZSL200塔式起重机　　　图11-15　ZSL120塔式起重机拆除

11.3　人货两用电梯施工技术

11.3.1　全内置化施工电梯选型、配置及改造

1. 内置、外置电梯方案的对比及确定

上海中心大厦建筑外立面呈现出螺旋状旋转上升形态，由下至上扭转120°。楼层平面尺寸随高度收分较大，自2~8区的楼板向内收分15m左右，内外幕墙之间最大距离约16m，外边缘玻璃幕墙随高度不断向内收小。

传统的外附式施工电梯或电梯塔的布局设计已无法满足工程需求，若在建筑物外边缘设置施工电梯（图11-16），对后续施工影响巨大，会造成22层以下提前开业无法完成，此外人货两用电梯设置在外边缘，其投入费用较高。

考虑到主楼核心筒内电梯井道数量较多，且井道洞口尺寸较大，利用核心筒内的电梯井道进行人货两用电梯设置方便且合理。经过综合分析，采用在核心筒内设置人货两用电梯进行垂直运输的施工方案。

由于主楼核心筒内电梯井道较多，方便设置用于施工的人货两用电梯。但考虑到结构封顶后，大量电梯井

图11-16　外附式电梯塔示意

道内的永久电梯将进行安装，此时用于施工的人货两用电梯设置受到很大限制。为了满足工程总体进度需要，用于施工的人货两用电梯必须要与永久电梯进行适时的转换。为了减少对永久电梯的影响，将尽可能少地利用永久电梯作为施工电梯使用。

通过研究本工程永久电梯的设置位置以及运行区间，结合各施工阶段垂直运输的需求分析与统计，制定了施工电梯分阶段投入使用计划。

2. 核心筒不同井道电梯实用性改造

核心筒不同井道内电梯的实用性改造方式见表11-2。

核心筒不同井道内电梯实用性改造   表11-2

序号	电梯型号	型号	改造原因及目的	改造方式
1	L1号	SCD200/200GS	使人货两用电梯能够到达构架平台上方，满足工期要求分段施工	增设移动附墙架，电梯基础托换
2	L2号	SCD200/200GS	满足工期要求分段施工	电梯基础托换
3	L4号	SCD200GZ	考虑到二结构及后续机电装修材料的运输，非标的小单笼已不能满足现场施工需求	改成单笼大电梯1400mm×4200mm
4	L5号	SCD200GZ	现有的标准吊笼规格不满足核心筒井道尺寸要求	改为非标尺寸电梯双笼1500mm×2100mm
5	L6号	SCD200/200GS	现有的标准吊笼规格不满足核心筒井道尺寸要求	改为非标尺寸电梯双笼1500mm×2100mm
6	L7号	SCD200GS	考虑到二结构及后续机电装修材料的运输，非标的小单笼已不能满足现场施工需求	改成单笼大电梯1400mm×4200mm
7	L8号	SCD200/200GS	现有的标准吊笼规格不满足核心筒井道尺寸要求	改为非标尺寸电梯双笼1500mm×2100mm
8	L9号	SCD200/200GS	现有的标准吊笼规格不满足核心筒井道尺寸要求	改为非标尺寸电梯双笼1500mm×2100mm
9	L10号	SCD200/200GZ	现有的标准吊笼规格不满足核心筒井道尺寸要求	改为非标尺寸电梯双笼1500mm×2100mm
10	L11号	SCD200/200GZ	现有的标准吊笼规格不满足核心筒井道尺寸要求	改为非标尺寸电梯双笼1500mm×2100mm
11	L12号	SCD200/200GZ	现有的标准吊笼规格不满足核心筒井道尺寸要求	改为非标尺寸电梯双笼1500mm×2100mm

L1号/L2号人货两用电梯采用SCD200/200GS改装型高速双笼电梯，吊笼规格为1.5m×3.2m，电梯最大提升速度1.5m/s，最大使用高度为450m。本工程L1号/L2号人货两用电梯使用总高度将达600m，但由于L1号/L2号人货两用电梯安装高度未达450m时已经进行基础托换，电梯实际使用高度未超过50m。在450m以上运行时，由于是在核心筒内部，风荷载较小，经厂方验算电梯无须进行改造即可满足本工程需要。为了满足人货两用电梯在井道内安装的需要，对人货两用电梯构件采用组合式拼装设计方法，解决安装及水平运输问题。组合式拼装设计不改变标准人货两用电梯外形尺寸。

L4号采用SCD200GZ改装型中速单笼电梯，电梯最大提升速度1m/s，吊笼规格为1400mm×4200mm。L5号采用SCD200GZ改装型中速双笼电梯，电梯最大提升速度1m/s，吊笼规格为1500mm×2100mm；为了满足人货两用电梯在井道内安装和拆除的需要，对人货两用电梯最大部件进行限制，采用组合式拼装设计方法，解决装拆及水平运输问题。组合拼装式设计改变了标准人货两用电梯外形尺寸。

L6号、L8号、L9号采用SCD200/200GS改装型高速双笼电梯，电梯最大提升速度1.5m/s，吊笼规格为1500mm×2100mm；L7号采用SCD200GS改装型高速单笼电梯，电梯最大提升速度1.5m/s，吊笼规格为1400mm×4200mm。为了满足人货两用电梯在井道内安装和拆除的需要，对人货两用电梯最大部件进行限制，采用组合式拼装设计方法，解决装拆及水平运输问题。组合拼装式设计改变了标准人货两用电梯外形尺寸。

L10号、L11号、L12号采用SCD200/200GZ改装型中速双笼电梯，电梯最大提升速度1m/s，吊笼规格为1500mm×2100mm。为了满足人货两用电梯在井道内安装和拆除的需要，对人货两用电梯最大部件进行限制，采用组合式拼装设计方法，解决装拆及水平运输问题。组合拼装式设计改变了标准人货两用电梯外形尺寸。

3. 移动附墙架施工技术

L1号人货两用电梯每两层在核心筒上设置1道附墙杆，附墙间距按不大于9m设计。为了使人货两用电梯能够到达构架平台上方，必须解决附墙问题。本工程采用在构架平台侧向设置人货两用电梯附着点，构架平台设计中考虑相应荷载作用。

在构架平台侧向脚手高度范围内，设置3道附墙杆连接电梯标准节和构架平台，附墙杆与构架平台中的脚手架采用固定连接方式，附墙杆与人货两用电梯标准节采用滑移式连接方式。当构架平台爬升时，带动附墙杆同步爬升，此时附墙杆在人货两用电梯标准节上滑移，构架平台爬升后，紧固附墙杆与人货两用电梯标准节的连接。

可移动附墙架装置由多个单体组成，包括单片导轨架、传动机构、附墙架等，作为施工升降机的附墙架与整体钢平台架连接，以确保施工升降机可直达钢平台施工面（图11-17）。该装置具备独立的驱动装置，通过驱动装置中的小齿轮与固定在单片导轨架上的齿条啮合从而实现附墙架的升降动作。单片导轨依次与钢平台架焊接就位，直到完成长15m的单片导轨架安装，并校核其垂直度不超过0.2%。施工工艺为：

共计三套可移动附墙架与整体钢平台连接，以确保施工升降机可直达钢平台施工面。

钢平台准备爬升前，施工升降机应停止运行，并拆除最下方一道可移动附墙与升降机主撑架之间的销轴，使得可移动附墙架向上移动一层。重复此过程，直至将三道可移动附墙架固定在钢平台对应位置后，打开传动机构松闸手柄，调整附墙架与单片导轨架之间的间隙确保钢平台与附墙架能滑动，保证钢平台爬升过程对施工升降机结构不产生影响。

钢平台完成爬升后，锁紧三道可移动附墙架的刹车装置，并对导轮偏心轴进行调

图11-18 核心筒分区图

导轨架接触良好，保证可移动附墙架与钢平台之间的连接可靠。

浇筑混凝土前预埋，位置确保正确，如有漏埋或偏位，必须采用

件，不得使用普通的膨胀螺栓。

达到使用高度要求，检查验收合格后可正式投入使用。

电梯配置及转换技术

布置

分别为A~I区（图11-18）。

本工程共使用20台施工电梯：11台人货两用电梯，9台永久电梯（图11-19）。

图11-19 临时施工电梯布置图

1号临时电梯（L1号）限载30人，布置于B5～F48层，F49～F121层，基础设置在主楼基础底板上，停靠在跳爬式液压顶升构架平台脚手模板体系顶部，首层出入口设置在B1、F49层（图11-20）。此高速人货两用电梯用于核心筒墙体施工，使用中直达核心筒墙体顶部，中间不停靠。

图11-20 L1号电梯停靠构架平台效果图

2号临时电梯（L2号）限载30人，布置于B5～F48层、F49～F121层，基础设置在主楼基础底板上，停靠核心筒外围钢框架施工作业面和钢筋混凝土施工作业面，首层出入口设置在B5、F49层。此高速人货两用电梯主要用于核心筒外钢框架、钢筋混凝土巨型柱、组合楼板施工，在其他电梯安装前，L2号兼顾地下室及低区结构施工。

4号临时电梯（L4号）最大载重3t，限载35人，5号临时电梯（L5号）最大载重2t，限载25人；L4号、L5号布置于B1～F38层，基础设置在地下1层楼板上，首层出入口设置在B1层，停靠于B1～F38层。L4号、L5号这2台中速人货两用电梯布置于主楼低区，主要用于主楼低区幕墙、二结构、设备安装工程、装饰工程施工。

6号临时电梯（L6号）最大载重2t，限载25人，7号临时电梯（L7号）最大载重3t，限载35人；L6号、L7号布置于B2～F100层，基础设置在地下2层楼板上，首层出入口设置在B1层，停靠于B1、F38～F100层。L6号、L7号这2台高速人货两用电梯布置于主楼中区，主要用于主楼中区二结构、装饰工程、幕墙及设备安装工程等施工。

8号临时电梯和9号临时电梯（L8号、L9号）最大载重2t，限载25人；L8号、L9号布置于F22～F110层，基础设置在22层楼板上，首层出入口设置在F23层，停靠于F23～F110层。L8号、L9号这2台高速人货两用电梯布置于主楼中区，主要用于主楼中区二结构、设备安装工程、装饰工程施工。

10号临时电梯和11号临时电梯（L10号、L11号）最大载重2t，限载25人；L10号、L11号布置于F81～F119层，基础设置在80层楼板上，首层出入口设置在F82层，停靠于F82～F119层。L10号、L11号这2台中速人货两用电梯布置于主楼高区，主要用于主楼高区二结构、设备安装工程、装饰工程施工。

12号临时电梯（L12号）布置于F119～F129层，基础设置在80层楼板上，首层出入口设置在F119层，停靠于F119～F129层。L12号中速人货两用电梯布置于主楼高区，主要用于屋顶皇冠结构施工。

电梯基础底板按照厂方提供资料进行专项设计后设置，人货两用电梯基础施工完成后，应对施工电梯基础混凝土进行养护，同时必须待混凝土强度达到100%后经过相关部门的验收后才能进行电梯的安装施工，施工时还应该有必要的成品保护措施。

1号/2号永久电梯（Y1号/Y2号）布置于B5～F44层，首层出入口设置在B3层，停靠于B3～F44层。

3号永久电梯（Y3号）布置于B5～F51层，首层出入口设置在B3，停靠于B3～F51层。

4号/5号/6号永久电梯（Y4号/Y5号/Y6号）布置于B5～F82层，首层出入口设置在B3，停靠于B3、F2、F5、F7、F21、F36、F51、F67、F82层。

7号/8号永久电梯（Y7号/Y8号）布置于B5～F121层，首层出入口设置在B3层，停靠于B3、F23～F121层。

9号永久电梯（Y9号）布置于F50～F120层，首层出入口设置在F51层，停靠于F51～F120层。

施工过程中11台人货两用电梯与9台永久电梯（施工兼用）进行适时转换，以满足人员和货物垂直运输需求。

主楼区域83台永久垂直梯，全部集中于核心筒内，不同高度布置有所变化（图11-21）。

2. 高中低区施工电梯的衔接

至核心筒施工钢平台的电梯在基础托换前在1层直接乘坐L1号直达，电梯基础托换

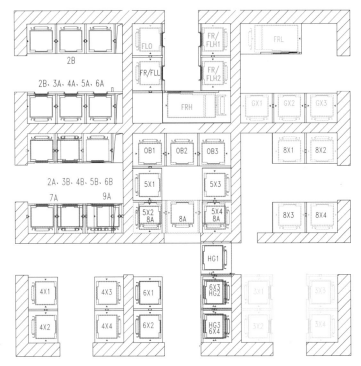

图11-21　永久电梯平面布置图

后在1层乘坐L6号或Y3号至49层转乘L1号可达。

　　至外框结构施工区域的施工电梯在基础托换前由1层直接乘坐L2号直达。基础托换后有两种乘坐方式：在1层乘坐L6号或Y3号电梯，至49层转换L2号施工电梯可达；或在1层乘坐L6号/L7号，至84层转乘L10号/L11号施工电梯可达。

　　至主楼低区幕墙、机电安装、二结构、初装饰等施工区域有两种乘坐方式：在1层直接乘坐L4号/L5号施工电梯或在1层乘坐Y1号/Y2号电梯。

　　至主楼中区二结构、初装饰、幕墙等施工区域有三种乘坐方式：在1层乘坐L6号/L7号可直达；在1层乘坐L4号/L5号至38层换乘L8号/L9号可达；在1层乘坐Y4号/Y5号/Y6号至38层换乘L8号/L9号可达。

　　至主楼高区幕墙、机电安装、二结构、装饰等施工区域有两种乘坐方式：在1层乘坐L6号/L7号电梯，至84层转乘L10号/L11号可达；或在1层乘坐Y3号至50层转乘Y9号可达。

　　至主楼皇冠施工区域有两种乘坐方式：一种在1层乘坐Y7号/Y8号电梯，至119层转乘L12号可达；另一种在1层乘坐L6号/L7号电梯，至84层转乘L10号/L11号至119层，利用9A号永久电梯的井道安装井架至126层。

　　到后期补缺施工区域在1层乘坐Y1号/Y2号/Y3号/Y4号/Y5号/Y6号/Y7号/Y8号/Y9号电梯可达（表11-3）。

　　低中区永久电梯启用后，与施工电梯进行过渡（图11-22）。

施工阶段	电梯	劳动力分配情况（按平均往返计算）		材料用量分配情况（按平均往返计算）		施工电梯运次及运能分配（施工电梯按日运行16h计算）		
第二阶段	L1号/L2号	结构施工	850人	土建施工	10车次	土建施工	40次/d	2h/d
		机电安装	150人	机电安装	5车次	机电安装	12次/d	1h/d
第三阶段	L1号/L2号/L4号/L5号	结构施工	1000人	土建施工	20车次	土建施工	55次/d	4h/d
		幕墙施工	300人	幕墙施工	8车次	幕墙施工	25次/d	1.5h/d
		机电安装	500人	机电安装	10车次	机电安装	35次/d	2h/d
第四阶段	L1号/L2号/L4号/L5号/L6号/L7号/L8号/L9号	结构施工	1300人	土建施工	30车次	土建施工	85次/d	6h/d
		幕墙施工	500人	幕墙施工	10车次	幕墙施工	35次/d	1.5h/d
		机电安装	600人	机电安装	20车次	机电安装	40次/d	3h/d
		装饰施工	200人	装饰施工	5车次	装饰施工	15次/d	1h/d
第五阶段	L1号/L2号/L4号/L5号/L6号/L7号/L8号/L9号/L10号/L11号	结构施工	1400人	土建施工	35车次	土建施工	90次/d	6h/d
		幕墙施工	500人	幕墙施工	10车次	幕墙施工	35次/d	1.5h/d
		机电安装	800人	机电安装	25车次	机电安装	45次/d	3.5h/d
		装饰施工	400人	装饰施工	10车次	装饰施工	20次/d	1.5h/d
		其余分包	100人	其余分包	3车次	其余分包	8次/d	1h/d
第六阶段	L8号/L9号/L10号/L11号/L12号	结构施工	1400人	土建施工	40车次	土建施工	100次/d	6.5h/d
		幕墙施工	600人	幕墙施工	12车次	幕墙施工	35次/d	1h/d
		机电安装	1000人	机电安装	20车次	机电安装	55次/d	3.5h/d
		装饰施工	800人	装饰施工	25车次	装饰施工	45次/d	3h/d
		其余分包	200人	其余分包	5车次	其余分包	15次/d	1h/d
第七阶段	L8号/L9号/L10号/L11号/L12号—仅永久电梯	结构施工	1400人	土建施工	40车次	土建施工	100次/d	5.5h/d
		幕墙施工	600人	幕墙施工	12车次	幕墙施工	35次/d	1h/d
		机电安装	1200人	机电安装	25车次	机电安装	60次/d	3h/d
		装饰施工	1200人	装饰施工	25车次	装饰施工	60次/d	2.5h/d
		其余分包	400人	其余分包	10车次	其余分包	25次/d	1.5h/d

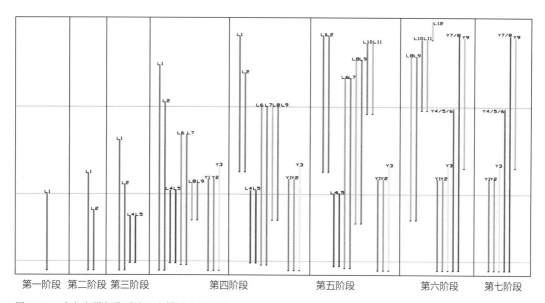

图11-22　永久电梯与临时施工电梯过渡示意图

3. 施工用永久电梯的电力供应及保护措施

在主楼结构施工后期，为满足工程人员和货物垂直运输需要，将逐步启用9台永久电梯（Y1～Y9号）用于施工，此9台永久电梯将与11台人货两用电梯适时进行转换。

用于施工的Y1号、Y2号、Y3号永久电梯的电力供应，利用配置在地下室的800kVA变配电箱将电源输送至49层专用配电箱，然后由专用配电箱对Y1号、Y2号、Y3号永久电梯进行供电使用。主楼永久电力配送后，用于施工的永久电梯Y4号、Y5号、Y6号考虑使用6区设备避难层配电机房永久电源。Y7号、Y8号考虑使用8区设备避难层配电机房永久电源。

用于施工的永久电梯安全保护措施：在永久电梯轿厢内部使用木板隔离四周进行保护性封闭；安排持证上岗的、受过培训的电梯专用操作人员，并对永久电梯的使用进行看护；在电梯门槛处铺设过路木板，防止手推车以及材料对电梯门槛损坏，防止建筑垃圾和杂物落入井道；对每层电梯的临时封闭门、楼层按钮、召唤按钮、门套等使用木条及塑料薄膜覆盖隔离，并且保持其清洁、完整。

11.3.3 超高空施工基础托换技术

由于本工程核心筒结构高度较高，长时间占用核心筒井道将影响工期。为避免该问题，采取分段施工方案。当核心筒施工至49层以上，在49层对人货两用电梯标准节受力进行托换。即在不拆除下方人货两用电梯标准节的前提下，增加49层人货两用电梯基础，并增加水平防护隔离层和防水层。在完成基础设置后，拆卸下部的人货两用电梯标准节，并通过封闭施工的方法将核心筒分为上下两个独立施工段，下方的核心筒施工段可用于安装永久电梯。

具体实施时，在核心筒48层相应位置埋设人货两用电梯托换钢梁埋件，剪力墙预留工字钢牛腿及钢边梁。首先安装次梁，构建托换平台结构的骨架体系（图11-23、图11-24）。接着依次安装下托梁、上托梁，将角撑分别与托梁、标准节立柱焊牢。最后

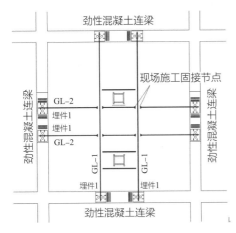

图11-23　托换平台结构平面布置图

图11-24　电梯托换基础

拆除下部标准节，安装转换机构垫梁同时与立柱焊牢。

L1号/L2号电梯基础托换后，施工人员须先乘L6号/L7号电梯或Y3号电梯至49层，然后转乘L1号/L2号电梯到达结构施工面（图11-25、图11-26）。

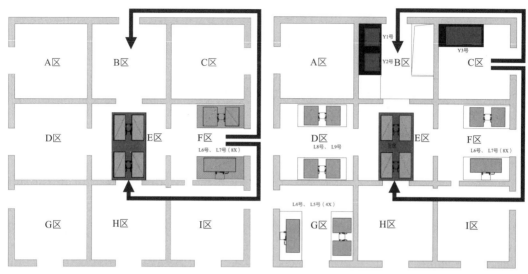

图11-25　Y3号电梯未启用前经L6号/L7号换乘　　图11-26　Y3号电梯启用后由Y3号换乘

在48层混凝土梁上安装预埋件。剪力墙预留工字钢牛腿及钢边梁。安装次梁并形成托换平台结构骨架体系。依次安装下托梁、上托梁，将角撑分别与托梁、标准节立柱焊牢。拆除下部标准节，安装转换机构垫梁同时与立柱焊牢。

11.4　超高输送机械施工技术

11.4.1　混凝土泵送设备布置

1. 混凝土输送泵

泵送设备布置时，为保障大方量混凝土顺利输送，考虑到混凝土浇筑方量沿建筑物高度区间变化较大，使用2台HBT90CH-2135D型混凝土固定泵进行200m高度以下混凝土浇筑，此外另配1台备用泵；使用2台项目组研制的HBT90CH-2150D型混凝土固定泵进行200～556m高度混凝土浇筑，另配1台备用泵；使用1台HBT90CH-2150D型混凝土固定泵进行556m高度以上混凝土浇筑，另配1台备用泵。为保护固定泵，在固定泵位置用槽钢等搭设防护棚。

HBT90CH-2150D型混凝土输送泵的出口压力是当时世界上最大的，理论混凝土输送量在24MPa压力下为90m³/h，在48MPa压力下为50m³/h。该固定泵可以高低压自动切换，无须停机、无须拆管、无泄漏，仅操作一个控制按钮就可完成。HBT90CH-2150D

型混凝土输送泵采用两台柴油机分别驱动两套泵组。应用双泵技术,在1组出现故障时,另1组仍可继续进行工作,避免输送中断造成质量事故。这种双动力结构既可同时工作,也可单独作业,大大提高了施工过程的可靠性。混凝土输送泵技术参数见表11-4。

混凝土输送泵技术参数表 表11-4

技术参数		HBT90CH-2150D
整机质量	kg	13500
外形尺寸	mm	7930×2490×2950
理论最大输送量	m³/h	90(低压)/50(高压)
理论混凝土输送压力	MPa	24(低压)/48(高压)
输送缸直径×行程	mm	φ180×2100
主油泵排量	cm³/r	(190+130)×2
柴油机动率	kW	273×2

2. 混凝土输送泵管

混凝土输送泵管选用研制的超高压泵管,内径150mm,壁厚10mm,由两种耐磨合金钢复合材料制成。泵管的连接方式采用活动法兰螺栓进行紧固,同时使用O形密封圈结构确保密封,承载压力达到50MPa以上。标准泵管规格分为3m、2m、1m三种,弯管分90°、135°两种,现场根据工程需要,另外配备多种规格的异型管。为了控制混凝土浇筑,还配备了液压截止阀。

本工程共采用三套输送管路浇筑混凝土,每套管道总长700~750m。1号管道地面水平管长80m,2号管道地面水平管长95m,3号管道地面水平管长97m。每套垂直管道分别在38层、43层、66层、70层、92层、97层通过布置两个缓冲弯管进行转换,并在两个弯管中间加一根1m的直管(如受空间限制可取消1m直管)。

在泵的出口端和2楼位置安装截止阀,防止混凝土在垂直管道内回流,便于设备保养、维修与水洗。在泵出口与截止阀之间及第8层各布置一个分流阀,用于水洗。泵管采用钢支架固定在混凝土结构上,采用刚性连接的方式。为了减少混凝土浇筑过程中的碰撞振动噪声,在一些特殊部位设置柔性连接方式,把振动影响减小到最低程度。每根混凝土泵管配备2个固定装置以实现连接,另外在弯管及特殊部位增设固定连接装置。

每根水平管用2个混凝土管固定装置固定,底部采用混凝土墩支撑,防止管道因振动而松脱。垂直管道从核心筒的1框开始在墙壁上预埋高强度钢板,U形螺栓焊接在钢板上一起预埋在墙壁里。安装混凝土管固定装置时,将H型钢焊接在钢板上,再用U形卡将混凝土管固定。每根管用2个混凝土管固定装置固定牢固,混凝土管固定装置距离法兰0.5m。同时,为确保竖向泵管的顺利检修,在竖向泵管区域的混凝土里预埋200mm×250mm埋件,用14号工字钢悬挑制作检修平台。

3. 布料机

混凝土布料选用研制的HGY-28布料机，其采用全液压控制技术、耐磨技术、PLC控制等先进技术，具有布料半径合理、管道耐磨寿命长、快速安装、质量安全可靠等诸多优点。为将布料机与钢平台结合，采用新型固定与连接装置（图11-27），将布料杆安装在滑模的钢结构承力平台上，布料杆安装座通过M30的螺栓与滑模上的钢结构承力平台连接，在钢结构承力平台的型钢上焊接筋板与连接板，从而达到固定与连接的目的。

为解决每次爬升提模平台高度不同的问题，研制了混凝土管道的细微误差调整与接头装置（图11-28）。垂直段上，拖泵管道直径变径管（φ150～φ125）接法兰变径管，再接部分φ125直管，再和2个90°弯头相接。该装置可实现垂直700mm、水平300mm的调节，在每次钢平台提升后通过调节匹配，不需要重新配管。

图11-27 新型固定与连接装置示意

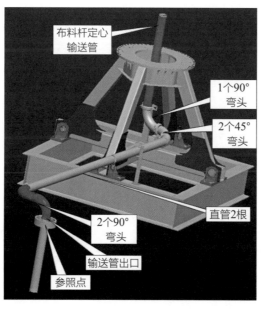

图11-28 混凝土管道的细微误差调整与接头装置结构示意

4. 截止阀与分流阀

为便于设备保养、维修与水洗时，阻止垂直管道内混凝土回流，在泵的出口端和2楼安装单向截止阀。同时，在泵出口与截止阀之间布置一个分流阀（图11-29），在第8层布置一个分流阀（图11-30），用于水洗。

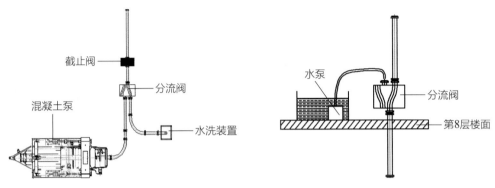

图11-29　截止阀与分流阀的安装（泵出口端）　　图11-30　8楼分流阀安装

11.4.2　混凝土输送管道接合技术

混凝土输送管布管工艺的设计直接影响混凝土的流动阻力、管道磨损速度以及管道清洗效果，并间接影响混凝土泵的工作性能和能耗。另外，布管工艺涉及预埋件、管道固定设备等的使用和维护，与施工成本息息相关。

1. 输送管道布置

（1）混凝土泵与输送管道连接方式

混凝土泵与输送管道不同的连接方式，会对混凝土搅拌运输车的卸料位置造成影响，需要综合考虑现场环境、搅拌车进出路线等因素进行选择，连接方式一般为以下三种（图11-31）：

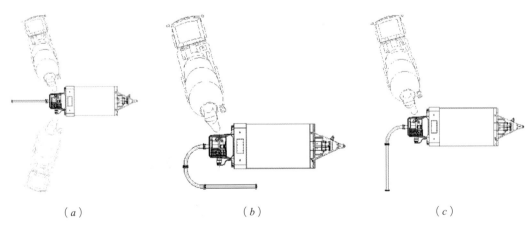

（a）　　　　　　　　　　（b）　　　　　　　　　　（c）

图11-31　混凝土泵与输送管道三种连接方式
（a）直线连接；（b）U形连接；（c）L形连接

1）直接连接：输送管与混凝土泵成一直线。混凝土直接由混凝土泵的分配阀泵入输送管，泵送阻力较小，而当混凝土换向时，高压混凝土在泵送管路与分配阀中向混凝土泵产生直接的压力释放，混凝土泵承受较大反作用力，使液压系统受到较大冲击。

2）U形连接：即180°连接，泵的出口由2个90°弯管与输送管相连。由于混凝土出口与2个弯管直接连接，泵送过程受到较大阻力，但利用可靠固定的2个弯管可缓冲混凝土泵的反冲作用力，从而减轻混凝土受到的冲击，向上泵送时这种缓冲效果尤为显著。

3）L形连接：泵的出口通过一个90°弯管与输送管相连，且输送管垂直于混凝土泵。由于使用一个弯管，泵送阻力与泵机收缩的反冲作用力介于前述两种连接之间，但因冲击方向与混凝土泵安装方向垂直，会导致混凝土泵产生横向振动。

（2）输送管道的连接与固定

泵送施工时的输送管道包括水平管道、垂直管道以及布料杆管道。管道支撑一般分为双U形螺栓固定结构和抱箍式结构。抱箍式管道支撑的结构强度、刚性均优于U形螺栓结构，紧固效果好。结合现有施工经验以及上海中心大厦泵送时输送管和管道支撑的工况，对现有管道支撑结构进行改进与优化（图11-32）。

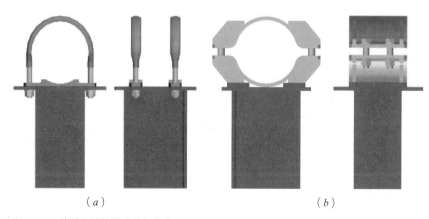

图11-32　管道支撑结构改进与优化
（a）现有结构；（b）改进结构

对改进型管道支撑及输送管进行受力分析计算，主要部件安全系数均在1.2以上，均能满足上海中心大厦泵送要求。考虑到施工成本，对上海中心大厦的超高层泵送，水平管道和10层以下的垂直管道要求采取抱箍式管支撑，10层以上垂直管道采用U形螺栓式管支撑。

2. 管道密封装置

目前混凝土输送泵管道连接主要有如下两种方式："常规整体管夹+密封圈"的管夹结构一般用于低压泵送，如在高压管道使用，则会因管夹的结构尺寸变得庞大，并且高压下的混凝土浆液会对密封圈带来严重的损坏，使得密封破损，出现管道喷溅事故；"对开管夹+O形圈密封"的密封结构一般使用在中高压泵送中，一般管道压力低压35MPa能成功使用。对于上海中心大厦的泵送，因其管道内压力大，管夹所承受的力也就大，会导致管道法兰及管夹尺寸庞大，重量增加，给管道及管夹的更换带来了一定的困难。

纵观目前管道及液压系统密封连接的形式，发明了采用法兰螺栓连接+O形密封圈的连接形式（图11-33），该结构接触面采用机械加工，能达到相对较低的表面粗糙度，连接通过螺栓紧固，故能达到高压力下的密封效果。

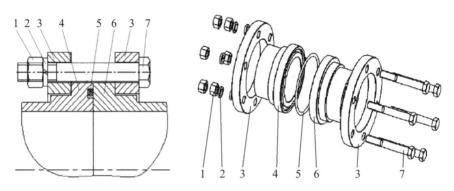

图11-33　法兰螺栓连接+O形密封圈连接示意图
1—螺母；2—垫圈；3—活动连接环；4—法兰C1；5—O形密封圈；6—法兰C2；7—螺栓

3. 管道附件

（1）液压截止阀

在超高层泵送中，一般须在出料口附近和第一层楼面设置截止阀，方便施工结束后进行清洗，同时在设备出现故障时，可以及时切断管路，以防造成对设备的损害。对于液压截止阀，其关键是在其产生的推力能大于混凝土被压在闸板上产生的摩擦力，否则会运行失败。上海环球金融中心施工数据见表11-5。

上海环球金融中心施工数据　　　　　　　　　　　　　　表11-5

项目	管径（mm）	泵送高度（m）	油缸缸径（mm）	油缸杆径（mm）	系统压力（MPa）
上海环球金融中心	128	500	100	65	16

此时插管能正常工作。按上述经验数据进行推算，上海中心大厦的施工数据见表11-6。

上海中心大厦施工数据　　　　　　　　　　　　　　　表11-6

项目	管径（mm）	泵送高度（m）	油缸缸径（mm）	油缸杆径（mm）	系统压力（MPa）
上海中心大厦	150	1000	140	85	16

由此可知，在系统压力为16MPa时，即可满足上海中心大厦的泵送，同时，系统可以调定压力为20MPa，留有更大的安全系数。

（2）分流阀

在混凝土泵送系统的工作过程中，常须根据施工要求进行管道的转换，即管道系统中包括多路输送管道，通过合理的布置可使多路输送管道能够满足不同位置的浇筑需要；在泵送作业时，混凝土能够通过其中一路输送管道进行浇筑，并根据施工要求可在多个输送管路之间进行切换，从而实现对整个施工场地的混凝土布料（图11-34、图11-35）。

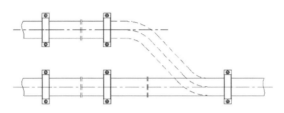

图11-34　两组输送管道的切换示意

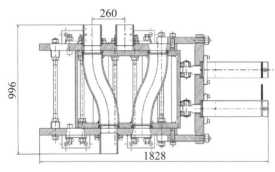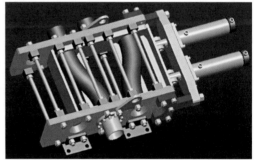

图11-35　分流阀结构示意

（3）自动切换装置

上述的液压截止阀及分流阀，都需要配套的自动切换装置（图11-36），该自动切换装置是一个配置齐全的液压泵站，主要由液压油箱、电机、油泵、蓄能器、过滤器、胶管等附件组成。

在超高层泵送中，液压截止阀、分流阀及配套的自动切换装置为泵送的成功奠定了基础，项目组在总结以往施工经验的基础上，对上海中心大厦泵送进行适应性的改进。试验表明，所研制的管道附件是上海中心大厦泵送成功的基础。

4．泵管顶升装置

超高层的泵送，由于混凝土方量大，管道磨损大，当管道磨损需要更换时，首先将输送管与输送管之间的管卡均拆除，再将替换管道安装，防止磨损管道爆管，保证安全

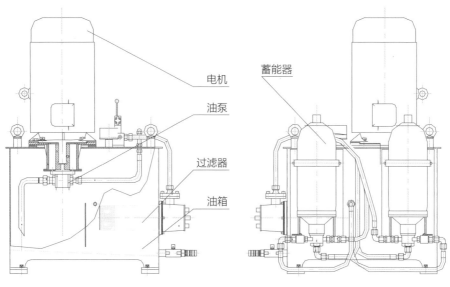

图11-36 自动切换装置

生产。对于水平管道，因其铺设在地面或楼面，拆换比较方便，而对于垂直管道，目前在更换时，一般也是采用手动拆卸管道的方式进行，因操作空间限制，且需多人配合操作，导致不仅费时费力，效率低下，而且容易导致料斗里的混凝土长时间停留，混凝土的流动性大大降低，严重时容易导致堵管现象的发生。

为了克服现有技术存在的问题，发明了一种辅助管道拆卸的新型泵管顶升装置（图11-37）。整个顶升装置由托管1、托管2和千斤顶组成，托管内层衬布，用托管抱紧且顶住上方的法兰盘，以增大其摩擦系数。

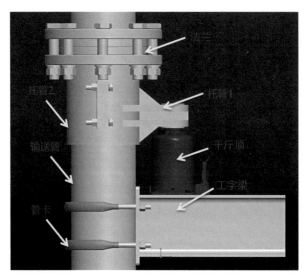

图11-37 新型泵管顶升装置

新型泵管顶升装置按以下步骤安装应用（图11-38）：

（1）当要拆卸输送管2时，先将连接输送管1和输送管2之间的螺栓组去掉，并拆掉固定输送管1的所有管卡；

（2）将托管1、2一起安装于输送管1上，并顶住输送管1的法兰；

（3）将顶升用的千斤顶至于管道固定用的横梁上；

（4）通过顶升装置顶输送管1的法兰将输送管顶起；

（5）将输送管2拿掉并更换新的输送管；

（6）拆卸千斤顶及托管装置，完成输送管的更换工作。

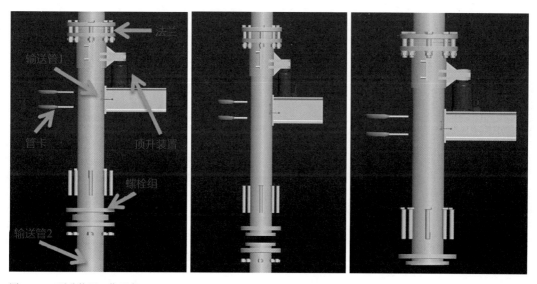

图11-38　顶升装置工作示意

第12章
全过程工程总承包集成管理

12.1 概述

作为世界第三、中国第一高度的超高层建筑，上海中心大厦相比已投入使用的金茂大厦和上海环球金融中心，其基础更深、主楼更高，造型更独特、结构更为复杂，其独一无二且难度系数堪称世界之最的内外双层玻璃幕墙结构，更是增添了工程建造以及总承包管理的难度。

根据工程总承包合同，除"独立工程"和"已完成工程"以外，上海建工集团承担总承包的工程范围为上海中心大厦工程建造及其所需的所有其他工程；除承包的实物工程范围以外，还须提供全面和有效的总承包管理，包括提供一切必要的设备和设施，以及管控、协调和服务等一系列管理工作。在上海地区的软土地基上建造重达85万t上海中心大厦工程，建筑物本身的技术难度和工期质量相互影响、施工面复杂交错等是罕见的，其是导致总承包管理难度和管理风险的主要因素。此外，工程总承包管理的难度还受到业主要求高、安全管控要求高、专业分包单位多以及社会关注度高等的影响。

（1）在业主要求方面，业主在合同条款中对总承包单位的基本责任、质量责任、法定责任、审核责任等各方面责任均做了严格、详尽和明确的规定，上海建工集团在拟定总承包管理方案和施工技术方案时必须因地制宜地进行技术创新和管理创新，强化工程总体策划，采取有效的总承包管理路线。

（2）在安全管控要求方面，总承包项目部面对最具挑战性的难题，包括：深达31.10m、总量共35万m^3的基坑挖土量和地下结构工程施工，以及上部结构施工安全监控难度更大，随着施工作业面逐渐升高和铺开，钢平台爬升、塔式起重机爬升、钢结构吊装、裙房地下连续墙爆破等危险部位的施工频繁进行，立体交叉施工增加了重大危险源监控的难度。

（3）在专业分包单位方面，上海中心大厦是多专业分包单位协同施工、多专业工种立体交叉作业的过程。至2014年3月的统计结果显示，与总承包方直接有分包合同关系的专业分包施工单位就有30多家。与机电设备相关的主承包单位、专业分包单位多达百家。面对大大小小100多家的专业分包单位，能否进行有效的协调管理，是否能充分发挥专业分包单位的特长和积极性，是上海中心大厦工程实施总承包、总集成和总管理成败的关键环节。

（4）在社会关注度方面，上海中心大厦高度位居世界第三、国内第一，且地处已建成的金茂大厦、上海环球金融中心这两幢超高层建筑一路之隔的陆家嘴Z3－2地块。其建筑外观宛如一条盘旋升腾的巨龙，造型独特结构复杂，加之独一无二的内外两层玻璃幕墙，从开工之日起就引起上海市领导、广大市民和同行的广泛关注，吸引国内外建筑界和新闻界的极大关注。

上海中心大厦工程建造的特点和难点，必然是总承包管理的重点和关键点，需要总承包项目部按照合同总目标和业主的要求，加强与设计单位、顾问单位、监理单位、供货单位、专业分包单位等的沟通和协调，实现技术创新和管理创新并举，从工程总承包管理的体制和机制、管理工作流程和方法等方面精心策划、认真实施，以实现工程优质高速、安全文明的建造总目标。

12.2 总承包的集成管理

上海中心大厦工程总承包项目部在总承包管理实践中逐步形成了上海中心大厦工程一体化集成管理体系，包括一体化设计管理、一体化专业管理、一体化资源管理等。

12.2.1 一体化设计集成管理

在充分考虑上海中心大厦工程的复杂性和特殊性后，总承包项目部形成了以深化设计管理为主，以协调管理为核心手段的一体化设计管理体系。因此，设计协调部在充分理解管理任务的基础上，绘制了深化设计管理工作流程图以描述工作流程组织，指导相关具体工作的开展。通过总承包深化设计管理，可以解决按照施工图无法施工的弊病，有效实现设计与施工的有机结合，做到设计—施工一体化管理。

1. 设计管理工作流程

上海中心大厦工程深化设计管理的总流程图，如图12-1所示，从最初设计单位出具施工图，到最终各承包单位按照深化设计图纸施工，其间还夹杂着施工与设计的协调工作，主要体现了四个方面的工作流程和工作内容。

（1）施工图设计指令及图纸下发的流程。在整个设计流程中，业主是唯一能够向设计单位发出设计指令的主体，设计单位按照业主的要求出具符合条件的施工图并由业主向总承包项目部下发施工图。

（2）施工图设计交底的流程。设计协调部须汇总相关部门和各专业工程承包单位提出的交底问题，并向监理提出设计交底要求和交底问题；工程监理单位召集业主方、设计单位、总承包项目部和相关专业承包单位召开设计交底会，设计单位须答复设计交底问题，由监理单位整理施工图交底记录后交各方会签保存。

（3）各专业工程承包单位开展深化设计的流程。各专业承包单位依据承包合约范围开展深化设计工作，编制深化设计原则和进度计划，开展深化设计工作。随后，各专业承包单位须将其深化设计成果提交至设计协调部预审，预审通过后再将设计文件送业主设计管理部审核，获得业主终审确认的深化设计图纸才能交付施工。

（4）总承包项目部召开设计施工协调会的流程。在设计交底之后，即进入工程实际实施阶段，须经常性地召开各类设计施工协调会以解决冲突问题。首先，总承包项目部各职能部门定期开展各类内部工作会议，汇总并分析各类工程问题；然后由设计协调部

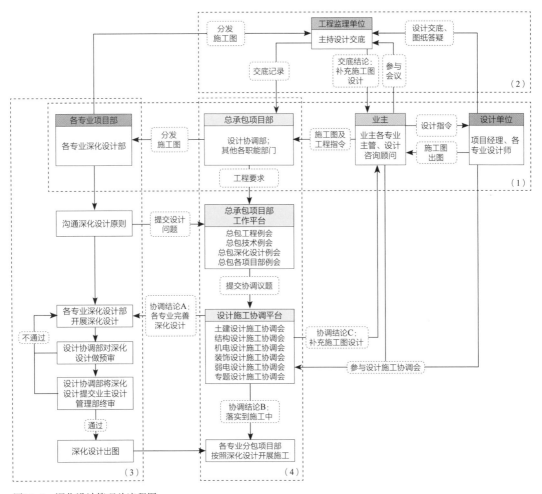

图12-1　深化设计管理总流程图

组织汇总设计协调议题，召集业主方、监理、设计单位及各专业分包单位召开各专业设计施工协调会，进行问题集中讨论。

2. 深化设计的协调管理

针对建筑二结构、给水排水、强电弱电、暖通、内外幕墙等十多个专业工程的特点进行深入分析后，梳理每一专业工程深化设计的协调关系，厘清各专业之间错综复杂的相互影响，并绘制各个专业的相互影响关系图，也即设计协调关系图，为后续开展深化设计及设计施工协调会奠定基础。

以强电专业深化设计协调关系分析为例（图12-2），经设计协调部统筹梳理，分析出强电专业的深化设计与主结构、钢结构、擦窗机、电梯、给水排水、内外幕墙等十几个专业工程相关联，在主体结构施工前就须考虑管线桥架穿墙、板留洞等非常容易忽视的问题，也须预先分析与一次装修的照明系统、动力系统的配合情况，为自动扶梯、电梯、擦窗机等用电设备用电，预留接地接口等。

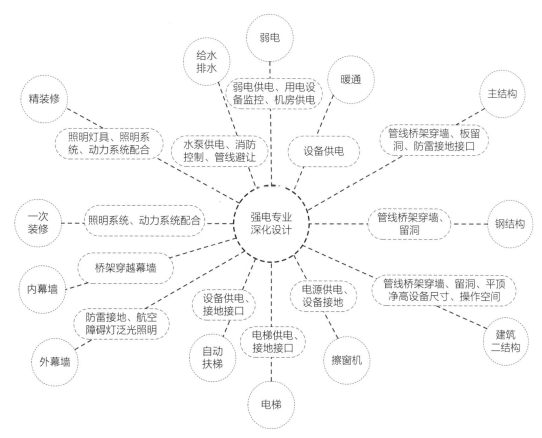

图12-2　强电专业深化设计协调关系图

协调工作平台是解决设计冲突的主要手段，主要有各专业设计施工协调会、设计施工专题协调会、设计现场巡视协调会和总承包项目部深化设计协调会。

（1）各专业设计施工协调会。总承包项目部与业主构建各种专业设计施工协调会，包括土建设计施工协调会、机电设计施工协调会、装饰设计施工协调会、弱电设计施工协调会等，基本覆盖了所有专业。这些专业协调会为各专业工程的深化设计确定原则，为施工与设计的结合提供依据。

（2）设计施工专题协调会。针对现场施工中的紧急问题，总承包项目部与业主方、设计单位商议召开设计施工专题协调会，会议不固定时间，按工程实际需要安排，各单位人员出席参加会议，对工程中紧急复杂的问题及时予以解决。

（3）设计现场巡视协调会。由于现场施工空间的复杂性，以及设计内容对现场施工情况验证确认的要求，需要各相关方共赴现场了解施工情况，确认设计问题和现场施工效果。由总承包项目部灵活安排设计现场巡视协调工作，通过现场巡视的直观感受来确认深化设计方案和现场施工效果。

（4）总承包项目部深化设计协调会。总承包项目部深化设计协调会是由设计协调部组织召开并主持的工作例会，由各专业承包单位深化设计部负责人及业主方、设计单位一起参加，每周开会讨论近期深化设计工作的进展和待协调的问题。

多种工作例会构成了总承包项目部设计管理的协调平台，不论是业主下发的设计资料，还是各专业承包单位的深化设计图纸，都通过这个平台顺利流转，有效推进一体化设计管理工作。

3. 设计工作的计划管理

深化设计的进度会影响到整个工程的工期，设计不能按时完成，施工将无法顺利进行，以致工期拖延，对业主造成损失。为此，采取如下措施：首先，总承包设计协调部根据施工总进度计划的安排，提前编制各专业工程深化设计的出图总计划，经审核批准后的出图总计划，随工程进度下达给各专业承包单位，并在实施过程中督促其按时完成。其次，深化设计单位根据出图总计划向设计协调部提交所属部分的详细设计计划表，并提交设计图纸目录，详细计划应与设计协调部充分协商并取得认可。最后，深化设计单位按详细计划表提交供审批的图纸，如不能按时提交应说明原因，在不影响施工进度、取得总承包项目部认可后应及时提交修改后的计划表。

4. 设计的审核管理

上海中心大厦作为国内第一流的超高层建筑，开展深化设计工作以确保施工质量成为业主和总承包项目部的共识，为此采用国际通行的"谁承包谁出深化图（Shop Drawing）"的做法，明确各专业承包单位承担各自的深化设计工作，设计协调部统筹管理各专业工程深化设计工作，并编制一整套经过各方认可的管理文件和审核程序。对内，设计协调部负责编制深化设计计划，进行深化设计预审，接受送审及终审并联系相关联专业承包单位进行确认和会签；对外，须发出送审和终审图至业主设计管理部，请求审核。

12.2.2 一体化专业集成管理

总承包项目部必须突破局限于施工阶段的狭隘的专业分包管理思路，必须在工程项目建设的全过程中，秉持服务、制约、协调、保障的方针，发挥总承包管理更加显著的作用。

1. 总承包分包工程专业管理

上海中心大厦工程总承包项目部对专业分包管理过程的成功经验之一，就是创造性地引入了专业分包工程"专业管理"模式，在总承包项目部下设立专业管理部门。这种管理模式能最大化利用总承包项目部自身专业优势，并且通过专业管理部门的精细化专业化的技术管理，能在总承包单位和各专业分包单位之间架起沟通桥梁，高效地处理各专业特有的技术难题，从而将总承包层面难以深入的重点监控专业技术难题成功纳入总承包一体化管理体系。

（1）专业分包单位进场前的研究和统筹

针对图纸难点问题进行初步解决；各专业管理部门针对设计难题，先行与业主及设计师进行沟通，扫清专业分包进场的施工障碍。各专业管理部门深入贯彻，明确将BIM应用到各专业工程的全过程，不仅专业部门自身使用BIM软件，同时引领专业分包单位使用该软件。在总承包项目部统筹安排下，将工业化等先进理念和管理思路推行到可实施的工厂化制作、模块化安装等具体实施环节上。

（2）专业分包单位进场后的协调与控制

专业管理部门深化设计管理，在前期针对大量设计工作，出色地完成沟通、协调与统一工作，从而确保现场安装时，功能性和可实施性达到预期标准。总承包项目部要求各家专业分包单位利用BIM模型深化时，除了解决设计模型中的碰撞等问题外，加工阶段必须将理论模型结合现场上道工序施工的实际数据建立实体模型；再根据实体模型数据，进行下料加工；加工后的材料再采集加工数据，进行虚拟预拼装，获得虚拟模型，将虚拟模型再与实体模型合模，最终保证所有的构件配件到达现场后，一次性安装成型，从而保障实现深化设计、加工制作、现场安装一体化管理目标。在沟通和协调过程中坚持一切以模型数据说话的原则，达到科学、互利的结果。

专业管理部门还须配合总承包项目部下的职能部门，熟悉其他同步施工专业的工程信息，做好总体协调工作。在内部工序流程协调时，使用模型模拟整个施工过程，排列工程干扰因素，商议解决办法，优化施工流程。在内部商讨材料堆场、设备空间干涉、临时设施的影响时，使用数据模型分析，使界面的划分和施工管理达到细致可行的程度。

在上海中心大厦工程建造中，因采用大量新工艺新技术，需要做大量试验、测试作为现场施工设计依据。各专业管理部门全力督促专业分包单位提交试验计划和试验方案，审核试验方案，参与和见证试验全过程，保证各类检测、检验、工艺评定、试验计划的实现。

（3）专业分包工程验收时的参与和指导

因各专业管理部门全程参与，清楚整个分包工程建设的来龙去脉，因而更能有针对性地促进完成专业分包工程的验收，不留任何死角，以杜绝后患。整个验收过程的管理主要分为以下三块：参与工厂验收，检验工业化推进结果；参与专业内新工艺新技术过程及验收和试验过程；参与现场安装验收和质量管理工作，给出专业意见。

2. 安装工程专业管理

上海中心大厦机电安装工程专业集成管理的要素主要包括配合整体工程进展的机电提前介入，机电系统接口界面的分割与综合管理，设备、材料采购、仓储、配送的一体化管理，设备、材料的集中垂直运输，弱电系统的总承包、总集成，机电样板段、间、层的管理及机电工程联调的实施与管理。

（1）配合整体工程进展的机电提前介入。在前期施工准备阶段应对该部分提前介入的工作进行详细的策划和组织，以避免后期的施工被动。

（2）机电系统接口界面的分割与综合管理。在工程项目管理中，接口界面是十分重要的，大量的矛盾、争执、损失都发生在接口界面上。因此，解决好接口界面划分的问题就显得尤为重要。

（3）设备、材料采购、仓储和配送的综合管理。通过海量设备材料招标综合服务和仓储、报验及配送综合管理，既确保了采购、仓储、配送等环节符合工期进度的要求，又满足了经营的需要。

（4）设备、材料的集中垂直运输。为明确职责分工以及加大管理、协调的力度，机电管理部门较为针对性地设立了专门的垂直运输管理部门，其职能主要包括两个部分：统筹负责机电设备、规划材料垂直运输的计划管理工作和策划塔式起重机、施工电梯使用的协调工作。

（5）弱电系统的总承包、总集成。首先要明确各类合同的技术界面的分解，其次需要明确各类招标的工作及流程，最后就是整体的实施工作。

（6）机电样板段、间、层的管理。针对原定的样板层设计，为对机电系统的功能以及在日后的施工提供指导，于10层重新设置办公区机电系统样板层。

（7）机电工程联调的实施与管理。总承包项目部成立了调试组织协调小组和调试实施小组：按照水系统、供电系统、通风系统、控制系统、试运行保障分为5个实施小组，各司其职，开展工作。主要通过三条主线展开并实施机电工程的功能性调试和试运行，分别为：水电切换、消防联调和检测、空调冷热工况调试。

3. 钢结构、幕墙系统专业管理

钢结构、幕墙系统属于所有专业分包中技术难度最高的分包工程之一，其设计复杂，涉及众多交叉施工，存在较多的专业技术难题。面对这些技术难题，钢结构、幕墙系统的专业管理部门——钢结构幕墙部从工程早期开始就投入大量资源进行专题技术研究，解决了诸多的技术难题，为钢结构、幕墙系统专业分包单位提供了全方位的技术引领服务。

（1）专业化引领式服务管理。为帮助各专业分包单位能够更全面地认识工程状况，钢结构幕墙部创造性地提出了"专业引领式服务"的独特管理理念，并且通过引领各专业分包单位基于多种先进手段协同解决设计、施工等过程中的问题，最终能够圆满完成专业分包工程。

（2）专业化现场动态管理与控制。包括模型可视化的施工现场协调、现场反馈化的工厂装配调整，并通过引入BIM技术，进行直观信息化的交底和维护系统模拟。利用模型的可视性，在施工过程中，图示演示专业内立体交叉施工的空间状况，并加入时间轴，以四维方式，协调解决施工过程中的界面协调和施工顺序以及堆场和运输通道等问题，以精细化管理的方式，确保现场施工顺利。并根据现场变化情况，实施动态调整，随时在演示中跟踪现场情况，让所有施工工况尽量在电脑模拟中顺利实现，以保证现场真实实施过程中可能出现的问题被提前研究解决。

4. 统筹专业管理

在总承包项目部统筹领导下，提出了"标准化指引式全方位"的独特管理理念，旨在帮助各专业分包单位能够更加全面地认识工程状况，并指引各专业分包单位采用多种先进手段协同解决设计、施工等过程中的问题，最终圆满完成专业分包工程。

（1）量化装饰工业化目标，推进装饰工业化进程。当项目进行到精装修招标阶段时，总承包装饰部须积极给予有关项目招标文件编制的具体意见，并且须向投标单位提出合理的建议，即：其在技术表中必须明确承诺装饰工业化的达成率。在装饰专业分包进场前，总承包装饰部须执行几个重要方面：仔细研读各个标段的招标图纸、罗列精装修的分项内容、分析各项施工工艺并制定项目总体装饰化率超80%这一量化目标。在各个标段装饰专业分包分批次相继进场后，总承包装饰部须积极组织召开各个标段的装饰工业化专题会，专题会内容主要体现几个方面：提出装饰工业化总目标要求、基于实际情况明确要求装饰专业分包自报各个标段装饰工业化达成率、进行大量工艺研究分析、基于既定目标指导装饰装饰专业分包再次提高工业化达成率。

（2）突破超高层垂直运输瓶颈，创造一系列科学管理手段。垂直运输的无序管理严重影响高层建筑内部的正常施工进度，以至导致后续装饰产品产生质量隐患与品质缺陷。这一难题基本没有国内项目可以攻克解决。总承包装饰部在组建初期就对垂直运输管理足够重视，通过三级仓储制度、电梯运能分析策划、运输机具创新、二维码定位技术等发散性思维，制定项目整体的垂直运输策划纲要。在装饰产品的物流管理上，总承包装饰部充分利用创新思维，将传统物流二维码模式引进装饰领域。通过对单一装饰产品进行二维码编码，全过程跟踪货品收发状态，对整体项目的材料生产、运输、到货、驳运及现场安装全方面掌握，掌握工程材料动态情况。

（3）BIM技术引领其他专业管理，三维扫描打破传统工艺束缚。三维扫描技术常规运用于其他领域，对装饰系统的运用并无先例。上海中心大厦因为其特殊的建筑外表皮结构，使得传统的测量放样手段根本无法在建筑内部开展，先进的BIM技术也无法通过现场手工作业转换为现场真实的产品。总承包装饰部通过吸收其他领域的先进技术，将三维扫描引进装饰领域，通过三维扫描与建筑信息模型再建，成功串联了现场手工作业与BIM技术，打破传统手工作业束缚。

12.2.3　一体化资源集成管理

总承包项目部从工程建造初期开始，为了实现工期目标同时又满足业主的要求，在现有合同文本的基础上，突破传统的施工模式，创造性地整合内外部资源，通过对各专业分包单位实施全面的资源协同和共享，达到降低资源浪费的目的；针对业主提出的非业主招标范围内的额外需求，通过联合或整合各外部资源，满足业主的需求，达到为业主提供增值服务的目的；针对工程规模超大、社会协同难度大的特点，通过整合社会资源，构建警务联动机制、与社区街道共建、突发事件应急处理机制、每月的安全联席会议制度等，确保上海中心大厦项目建造的顺利进行。

1. 总承包内部资源集成管理

上海中心大厦工程建造过程中，"外幕墙钢支撑结构施工用整体式升降平台""中庭大堂吊顶施工平台"的研发，是总承包项目部集成整合上海建工集团内部资源进行科研攻关的典型案例。总承包项目部集成上海建工集团内部优势资源，制定了统一的技术标准和管理标准，成功完成了两个平台的研发工作。

（1）外幕墙钢支撑系统施工用整体式升降平台研制管理

总承包项目部对钢支撑与外幕墙板块进行了一体化分析，通过制定整体式升降平台的技术标准，利用机械施工单位整体升降平台的设计能力，外幕墙施工单位及其他各单位对整体式升降平台通用性和实用性的把控能力，合理调用和分配内部资源，成功研发出通用的整体式升降平台。整体式升降平台的成功实施在保障外幕墙钢支撑结构的施工精度和施工进度的基础上，基本能够控制工程进度为4d/层，同时提供了极大的便利与保障，促进了今后工序的顺利实施，比如，外幕墙挂板时仅须微调即可达到设计要求。此外，在平台的研发中涵盖了模块化、同步控制、升降式等多种多方面先进的设计理念，确保整体式升降平台在外幕墙支撑系统的施工过程中发挥出最大的功效。

（2）中庭大堂吊顶施工平台研制管理

总承包项目部充分借鉴"外幕墙钢支撑系统施工用整体式升降平台"研发的经验，通过需求分析、方案比较、头脑风暴、信息化模拟等多个环节的研究和讨论，联合攻关团队最终确定了"利用大堂吊顶处擦窗机轨道设置整体操作平台"的方案。并采用模块化的设计理念，设计出通用的整体操作平台。各中庭大堂只须根据各自的特点在通用平台上稍作改装，就能拼装出符合需求的施工平台，实现了资源共享与资源节约利用的目标。实践结果表明，该方案不仅具有结构受力明确、钢梁组装通用性强及定型铝合金板轻质高强的特点，而且施工成本较低、安全风险可控。

2. 总承包外部资源集成管理

为充分利用社会外部资源，将最先进的技术引入工程，总承包项目部牵头各社会合作单位组成联合研发团队，把上海建工集团外部合作单位的独特技术，整合到了自己的产品中。作为外部资源集成的主体，总承包项目部整合外部资源，与合作伙伴建立联合研发体系进行科技攻关的三个典型案例：塔冠电涡流阻尼器、塔冠观光平台、外幕墙钢支撑体系滑移支座的研发，体现了总承包项目部外部资源集成管理的能力。

（1）塔冠电涡流阻尼器研制管理

为提高超高层建筑的抗震性能和居住的舒适性，往往在其建筑顶部区域安装阻尼器装置，简称TMD。为了更好地完成阻尼器国产化的任务，总承包项目部广泛寻求社会各方面的帮助与建议，与阻尼器材料研究伙伴组建上海中心大厦阻尼器工程的联合研发团队，承担塔冠1000t电涡流阻尼器国产化设计、制作和安装的任务。根据上海中心大厦工程的超强抗震性能和居住舒适性的需求，经过2年左右的联合科研攻关，把阻尼器材料研究合作伙伴强大的理论和设计能力、机械施工单位对于施工工艺和质量的完美把控以及其他各合作伙伴的独特技术能力整合到了阻尼器国产化的研发过程中，成功将电涡流阻尼技术与传统的阻尼器技术完美结合，实现了超高层建筑千吨级电涡流阻尼器的"设计、制造和施工"的国产化，实现了里程碑式的跨越。

（2）塔冠观光平台研制管理

为了丰富上海中心大厦塔冠的观光方式和体验，业主方决定在塔冠结构第122层（高度约为565m）设置三个环向均匀布置的观光平台，从而建成全上海最高最瞩目的俯视观景场所。总承包项目部对观光平台项目进行特点和难点分析，根据需求寻求相应的外部资源支撑，最终成立了以总承包项目部为主，联合观光平台合作伙伴、设计合作伙伴、钢化玻璃合作伙伴、防雷检测合作伙伴等相关单位组成的联合研发团队。集成钢化玻璃合作伙伴定制高强度钢化玻璃的能力以及防雷合作伙伴技术上的保驾护航，突破了一般超高层只能进行室内观光的现状，实现了超高层室外俯视观光的新创举。此项研发不仅给上海中心大厦增添了一道亮丽的风景线，而且也将给业主方带来丰厚的经济回报，具有被复制和推广的强大生命力。

（3）外幕墙钢支撑体系滑移支座研制管理

为了提高上海中心大厦的整体结构安全性，外幕墙钢支撑结构设置了众多滑移支座，旨在协调平衡外幕墙体系与主体结构之间由于风荷载或地震产生的竖向差异变形。基于原有的设计要求，工程需要采用全进口滑移支座，然而多方讨论研究结果表明，全进口成品支座存在部分缺陷与隐患，其中包括：原设计支座存在自锁以及与结构系统不匹配等技术问题，采购周期长、成本高等，这与上海中心大厦工程施工进度要求存在较大偏差。于是，业主方提出优化支座构造并进行国产化研发的设想，总承包项目部站在工程建设全局的高度，欣然接受了滑移支座国产化研发设计、加工及安装的艰巨任务，组建了以上海建工集团下属机械施工单位为核心，设计合作伙伴、钢结构合作伙伴、试验合作伙伴等社会优质资源参与的联合攻关团队，集成出一套"建工标准"的机械滑移支座技术标准，成功研发出配套的机械滑移支座，不仅解决了工程难题、给业主方节约了上亿的资金成本，而且通过研发总结提炼出一套机械装置与建筑结构密切结合的标准化研发技术，为建筑领域的技术发展作出了特殊的贡献。

12.2.4 一体化集成管理的创新与思考

通过对上海中心大厦工程总承包管理的总结，得到以下三个方面思考和认识：

（1）上海中心大厦工程总承包管理的实践证明，面对不断发展和竞争激烈的建筑市场，建筑施工企业必须进行全方位工程总承包管理创新，只有对工程总承包管理进行创新，才能适应"发展趋势、政策导向、市场变化、业主需求、工程特点"的市场环境，提升企业的核心竞争力。

（2）上海中心大厦工程总承包管理的实践揭示，应基于对业主特点和工程特点的正确分析和把握，来确定工程总承包管理创新的重点。只有紧紧扭住科技创新和技术进步这个"龙头"进行集成创新驱动，才能取得预期的效果。

（3）上海中心大厦工程总承包管理的实践验证，工程总承包管理创新首先要顶层设计，但关键是在于要落实到项目管理班子。项目经理、副经理的管理素质、理念、方法和实践，是决定工程总承包管理创新成败的重要因素。

12.3 绿色化建造与管理

上海中心大厦的建设，以绿色建造的理念贯彻于设计、施工和运营等各个阶段。大厦体现了当今世界绿色建筑发展的最前沿成果，获得美国LEED标准铂金认证和中国绿色建筑评价标准三星级设计和运营认证。总承包项目部围绕绿色建筑技术施工及竣工调试和施工节能、节水、节材、节地、环境保护等目标，建立起绿色建造管理体系，制定绿色施工管理制度，将绿色建造理念和措施落实到工程建设全过程，体现在工程施工的各方面，以实现绿色建造的总体目标，最终实现建筑运营过程中的节能环保。

12.3.1 绿色化建造总承包管理模式

上海中心大厦工程作为中国的第一高楼，要实现绿色建造目标面临严峻的挑战。工程在建造实施的各个阶段都需要满足绿色建筑的要求，并且必须具有相当的整体性、连续性。首先，在决策阶段，业主要制定并提出创建绿色建筑的总体目标；其次，在设计阶段，设计方案必须能体现绿色建筑特点和满足绿色建筑的设计要求，兼顾可施工性与投资成本；最后，在施工阶段，围绕创建绿色建筑的总体目标，要坚持技术创新和强化现场管理，将绿色设计方案化为现实。

为实现绿色建筑和绿色建造的总体目标，总承包项目部根据工程的特点，从绿色建筑的技术要求、绿色建造工艺与技术入手，构建上海中心大厦工程绿色建造及其管理的整体思路。

1. 建筑目标实现路径

上海中心大厦绿色建造的实现，主要包含一个绿色建筑总目标和三个主要实施步骤。绿色建筑总目标为获得中国绿色建筑三星级认证和美国LEED铂金认证。绿色建筑总目标指导下的三个主要实施步骤：

（1）绿色建筑设计，满足绿色建筑总目标各项设计要求，并编制绿色设计方案，完成LEED预认证和绿色建筑设计标识评审。

（2）通过工程施工阶段，实现设计目标，并实现绿色施工，满足总目标中关于绿色施工的目标要求，施工完成后取得LEED铂金认证。

（3）在运营阶段能应用并实现工程设计中的绿色建筑目标，在项目使用周期内保持绿色建筑状态运营，满足绿色建筑运营要求后取得绿色建筑三星运营标识。

2. 建造及其管理策划

基于上海中心大厦工程绿色建筑目标，在现场挖起第一铲土方之前，总承包项目部就对绿色建筑技术、绿色建造工艺和技术管理路线等进行精心策划。

（1）创新理念，健全技术管理规程。总承包项目部结合绿色施工课题专项研究成果，总结和完善上海建工集团绿色施工技术实践经验，研究和制定了绿色施工技术规程和标准，与上海中心大厦工程现场实际相结合形成绿色施工方案，并将其主要内容引入施工组织设计。

（2）改善工艺，提高资源利用水平。总承包项目部依托BIM技术，在钢结构工程、幕墙工程、机电设备安装工程和装饰工程施工中，积极探索实施信息化和工业化建造方法和技术，如钢结构和幕墙的电脑模拟制作和拼装、装饰工程的工厂化制作单元式拼装、机电工程管道工厂预制、装配式施工等新工艺，不但确保了施工进度和质量，而且提高了施工效率、减少了环境影响、降低了施工资源消耗，极大地提高了资源利用水平。

（3）改进装备，提高环境保护水平。施工装备的开发和改进是提升绿色施工水平的关键。针对超高层建筑体型复杂化多变的特点，总承包项目部重点集成开发和完善模板脚手架系统，提高该系统的结构适应性和工具化程度，进一步减少对环境因素的影响。总承包项目部研制开发采用的超高泵送设备体系，一次性将混凝土泵送到620m高度，有效地节约了资源和能源，提高了施工效率。

（4）加强管理，促进资源循环利用。资源循环利用是创建节约型工地的主要内容之一。总承包项目部系统总结以往积累的实践经验，通过前期策划，制定和落实相关措施，促进资源循环利用，如积极推进施工临时设施标准化、工具化，提高临时设施循环利用水平；确定施工现场建筑废料管理措施，施工废弃物回收利用率达到50%。

12.3.2 工程绿色建筑技术

1. 建筑指标

上海中心大厦工程的绿色建筑目标是获得中国绿色建筑三星级认证和美国LEED白金级认证，这两种认证体系对绿色建造施工有着不同的指标要求。为此，总承包项目部在"双标"认证要求下，确立了满足两个认证体系的绿色施工管理目标，主要包括节能目标、节水目标、节材目标、节地目标和环境保护目标。

中国绿色建筑三星和美国LEED铂金设计阶段总评分见表12-1。

绿色建筑得分汇总表 表12-1

美国LEED考评体系				中国绿色建筑三星考评体系			
考评类别	基础项/控制项	一般项总数	实际满足项总数	考评类别	基础项/控制项	一般项总数	实际满足项总数
可持续性场址	1	15	13	节地与室外环境	5	7	7
节约水资源	—	5	5	节水与水资源利用	6	7	7
能源与大气	3	14	8	节能与能源利用	8	12	10
材料与资源	1	11	5	节材与材料资源利用	2	9	9
室内环境质量	2	11	9	室内环境质量	8	7	7
创新与设计	—	5	5	运营管理	4	7	7
合计	7	61	45	优选项	—	17	13
				合计	33	66	60

2. 建筑技术

（1）地源热泵系统利用技术。地源热泵是以浅层地热作为冷热源对建筑进行供热和供冷的新型能源技术。它利用了地下水、土壤中巨大的蓄热蓄冷能力，通过埋设在地下的换热器，与地下水、土壤或岩石交换热量，转移地下水、土壤中的热量或者冷量到其所需要的地方。因此，上海中心大厦的低区能源中心设置了地源热泵系统，其原理为螺杆式地源热泵机组与低区能源中心的其他空调冷、热源系统协同配合使用，夏季预冷低区空调冷冻水的回水，冬季预热低区空调热水的回水。基于上海中心大厦所在地陆家嘴地少人多的现状背景下，地埋管换热系统采用与大厦裙房桩基相结合的竖向桩基埋管系统，其主要优势为埋管占地面积小、工作性能稳定。

（2）冰蓄冷空调系统技术。冰蓄冷空调系统技术是指建筑物空调所需冷量的部分或全部在非空调时间（深夜）制备好，并以冰的形式储存起来供用电高峰时的空调使用，从而实现对用电负荷的峰谷转移，降低城市电网的压力。上海中心大厦冰蓄冷系统配置了三台双工况离心式电制冷机以及蓄冰总容量为26400RTH的冰盘管内融冰蓄冰槽，蓄冷供冷力约30%。三台设备制冷工况下提供冷量共占低区冷负荷约67%。同时，冰蓄冷系统采用盘管内融冰的融冰方式，可以使蓄冰率（Ice Packing Factor）达到90%以上；采用串联型主机上游的系统方式，可以降低制冷机组的初投资以及运行能耗，达到节能以及节材的目的。

（3）冷热电三联供系统技术。冷热电三联供，即CCHP（Combined Cooling, Heating and Power），是指以天然气为主要燃料带动燃气轮机、微燃机或内燃机发电机等燃气发电设备运行，产生的电力供应用户的电力需求，系统发电后排出的余热通过余热回收利用设备（余热锅炉或者余热直燃机等）向用户供热、供冷，通过这种方式大大提高整个系统的一次能源利用率，实现了能源的梯级利用，还可以提供并网电力作能源互补，整个系统的经济收益及效率均相应增加。上海中心大厦分布式供能系统主要由三个模块组成，其中包括：2台1047kW的热水型溴化锂机组、2台1165kW的燃气内燃发电机组、2台1396kW的板式热水换热器和配套辅助系统。发电机组发电时产生的高温烟气和缸套水余热制备95℃热水，夏季进入热水吸收式溴化锂机组产生空调冷水，冬季通过换热器产生空调热水。

（4）变风量空调系统技术。变风量集中空调系统，是通过改变送入被控房间的风量（送风温度不变）来消除室内的冷、热负荷，保证房间的温度达到设定值并保持恒定。这种空调方式通过降低空调系统的能耗和改善空调系统的性能，进而提高空调系统的舒适度。上海中心大厦办公楼部分空调系统除各区首层外，主要需要的空间均采用变风量空调系统。建筑物内区采用单风道式变风量末端装置，实现全年制冷；外区采用带热水盘管加热的并联风机动力末端装置，实现在夏季制冷，冬季供热。变风量空调系统的新风处理机组采用全热热回收型，其转轮在全年的热回收过程中显热效率和潜热效率都不小于65%。

（5）冷却水直接供冷技术。当室外环境条件许可的情况下，部分冬季或者过渡季节需要供冷的建筑物，可以采取冷却塔直接提供空调冷水的方式，能够减少全年运行冷水机组的时间，是一种值得推广应用的节能措施。上海中心大厦分为两种供冷系统：低区冷却水免费供冷系统、高区冷却水免费供冷系统。冷却水免费供冷系统运行模式：在冬季和过渡季，低/高区能源中心设置的冷却塔可通过板式换热器向上海中心大厦低/高区供冷。板式换热器一次侧冷却水进/出水温度为6.5℃/8.9℃，二次侧冷水的进/出水温度为10℃/7.5℃。通过板式换热器，上海中心大厦低/高区冷却水免费供冷系统利用上述低/高区空调冷冻水系统的二次泵回路，相关压力分区的板式换热器及三次泵水循环系统向各压力分区供冷。

（6）风力发电系统技术。风力发电的基本原理是通过风轮机将风的动能转换成机械能，再带动发电机发电转换成电能。上海中心大厦就采用了垂直轴转子涡轮发电机，以及并网发电模式。风力发电系统安装于122层、123层、124层三个楼层，共45组发电机，总发电容量为135kW，发电机安装于内幕墙和外幕墙之间，靠近内幕墙位置。发电机房位于123层，机房内布置有3台50kW逆变器。根据室外环境的模拟，整个风力发电装置每年约能为上海中心大厦提供30kWh的绿色电能。建筑的顶部565～569m设置54个垂直轴涡轮风力发电机组，日均风速6m/s，每年将提供157500kWh电量提供顶部景观照明。

（7）绿色照明节能技术。绿色照明工程，旨在通过科学的照明设计，利用高效的节电照明产品，运用合理的照明控制方法，以节电、保护照明环境和提高照明质量。建筑照明节能可以通过提高照明率、选择合适照度、综合效率和灯泡约束等措施实现，具有非常重要的绿色发展意义。其中，提高建筑节能的关键是合理采用新型电光源及其相应的配套技术，新型电光源的涌现大大提高了节能效果和照明光效。

（8）超高层建筑水资源利用技术。中水处理是提高绿色建筑节水率和非传统水源利用率的重要途径。上海中心大厦中水、雨水处理系统流程主要是：楼宇内优质杂排水（洗浴废水、空调冷凝水、经沉淀隔油后的地面排水、地面渗水及地下室渗水）经机械格栅处理后进入中水调节水箱，中水调节箱内的废水经处理后利用自吸泵压力直接进入中水处理系统的清水池。而屋面雨水经楼宇的虹吸和重力雨水系统经初期弃流收集后自流进入雨水机房内设置的雨水消毒水箱，然后自流入雨水收集箱，用于中水回用，部分经中水变频泵加压供水至地面中水外运接口。

（9）绿化灌溉、高效节水器具技术。超高层建筑中景观植物的浇灌常消耗大量的供水，在绿色建筑中，绿化灌溉尽量不用饮用水，而利用回收水或雨水，并使用湿度传感器或根据气候变化调节控制器，采用喷灌、微灌、渗灌、低压灌溉等灌溉方式，达到节水环保的目的。

（10）超高层绿色建筑室内环境质量的控制。上海中心大厦为了满足各个房间的室内热湿环境的需求，应用了变风量空气调节系统、地源热泵系统、冷却水免费供冷系统、冰蓄冷系统以及CCHP系统，根据不同房间对舒适性要求的不同，选取了不同的温湿度，充分考虑了节能的效果。为了满足室内空气品质的要求，在考虑节能的同时以不同房间的用途及人员的群集系数为依据，选取了不同的新风量。照明种类包括正常照明、应急照明、景观照明、主塔楼航空障碍照明、值班照明及警卫照明。采用节能LED灯具。机械系统大部分布置在集中的房间，并采取了消声隔振措施，主要办公区域的噪声标准不大于45dB。

（11）超高层绿色建筑智能化控制管理系统。智能化系统能够有效地降低建筑本身的能源消耗，对大楼节能最有效的办法就是智能化系统中的楼宇设备自动化控制系统（BAS），它可以实现对整个大楼的空调、配电、排水、照明等机电设备的智能化控制，根据各个系统的运行特点自动控制各个系统的设备启停、运行状态的监控、发出的故障报警信息等，确保机电设备在最佳的状态下工作，降低整个大楼机电设备的运行维护成本。上海中心大厦主要的空气调节系统、通风系统以及照明系统的控制都集成于大型的控制室内，通过末端监测设备发射远程数据信号，控制室内的控制器作出相应的响应，进而控制各个设备的运行，达到了绿色建筑的智能化控制水平的要求。

12.3.3 工程绿色建造技术

施工阶段是将绿色建筑设计转化为建筑现实的关键阶段。总承包项目部在上海中心大厦工程施工阶段，研究开发和采用了众多绿色施工关键技术，对绿色建造和施工的发展作出了贡献。

1. 超大体积混凝土基础底板一次性浇筑技术

与传统混凝土浇筑技术不同，上海中心大厦超大体积混凝土基础底板一次性浇筑工艺研发中，就考虑了能耗、就地取材等问题，同时使用工业废弃物回收利用、信息化监测管理等手段，达到了节材、节能、节水、环境保护等效果。为了达到有效控制温度应力及裂缝的目的，采取信息化监测手段对大体积混凝土的浇捣及养护过程中的温度进行监测，及时采取措施，控制温度裂缝的发生。混凝土养护用水来自地下水的降水回收利用。

2. 超深基坑地下水控制技术

前期施工主要以疏干井为主，降低基坑开挖深度范围内的土体含水量，并根据土方开挖进度，很好地将水位控制在基坑开挖面以下0.5～1.0m，起到了节能、节水、保护环境的效果。后期施工主要以降压井为主，降低了承压含水层的承压水水头，将其控制在安全埋深以内，防止了基坑底部可能发生的突涌现象，确保了施工时基坑底板的稳定性，减少了由于减压降水引起的地表沉降，主要起到环境保护的效果，同时采取措施对基坑降水进行循环利用。

3. 高性能混凝土超高泵送技术

上海中心大厦工程的混凝土垂直运输采用一泵到顶工艺，直接取消了中间传输环节。在混凝土泵送施工中，混凝土泵管采用$\phi150$的超高压泵管（国内首次使用），突破了传统$\phi125$输送管泵送极限的制约，混凝土泵送阻力平均可降低30%，管道内残余混凝土大幅减少，节材、节能效果显著。

4. 主楼核心筒整体爬升钢平台模架施工技术

主体结构核心筒采用筒架支撑式液压顶升整体钢平台模架体系施工，突破了传统工艺方法，在模块化集成和智能化控制方面达到了较高的技术水平。具体表现在：爬升系统与模架固有系统一体化设计提高了部件协同工作能力，全封闭作业特点确保了安全防护要求和适宜的操作环境；通过施工过程的可视化仿真建造，最大限度地使用标准件进行优化设计，实现模架装备的重复周转使用。主楼核心筒整体爬升钢平台模架的研制和应用，较传统施工工艺，大大节约了模架用材，智能控制系统的应用，提高了施工作业的效率，节约能源，也有助于周边环境的保护。

5. 整体式升降平台实施技术

为了配合实现上海中心大厦工程螺旋上升的建筑幕墙形态，在每个结构分区外幕墙内侧设置了柔性悬挂的钢支撑结构，根据吊挂受力的结构特性，在比较了多种施工方案后，最终确定采用整体式升降平台实施方案。整体式升降平台施工方案的安全性高，施工测量和精度能够得到有效保证，临时设施材料用量少，工具化、模块化、信息化程度高，能够节约施工工期，提高施工效率。

6. 机器人自动焊接技术

轨道式全位置焊接机器人采用模块化开发路线，整套装备由轨道、焊接机器人执行器、多自由度焊枪调节控制器、机器人控制平台及智能化控制模块等组成，具有多种功能，可解决厚壁、长焊缝、多种焊接位置的钢结构现场自动化焊接问题。机器人自动焊接技术，不仅保证了工程质量，而且极大保障了作业安全，降低了工作强度，提高了作业效率，也有助于作业环境的改善。

7. 幕墙工程绿色施工技术

幕墙板块数量庞大，且每个板块规格尺寸均不相同。经过研究和探讨，并使用了BIM技术进行深化设计之后，采用单元式组装系统代替框架系统。幕墙单元板的生产是大量非标件工厂化的集成生产，通过建立模型，利用计算机软件编程与数控机床对接，实现不同构件的数字化机床切割，再将这些构件在工厂内组装起来，组成一个个单元板，实现了90%以上的工厂化加工。实践表明，此设计和施工理念及工艺极大地提高了施工效率和质量，节约了大量建材。

8. 机电安装工程绿色施工技术

上海中心大厦设备层之下就是办公层，对降噪要求较高。为了减少机电设备系统噪声的产生，须从产生噪声的来源及噪声的传播途径两个方面有效降低机电设备系统的噪声。制冷机组、水泵、落地式空调机组及风机等设备的减振方式一般都是设备底座下安装减振台座和弹簧减振器，减振器下设胶垫；悬吊式空调机组及风机、风机盘管等设备均采用弹簧减振吊钩吊装于楼板下；冷却塔除了设置弹簧减振支座外，还增设了BAC消声结构。

管道的加工采用工厂预制的形式。风管工厂加工实现了机械化的流水线生产模式，其能够大幅度提高生产效率和产品质量，在生产过程中，工人仅需要将风管的尺寸参数输入计算机，车床就可根据输入的信息进行切割。水管的预制加工主要以塔冠区的冷却水管和消防管道为主，现场人员经过实地弹线复核后，最终转化为加工图；加工图得到确认后，交付后方预制加工组完成相应管槽段成品或半成品的预制加工，送现场后完成组合安装，减少了材料的损耗，降低了施工成本，有利于控制工程造价。

9. 装饰工程绿色施工技术

装饰工程除了加强现场管理，消除湿作业外，总承包项目部还强化了信息化施工管理技术的应用，如BIM技术、三维扫描技术和二维码数字化管理技术等。建立基于云数据的作业校准平台，将测量点云数据全程共享，并通过对扫描所获取的点云数据图进行建模，实现各专业设计平台数字全面共享和应用；引入了可以利用智能手机管理的"二维码数字化管理技术"，开发了APP软件。

12.3.4　工程绿色施工管理

在施工阶段，总承包项目部通过构建起绿色施工管理构架，明确管理职能和施工单位的责任承担，建立管理制度和运行机制，并在施工过程中采用各种绿色施工技术实现设计意图，达到绿色建造的目标。

1. 施工管理组织

上海中心大厦工程是以项目总经理为第一负责人，组建绿色施工的管理组织，设立专门工作人员，落实绿色施工管理责任。在确定项目绿色施工管理目标的同时，根据组织职能分工分解绿色施工管理指标，落实专人负责，并分阶段检查"四节一环保"措施的实施情况和管理目标的推进情况。在确立绿色施工管理组织的基础上，明确不同层次管理人员的管理职责。

2. 施工责任承担的层级结构

上海中心大厦工程绿色施工管理组织，共分三个层级：第一层是总承包项目部，由常务副总工程师领衔，下属为技术管理部经理和绿色施工管理员；第二层是主承包单位，其由总承包项目部负责，分别具体负责土建、钢结构、安装、幕墙、装饰等的绿色施工；第三层是再次一级的专业分包单位，由主承包单位负责。绿色施工的"四节一环保"目标，由总承包项目部进行分解，把任务落实到每家主承包单位，再由主承包单位落实到次一级专业分包单位身上。在运行过程中，主承包单位和次一级专业分包单位是主要的执行层，其中主承包单位对次一级专业分包单位进行监督和管理，总承包项目部对主承包单位和次一级专业分包单位进行全范围的监督和管理。

3. 绿色施工管理运行机制

在整合资源方面，工程总承包项目部组织对各级相关人员进行培训，并利用各种媒体形式展开内容丰富的宣传活动，提高项目参建人员对绿色施工的感性认识。总承包项目部立足于绿色施工的总体状况，针对业界对绿色施工认识尚存在的一些误区，广泛进行持续宣传和职工的教育培训，明确绿色施工以人为本、环保优先、资源高效利用及精细施工的基本要求，提高公众，特别是各类施工人员的绿色施工意识。在绿色施工措施的制定时，对资金投入必须予以充分保证。在施工过程中，保证环保设施及时到位；在技术储备与创新方面，除了平时注意对符合"四节一环保"精神的技术进行整理和提炼外，还在此基础上进一步进行创新，发展符合绿色施工的新型材料、机具设备和施工工艺。

4. 绿色施工管理制度

在工程施工过程中，总承包项目部制定和实行一系列的工作制度，以确保绿色施工管理目标的实现。

（1）报表统计制度。绿色施工管理员对每天进场的材料须及时统计入表，确保资料填写工作的有序、及时和准确性，不得耽搁拖延。每月须对所有统计报表进行一次整理汇总并及时递交监理审核。针对施工现场所产生的固体废弃物，现场施工员和材料员须与绿色施工管理员紧密配合，做好过程中的资料收集和过程后的信息登记工作。

（2）影像资料收集与整理制度。在工程施工过程中，收集各项绿色施工措施的相关照片，每季度向监理单位递交一次，作为绿色施工评估资料，具体包括土壤保护措施、光污染控制、节水措施、污水处理、出施工场地车辆的冲洗程序、围墙、围挡照片、扬尘排放监测、噪声监测和检测、施工废弃物处理及其循环利用、施工污染控制措施照片等。

（3）例会制度。工程初期每周生产例会须加入绿色施工专题，绿色施工管理员就施工过程、资料收集整理过程中产生的问题应及时向总承包项目部汇报。

（4）季度考核制度。每季度进行绿色施工措施岗位落实情况考核，结合季度分配，奖励先进业绩人员，扣罚业绩落后人员。

（5）其他相关制度。上海中心大厦工程绿色施工的其他相关制度包括：项目分阶段节能降耗目标预审和预评制度、项目能源节约管理制度、项目资源节约管理制度、项目材料节约管理制度、项目综合利用节约管理制度、科技进步、技术创新管理制度、大型施工机械运行管理和环保制度、主要施工机械分类耗能标准和管理制度、大宗建筑材料进场验收和使用管理制度、项目节能降耗奖罚制度、项目宿舍管理制度、项目宣传教育培训制度等。

5. 绿色施工方案

绿色施工方案是绿色施工管理的核心文件，是现场绿色施工的指导性文件。上海中心大厦工程绿色施工指导文件包含以下内容：工程概况；所要遵循的节能减排、环境保护法律、法规、政策、规章；项目绿色施工管理目标；绿色施工管理机构及其职责；现场环境管理计划；室内环境管理计划；节材、节能、节水、节地措施；绿色施工管理机制；职工培训计划等。

12.4 数字化建造与管理

上海中心大厦工程建造极为复杂，综合管理与施工难度前所未有。鉴于此，首次在工程建设全过程综合应用了数字化管理技术，由总承包项目部牵头先后组建了15支专业团队，综合运用数据化、参数化和模型、模拟等先进数字化技术手段，成为践行数字化建造与管理技术的典范工程。

12.4.1 数字化管理重难点

（1）数据协同管理难。工程基于欧特克公司的Revit、Navisworks等系列软件构建信息资源整合平台。但工程各参与方众多，均须根据自身需要采用不同的数字化软件进行建模模拟分析，导致生成的信息数据种类与格式多样，存在着通用性不足、重复工作难以避免以及数据筛选、数据格式转换与数据匹配工作繁重等问题。

（2）产业链数据信息交互传递难。工程规模庞大，涉及设计、顾问、监理、施工、供应商、分包商等众多参与单位，各参与方之间的信息传递路径极为复杂，图纸、说明书、分析报表、合同、变更单、施工进度表等文件管理和数据信息量巨大，责任归属划分难，难以进行数据交互传递和高效管理。

（3）理念转变和团队建设难。工程建设时，基于数字化管理的工程建设理念尚未普及，从业主、监理、施工、供应商到分包商等BIM管理体系所涉及的众多单位均无成熟的经验和团队开展，理念转变需要时间适应，团队建设需要在工程建设中学习、磨合和提升方可达到预期效果。

（4）无成熟数字化建造与管理产品支持。上海中心大厦建设期间，市场上尚未有成熟的数字化技术管理和生产管理软件出现，且由于上海中心大厦建造的复杂性，必须进行系统化的需求梳理和进一步的软件开发，在较短的建造周期内，快速形成完善的数字化建造技术，并配合工程建造的各个阶段完成工程建造，其技术难度相当大，且实现周期非常紧张。

12.4.2 基于数字化的工程管理体系建设

1. 数字化管理体系建设

构建了以上海中心大厦项目部BIM工作室为核心的项目数字化管理体系，其中上海建工集团及其各子公司、总承包各管理部门、同济大学、软件公司作为管理支持单位，为项目提供技术、人力、物力、软件、理论指导等方面支持；业主、同济大学设计院、各专业分包单位作为协同管理单位，协同开展项目数字化管理工作，并负责相关沟通协调工作。高效而科学的数字化工程管理体系建立，确保各项工作的顺利开展。

2. 数字化管理团队建设

在工程建设初期，项目总承包单位上海建工集团就从集团本部和各子公司抽调精英人员组建了上海中心大厦项目部BIM工作室，全面负责项目的数字化管理体系的建立、实施、维护和管理，负责与数字化管理支持单位、协同管理单位的沟通联络工作，动态调整和优化项目数字化管理方案。BIM工作室主要分为技术组和应用组，其中技术组主要负责与业主、设计、分包等数字化协同管理单位之间的沟通协调，建筑、结构施工模型的创建和维护等；应用组主要负责与相关支持单位之间的沟通协调，负责工程施工进度和施工方案的模拟、校核和优化，依据设计图纸复核模型精确度，并依据数字化模型进行工程施工的三维演示、环境效应分析、工程实物量统计、成本控制管理等方面的工作。

3. 数字化管理标准体系建设

协同项目各参与方及分包公司建立了统一的模型创建标准，统一命名规则、统一模型分类规则、统一专业要求，明确共享平台运作模式，并在实际工作中动态予以调整和改进。如为便于管理和识别，本项目的模型文件统一按以下要求命名：专业—区域（可选）—楼层（可选）—子专业（可选）—特性（可选）—版本，每个标识一般不超过三个中文字符，之间用"—"符号连接；再如针对模型附加信息，规定模型的内容应不仅仅包含几何形体，同时应该含有构件的附属信息，信息内容应包括各专业机械、设备模型的出厂日期、安装日期、电子版产品说明书（文件链接）、各类合格证扫描件（文件链接）；结构构件应该包含产品出厂日期、安装日期、设计变更信息（电子文件链接，可选）以及其他与构件相关的日期和电子版单据链接；未涉及上述两种情况的，应经总、分包协商共同确定附加信息的内容。数字化管理标准体系的建立，从根本上解决了工程项目数据交互和建模标准统一性的不足，避免了大量的重复建模和数据转化工作，显著提高了数字化管理工作效率。

12.4.3 基于数字化技术的工程管理实施

1. BIM的深化设计管理流程

基于项目总承包管理流程和BIM技术特征制定了基于BIM的深化设计管理流程，对流程中的每一个环节涉及BIM的数据都尽可能地作详尽的规定。本工程深化设计管理流程主要包括以下6个主要步骤：制定深化设计实施方案和细则、深化设计交底、深化设计样板、深化设计会签、深化设计报批和审核以及深化设计成果发布。

2. BIM技术的多专业深化设计协同管理

上海中心大厦建筑形式复杂，钢结构、幕墙、机电、二结构等各专业高度集成，多专业深化设计管理难度大。鉴于此，通过采用BIM技术，充分发挥其参数化建模、可视化设计、多专业协同等特点，有效地帮助项目部组织各专业分包单位，完成包括方案优化、细部分析、碰撞检测以及补充细化工程出图等深化设计工作。基于BIM技术的多专业深化设计协同管理有效改善了施工图纸质量，提高了深化设计的工作效率。此外，基于BIM技术的多专业深化设计管理应用，可及时发现问题，通过设计协调会议予以解决，或上报业主协调，尽可能在深化设计阶段将问题解决，同时在解决碰撞问题的基础上，可以很好地帮助实现现场构件工厂化预制等先进工艺，减少了因设计因素而产生的现场返工。在本工程建设过程中多专业深化设计协同工作颇有成效，通过碰撞检测、协调、设计修改及模型更新、再次碰撞检测等多次循环，直至分析至"零碰撞"，发现了大量的碰撞问题和设计矛盾，及时地将问题解决在深化设计阶段，减少了各专业冲突造成的返工，保证了工期并减少了经济损失，极大提升了工程总承包的管理效率。

3. 基于BIM的施工出图和精细制造

采用基于BIM技术的一体化深化设计工作模式和施工出图，可自动生成深化图纸，使整个工程存在整体关联，解决了节点、系统细部深化设计难题，保证图纸的整体一致性，极大降低了出错概率，从源头上确保了设计效果的实现。基于BIM参数化深化设计所出的工厂预制构件加工图，很大程度上减少了人为因素导致的误差，有效提高构件的加工精度，实现了精细制造。同时，由于BIM具有自动成图功能，针对不同变化只需修改参数，提高了工作效率，减少了工作量。

4. 基于数字化技术的施工进度编写、审核、对比和优化

基于深化设计自动生成的施工出图和三维建模软件Revit建立的BIM施工模型，构建合理的施工工序和材料进场管理，编制详细的施工进度计划，制定出施工方案。同时根据制定好的施工进度计划，采用Navisworks实现施工过程的三维仿真模拟，通过对比分析可以提前发现和避免实际施工中可能产生的机电管线碰撞、构件安装错位等问题，进而更好地指导现场施工和优化形成最佳施工方案，从整体上提高建筑的施工效率，确保施工质量，消除安全隐患，并有助于降低施工成本和时间消耗。

5. 基于多维度可视化虚拟仿真技术的施工方案模拟与现场施工

基于虚拟仿真技术，在三维模型基础上，给建筑模型以及大型施工机械设备、场地等施工设施模型附加上时间效应、经济效应、环境效应，生成4D、5D模型，模拟各关键要素对现场施工的影响，在虚拟环境下发现施工过程中可能存在的问题和风险，避免因资金、材料环境等关键影响要素对施工进度产生影响。同时将建筑从业人员从复杂抽象的图形、表格和文字中解放出来，以形象的三维模型作为建设项目的信息载体，方便了建设项目各阶段、各专业以及相关人员之间的沟通和交流，减少了建设项目因为信息过载或者信息流失而带来的损失，提高了作业人员的工作效率。

6. 基于物联网技术和二维码技术的工程材料设备运输数字化管理

构建了以物联网和二维码管理技术为核心的材料设备运输数字化管理系统，实现了材料设备从下单采购、运输仓储到现场施工管理的可视化智能管理。根据货物采购运输方式，结合现场内垂直运输情况，生成包括该货物的材料编码、名称、规格、数量、使用部位、出货日期、生产厂家、供应商名称（运送日期、运输方式、耗时）等的二维码信息，用于材料进出各级仓库、运输和使用的管理。通过使用该系统，使现场二级仓储无材料积压，各施工单位能合理地分配使用电梯，使整个材料运输的过程能快捷、流畅地进行；同时，该系统的应用实现了数据采集自动化，避免手工输入带来的错误，从而提高数据录入的效率和准确性，将大量纸质记录转化为电子数据，方便日后查询管理，减轻工作人员的汇总难度，提高数据的统计效率并提供报表分析和打印功能，提高工程质量和管理水平。

7. 基于工程项目的三维可视化协同管理平台建设

构建了"基于工程项目的三维可视化协同管理平台"，将沟通工作通过BIM平台完成，将BIM技术的应用点集成到网络平台。通过本平台，各参与方和分包单位可以在网页上浏览图纸、模型、方案、施工模拟、施工进度等，并可在模型上进行批注、测量、讨论等操作，节省了沟通成本。此外，本协同平台不改变传统的工作流程，各参与方通过平台的协同管理方式，得到自己需要的相关资料、图纸、模型，并在网页端针对相应的问题进行沟通，同时平台会对所有人员的操作进行记录，不仅做到同步更新，而且有据可循，显著提升了工程的管理水平。

8. 基于数字化技术的质量安全管理

针对工程质量安全管理中的难题，开发研制出总承包"一呼百应"质量安全管理系统。该系统由企业EDS基础数据管理端、CMSC计算机客户端以及CMSM移动应用端三大部分组成，解决了企业基础数据建立维护、计算机终端和移动终端互通互联、信息采集处理的问题。项目各单位可根据现场实际情况，利用移动通信终端对现场情况进行登录、图纸下载、数据采集和上传。项目各参建方可通过移动终端现场拍照、上传、梳理施工问题，会议集中讨论解决处理问题，通过系统及时生成会议纪要和报告等书面文件。"一呼百应"质量安全管理系统的应用，有效保证了项目高质量的安全建造。

上海中心大厦工程建造综合技术水平反映了当今世界超高层建筑的最高水平，其工程建造全过程中应用数字化技术更是广受社会各界关注和借鉴，引领了国内外超高层建造技术的发展。数字化管理技术的应用有效提高了施工功效，解决了施工与工程管理难题，保证了工程按时高品质完成，实现了工程建造综合效益最优。经计算，由于数字化管理技术的应用，上海中心大厦外幕墙加工图数据转化效率提升50%，复杂构件测量效率提高10%；钢结构加工效率提高，安装近10万t钢材，仅有2t的损耗；基于BIM进行构件精细化预制，大量减少焊接、胶粘等危险或有害作业，实现70%管道制作预制率，由于BIM技术的全面应用，预计工程节约资金将超过1亿元人民币。

12.5 工业化建造与管理

在建筑工业化的背景下，我国建筑产业正处于从粗放型发展向集约型发展转变的关键时期，进行产业结构调整和产业升级是实现工业化建造发展模式转变的重要途径。长期以来，相较于制造业而言，建筑业的生产技术和管理水平的差距十分明显。新时期项目管理的推进已经无法由落后的管理模式来完成，该模式已经成为新时期项目管理广泛应用的瓶颈。"工厂化制作、单元式拼装"是总承包项目部针对上海中心大厦工程的特点提出来的施工指导思想，这种理念集中体现了现代施工潮流和水平，也符合建筑工业化的要求。基于目前工程建造和总承包管理的难度加大，上海中心大厦总承包项目部开展了以工业化为基础，以数据化、信息化、物流化为向导，以智能化建造为目标创新研究，并全面应用在钢结构、幕墙、机电安装以及装饰装修等专业工程之中。

针对上述专业工程实施中遇到的挑战和困难，总承包项目部创新管理思想，通过以建筑信息模型为核心的信息技术的桥梁，把施工现场和工厂制作有效衔接，不仅提高了施工效率，也减少了工程浪费现象的发生。

12.5.1 钢结构工业化建造与管理

上海中心大厦钢具有庞杂的结构桁架结构体系，各构件的空间定位关联度较高，采用高强度螺栓连接或者焊接的连接节点也要求构件具有较高的尺寸精度，而构件工厂加工误差叠合现场安装误差极易导致节点连接接口出现错位、错边、间隙过大、螺栓无法穿入安装等现象，严重影响结构质量。针对上述问题，上海中心大厦总承包部创新采用工业化建造理念，提出信息化模拟预拼装代替传统的实物预拼装的设想。钢结构模拟预拼装中较为典型的是上海中心大厦钢结构桁架中的环带桁架预拼装：首先在整体预拼装模型中提取单个构件的理论模型；其次对各个构件建立局部坐标系，确定预拼装控制点位，并读取理论模型中所选控制点位的坐标；再次实地测量加工单元构件控制点位的坐标；最后对比实际测量坐标与理论坐标，检查单元构件的加工偏差。各构件将实测坐标转换成整体预拼装坐标，依照构件间控制点位编号进行接口比较，查找构件之间接口的加工偏差值。如数值超出规范要求时，为了达到实体预拼装的效果，可以对超差部位进行整改。

各构件如果按照传统的实物预拼装方法，至少需要花费一个月的时间对加强桁架层钢结构进行实物预拼装，并且预拼装胎架和辅助支撑措施要耗费近百吨钢材，代价巨大。而采用信息化模拟预拼装替代实物预拼装，不仅解决了环带桁架复杂异型构件的检验难题，提高了检测精度，而且有效节约了工期，降低了成本。可以说，基于建筑信息模型和模拟技术的应用，有力地推动了复杂钢结构加工制造业从劳动密集型产业向技术密集型产业的升级。

12.5.2 机电工业化建造与管理

上海中心大厦机电安装几乎涵盖了机电方面所有的机电系统，如：给水排水、消防、供配电、照明、冷暖空调、送排风、智能控制、综合布线等。上海中心大厦具备机电系统庞大复杂的特性，其采用超高层垂直分区的构造形式，机电系统各类子系统众多，组合应用方式多变。上海中心大厦总承包组协同专业安装工程师基于建筑信息模型，采用数字化模拟、工业化加工制作的技术措施对机电工程进行施工前期的深化设计与施工阶段安装部件的加工制作。

1. 基于建筑信息模型的机电深化设计

以建筑信息模型的机电深化设计工作是提高施工质量、控制工程进度的最好支持。总承包部积极与专业安装公司协调沟通，基于BIM工作平台，全面采用Autodesd Revit与Navisworks系列软件并与总包同步升级。

（1）在管线安装前期，利用BIM技术进行三维可视化设计，并将其导入到Navisworks软件中进行碰撞检测，同时根据检测结果加以调整。通过BIM三维可视化实现复杂区域管线合理高效排布，确保各深化区域可行性和合理性。

（2）基于实际情况择优排布管线的方式，通过BIM软件进行方案对比，能够创建更加合理美观的管线排列。为提高一次安装的成功率、减少返工，可以将机电管线进行适当调整和空间优化，能够快速解决碰撞问题，合理布留管线，并获得一个与现场情况高度一致的最佳管线布局方案。

（3）汇总各专业模型，然后利用碰撞检测的功能能够快速检测并提示空间某一点碰撞，同时可高亮显示，以便于快速定位和调整管路，能够极大地提高工作效率。

2. 基于工业化建造的预制技术应用

上海中心大厦管道的加工采用工厂预制的形式，能够有效地规避机电安装施工现场空间有限的问题。上海中心大厦的空调通风系统的风管加工全部由暖通设备加工厂在工厂内完成加工生产，并分为标准件和加工件两种类型；为避免焊接和油漆等大量的声、光、味的环境影响，楼层内水、电、风、弱电的各类支吊架全部采用轻型组合支吊架，并且只进行切割作业和组合安装；关于管道安装涉及沟槽、螺纹等非焊接连接的安装，各区域选择就近建立小型预制场地，并且尽量加大预制深度，高比例的工厂化预制施工技术切实推进了安装实物量的进程。

12.5.3 装饰工业化建造与管理

上海中心大厦装饰工程具有各层平面变化大、收口变换繁杂、精装修难以统一尺寸规格的难点，加之局部施工工艺复杂，涉及施工相关单位交叉立体施工情况普遍，如果施工现场完全按照手工操作，极易产生由于施工工序不合理导致的工程质量问题。

从事上海中心大厦装饰工程施工的单位均是全国优秀的专业分包企业，然而因工程的复杂性远超一般大型项目，因此对众多专业分包单位而言，此项工程仍然是巨大的挑战与难题。在上海中心大厦总承包部的统一领导与协调下，装饰专业单位以工业化为导向，以信息化为工具，运用建筑信息模型重新梳理和制定装饰工程的施工工序。以上海中心大厦办公区卫生间作为装饰工业化案例，整个卫生间建造以工业化装配化施工为目标，以建筑信息模型技术为基础，将整个卫生间地面、墙面、顶面的施工合理安排，同时考虑到二结构、强弱电、设备安装等，如图12-3～图12-5所示。

非装配化与半装配
化施工作业人员 → 培训上岗 → 地面 →

地坪清洁	整浇层
防水层	地漏
机电地面、墙面布管	基层钢架
	铺地砖
预埋件	地漏格栅

非装配化及半装配化主要集中在地面工程中，为满足装配化的要求将现场劳动力进行分配，并实行培训上岗制度

进入装配化施工

装配化作业人员 → 培训上岗 → 墙面、顶面 →

机电顶面布管	隔断
吊杆、土副龙骨	台盆、镜子
隐蔽验收	门框、门扇
蜂窝铝板干挂	洁具、灯具
吊顶铝板	机电末端

图12-3 卫生间施工专业化分类及装配化工序分析

①清洁地坪、地面管洞封堵、防水层涂刷第一遍

②弹吊顶标高线、机电管道位置控制线、机电墙面布管、顶面管线施工

③弹地面基层浇筑完成面控制线、浇筑垫层，预留地漏孔洞

⑥铺设地砖、产品保护，进入工业化施工

⑤弹钢架位置线、立卫生间干挂石材钢架基层

④涂刷第二遍防水层并做盛水试验、地面浇筑整浇层、弹线（机电定位点、洁具位置中心线）

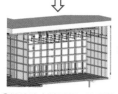
⑦银镜防火基层板、吊顶吊杆、主副龙骨安装、隐蔽验收

⑧肌理喷涂蜂窝铝板干挂、吊顶铝板安装

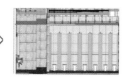
⑨隔断、台盆卫浴等安装，穿插门窗等安装

图12-4 卫生间整体工序安排模拟

图12-5 卫生间完工实景图

在上海中心大厦装饰工程施工前期，通过深化设计、施工前期策划、过程精细施工、管理统一安排，不仅顺利完成了装饰工程的施工，而且大大提高了施工效率和绿色文明施工程度，装配率更是达到了85%以上。

12.5.4 幕墙工业化建造与管理

上海中心大厦的外幕墙工程为悬挂结构形式，幕墙通过钢管曲梁、吊杆和水平径向支撑共同组成钢结构支撑体系并与主体结构连接，每层幕墙旋转错开、自下而上逐层收缩。整个工程内外幕墙系统空间复杂、采用大量新型材料和工艺、位移和吸收困难、施工难度大。

针对上海中心大厦幕墙系统特点，总承包部基于建筑功能系统及结构体系研究，采用"工厂化加工制作，现场单元式拼装"的工业化技术理念，创新提出了外幕墙板块单元化、转接件与钢支撑系统整体加工、内幕墙凸台铝板单元化等技术方案，为钢结构幕墙的顺利施工起到了至关重要的作用。"单元系统"拼接节点的构造处理、"单元系统"的加工精度以及依附主结构系统的最终成型精度是工业化技术理念的关键环节，基于建筑信息模型技术的工厂化数字制造技术能够完美解决上述难题，并且能够充分确保钢结构幕墙系统的精度要求，减少乃至杜绝现场修改或返工现象的发生，真正做到现场问题工厂化、复杂问题简单化。利用建筑信息模型技术进行的外幕墙单元板异型钢制牛腿数字化加工流程如图12-6所示。

①创建单元模型　②提取加工零件　③导入数控机床　④加工件　⑤测量仪器

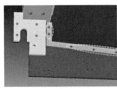   

⑨精度结论分析　⑧生成模型并替换　⑦测量结果　⑥测量加工件

图12-6　外幕墙单元板异型钢制牛腿数字化加工流程

在幕墙工程的施工过程中，加工制作和现场安装管理都以信息数据为核心，引入了实体模型和材料身份信息两种概念。幕墙工程的信息化联动工业化，能够实现构件和板块的零误差安装就位。

（1）实体模型。由于现场已施工完成的上道工序不可避免地带有施工误差和变形误差，故需要提取上道工序实际完成后的空间数据进行合模，建立与现场实体相一致的模型，然后导出下道工序的下料加工数据，用于加工制作，保证现场上道施工误差被吸收。

（2）材料身份信息。由于材料加工制作过程中，不可避免地带有加工误差，须采集加工后的材料空间数据信息，合入实体模型，查看匹配程度，对不符合要求的，重新加工；对最终加工合格的材料给定编号，并采集空间数据建立数据库，作为材料的身份信息，确保材料损坏及设计更改时，能及时追溯数据信息。在现场施工阶段，因在工厂阶段已解决所有问题，可以保证出厂产品到现场后一次安装到位。但现场的情况是千变万化的，需要不断采集现场信息和数据，返回到前述控制阶段，实时动态控制，不断地保证整个环节处于良性循环。

上海中心大厦幕墙工程以信息化、工业化为指导思想，以BIM技术为核心的管理手段，不仅实现了构件和板块的零返厂，而且大大加快了施工安装进度，确保了上海中心大厦工程的顺利推进，创造了曲面不规则悬挂幕墙体系施工安装的新奇迹。

参考文献

［1］朱建明. 上海中心大厦主楼地下连续墙施工技术［J］. 建筑施工，2010，32（04）：325-327.

［2］上海建工集团股份有限公司. 超级工程·科技篇·上海中心大厦［M］. 上海：上海人民出版社，2018.

［3］徐磊，花力，孙晓鸣. 上海中心大厦超大基坑主楼区顺作裙房区逆作施工技术［J］. 建筑施工，2014，36（7）：808-810，814.

［4］翟杰群，谢小林，贾坚. "上海中心"深大圆形基坑的设计计算方法研究［J］. 岩土工程学报，2010，32（增1）：392-396.

［5］谢小林，翟杰群，张羽，等. "上海中心"裙房深大基坑逆作开挖设计及实践［J］. 岩土工程学报，2012，34（增1）：744-749.

［6］王旭军. 上海中心大厦裙房深大基坑变形特性及盆式开挖技术研究［D］. 上海：同济大学，2014.

［7］唐强达，吴戗. 上海中心大厦深基坑顺逆结合后浇带施工技术［J］. 施工技术，2016，45（3）：119-122.

［8］贾坚，谢小林，翟杰群，等. "上海中心"圆形基坑明挖顺作的安全稳定和控制［J］. 岩土工程学报，2010，32（增1）：370-376.

［9］王旭军，龚剑，赵锡宏. 混凝土垫层及水平结构混凝土收缩对围护墙变形影响的实测分析［J］. 岩石力学与工程学报，2013，32（3）：520-527.

［10］丁洁民，何志军，李久鹏. 上海中心大厦巨型悬挂式幕墙系统结构设计与思考［J］. 同济大学学报（自然科学版），2016，44（4）：559-566.

［11］龚剑，崔维久，房霆宸. 上海中心大厦600m级超高泵送混凝土技术［J］. 施工技术，2018，47（18）：5-9.

［12］王晓蓓，高振锋，伍小平. 上海中心大厦施工模拟分析［J］. 施工技术，2016，45（8）：30-33.

［13］宋伟宁，徐斌. 上海中心大厦新型阻尼器效能与安全研究［J］. 建筑结构，2016，46（1）：1-8.

［14］贾宝荣，陈晓明. 上海中心大厦钢结构工程施工创新技术［J］. 施工技术，2015，44（20）：11-17.

［15］王晓蓓，高振锋，伍小平，等. 上海中心大厦结构长期竖向变形分析［J］. 建筑结构学报，2015，36（6）：108-116.

［16］丁洁民，何志军，李久鹏. 上海中心大厦幕墙支撑结构与主体结构协同工作分析与控制［J］. 建筑结构学报，2014，35（11）：1-9.

［17］苏培红. 上海中心大厦钢结构深化设计与外幕墙钢结构支撑系统的合理配合和节点创新［J］. 建筑施工，2014，36（7）：827-829.

［18］陈继良，丁洁民. 上海中心大厦巨型悬挂式幕墙系统设计［J］. 建筑技艺，2014，（7）：122-125.

［19］汤毅，潘健，陈晓文，等. 机械化施工在上海中心大厦机电安装工程中的应用［J］. 安装，2015，（8）：61-64.

［20］程穆，汪立军. 阻尼器在上海中心大厦的应用［J］. 上海建设科技，2014，（3）：26-29.

［21］龚剑，房霆宸. 基于全面信息化的上海中心大厦工程建造管理研究与实践［J］. 工程管理年刊，2017，7（00）：105-113.

［22］方舟，范宏武，韩继红. 上海中心大厦超高绿色建筑技术特色［J］. 建设科技，2013，（14）：28-31.

［23］顾建平. 上海中心大厦超高绿色建筑［J］. 建筑技术开发，2015，42（2）：19-21.

［24］龚剑，周虹. 上海中心大厦结构工程建造关键技术［J］. 建筑施工，2014，36（2）：91-101.

［25］龚剑. 超高结构建造整体钢平台模架装备技术［M］. 北京：中国建筑工业出版社，2019.